Alexander Prestel

Einführung in die Mathematische Logik und Modelltheorie

vieweg studium
Aufbaukurs Mathematik

Herausgegeben von Gerd Fischer

Manfredo P. do Carmo
Differentialgeometrie von Kurven und Flächen

Wolfgang Fischer / Ingo Lieb
Funktionentheorie

Otto Forster
Analysis 3

Ernst Kunz
Einführung in die kommutative Algebra
und algebraische Geometrie

Alexander Prestel
Einführung in die Mathematische Logik
und Modelltheorie

Grundkurs Mathematik

Gerd Fischer
Lineare Algebra

Gerd Fischer
Analytische Geometrie

Otto Forster
Analysis 1

Otto Forster
Analysis 2

Gerhard Frey
Elementare Zahlentheorie

Ulf Friedrichsdorf / Alexander Prestel
Mengenlehre für den Mathematiker

Ernst Kunz
Ebene Geometrie

Joseph Maurer
Mathemecum

Alexander Prestel

Einführung in die Mathematische Logik und Modelltheorie

Springer Fachmedien Wiesbaden GmbH

CIP-Kurztitelaufnahme der Deutschen Bibliothek

Prestel, Alexander:
Einführung in die mathematische Logik und
Modelltheorie / Alexander Prestel. —
Braunschweig; Wiesbaden: Vieweg, 1986.
  (Vieweg-Studium; 60: Aufbaukurs
  Mathematik)
  ISBN 978-3-528-07260-5   ISBN 978-3-663-07641-4 (eBook)
  DOI 10.1007/978-3-663-07641-4
NE: GT

ISBN 978-3-528-07260-5

Inhaltsverzeichnis

Vorwort VI

Einleitung VII

Kapitel 1 Logik 1. Stufe 1

1.1 Analyse mathematischer Beweise 2

1.2 Aufbau formaler Sprachen 7

1.3 Formale Beweise 17

1.4 Vollständigkeit der Logik 1. Stufe 34

1.5 Semantik 1. Stufe 53

1.6 Axiomatisierung einiger mathematischer Theorien 70

Übungen zu Kapitel 1 86

Kapitel 2 Modellkonstruktionen 87

2.1 Termmodelle 88

2.2 Morphismen von Strukturen 94

2.3 Substrukturen 103

2.4 Elementare Erweiterungen und Ketten 111

2.5 Saturierte Strukturen 122

2.6 Ultraprodukte 137

Übungen zu Kapitel 2 150

Kapitel 3 Eigenschaften von Modellklassen 152

3.1 Kompaktheit und Separation 153

3.2 Kategorizität 161

3.3 Modellvollständigkeit 171

3.4 Quantorenelimination 187

Übungen zu Kapitel 3 197

Kapitel 4 Modelltheorie einiger algebraischer Theorien 198

4.1 Angeordnete abelsche Gruppen 199

4.2 Angeordnete Körper 210

4.3 Bewertete Körper: Beispiele und Eigenschaften 219

4.4 Algebraisch abgeschlossene bewertete Körper 233

4.5 Reell abgeschlossene bewertete Körper 243

4.6 Henselsche Körper 252

Übungen zu Kapitel 4 270

Anhang. Bemerkungen zur Entscheidbarkeit 272

Literaturhinweise 280

Symbolverzeichnis 281

Namen- und Sachwortverzeichnis 283

Vorwort

Der vorliegende Text entstand als Skriptum zu Vorlesungen über Mathematische Logik und Modelltheorie, die ich in den letzten Jahren an der Universität Konstanz hielt. Eine Zielsetzung der Modelltheorie-Vorlesung war es, die Untersuchung einer Reihe von algebraischen Theorien unter modelltheoretischen Aspekten geschlossen und ausführlich darzustellen. Dies war insbesondere motiviert durch die Absicht, an Hand der Vorlesung ein Buch zu schreiben, das es interessierten — aber nicht speziell auf diesem Gebiet vorgebildeten — Mathematikern erlauben sollte, die bekanntesten, in der Algebra zur Zeit üblichen, modelltheoretischen Schlüsse kennen und verstehen zu lernen. Als wohl interessantestes Beispiel sei hier nur die Behandlung der ‚Artinschen Vermutung' über die p-adischen Zahlkörper durch J. Ax und S. Kochen erwähnt.

Da der Charakter modelltheoretischer Schlüsse und Konstruktionen sich durch die Verwendung von Formeln als Objekte ganz wesentlich von dem sonst in der Algebra Üblichen unterscheidet, scheint es mir für das tiefere Verständnis unumgänglich, erst einmal mit den Problemen und Methoden der Mathematischen Logik vertraut zu werden. Ich habe deshalb der Modelltheorie eine Einführung in die Mathematische Logik vorangestellt. Hieraus ergibt sich insgesamt eine deutliche Dreiteilung des Buches: Mathematische Logik (Kapitel 1), Modelltheorie (Kapitel 2 und 3), modelltheoretische Behandlung einiger algebraischer Theorien (Kapitel 4).

Bedingt durch die spezielle Zielsetzung dieses Buches habe ich weder im logischen noch im modelltheoretischen Teil Vollständigkeit angestrebt — dieses Buch erhebt nicht den Anspruch, eines der beiden Gebiete in dem heute üblichen Umfang voll darzustellen. Statt dessen habe ich versucht, auf dem Weg zu dem oben geschilderten Ziel möglichst ausführlich und vollständig zu sein. (Dies erklärt u. a. die geringe Zahl der Übungen.) Als weiterführende Literatur verweise ich auf [S] und [Ch-K].

Für die sorgfältige Lektüre des gesamten Textes und die zahlreichen Hinweise möchte ich mich bei Herrn Dr. U. Friedrichsdorf und den Herren J. Dix und J. Schmid ebenso bedanken wie bei Frau Edda Polte für die mühevolle Erstellung des vorliegenden Manuskriptes.

Konstanz, März 1986 *Alexander Prestel*

Einleitung

Mitte der sechziger Jahre ließen einige Schlußweisen und
Konstruktionsmethoden der Modelltheorie die mathematische Welt
aufhorchen. J. Ax und S. Kochen war es gelungen, in einer gemeinsamen Arbeit einen entscheidenden Beitrag zur 'Artinschen
Vermutung' über die Lösbarkeit von homogenen diophantischen
Gleichungen in den p-adischen Zahlkörpern zu leisten.
Dieses und andere Ergebnisse führten zu einem Eindringen gewisser modelltheoretischer Begriffe und Methoden in die Algebra.
Aufgrund ihrer Fremdartigkeit konnten sich allerdings nur sehr
wenige Algebraiker mit ihnen anfreunden. Dies ist jedoch nicht
weiter verwunderlich, verfolgt man erst einmal die Entwicklungs-
geschichte modelltheoretischer Begriffe und Methoden von ihrem
Ursprung bis hin zu den heutigen Anwendungen: ihre Anwendbarkeit
in der Algebra ist nicht das Ergebnis einer zielgerichteten -
genauer auf das Ziel dieser Anwendungen gerichteten - Entwicklung,
sondern ein Nebenprodukt einer auf ein ganz anderes Ziel gerichteten Untersuchung, nämlich der Auseinandersetzung mit den
Grundlagen der Mathematik, die durch die um die Jahrhundertwende
entdeckten Widersprüche in der Mathematik eingeleitet wurde.

Der Versuch der Begründung der Analysis hatte Ende des letzten
Jahrhunderts zur Entwicklung der Mengenlehre geführt. Diese
Entwicklung war in zunehmendem Maße verbunden mit der Annahme
der Existenz und dem Gebrauch von immer weniger überschaubaren
unendlichen Gesamtheiten. Insofern war es aus heutiger Sicht
nicht weiter verwunderlich, daß schließlich durch derartige

Existenzannahmen Widersprüche auftraten. Es sei hier stellvertretend an die Russellsche Antinomie erinnert, bei der die Annahme der Existenz einer Menge, deren Elemente genau diejenigen Mengen sein sollten, die sich nicht selbst als Element enthalten, zu einem Widerspruch führte.

Zu den bedeutensten Vorschlägen einer Neubegründung der Mathematik gehörte neben Brouwers Intuitionismus, auf den wir in diesem Zusammenhang nicht näher eingehen wollen, D. Hilberts Beweistheorie.

Hilbert schlug vor, nicht die mathematischen Objekte selbst zum Gegenstand der Betrachtung zu machen, sondern das "Reden über diese". Darunter ist folgendes zu verstehen: Die Objekte unserer Betrachtung sind 'Sätze', die gewisse mathematische Aussagen beinhalten, z.B. die Behauptung der Existenz irgendeines Objektes A mit gewissen Eigenschaften. Betrachtet wird jedoch nicht das Objekt A selbst, dessen Existenz dieser 'Satz' behauptet, sondern der 'Satz' als in einer Sprache (mit endlich vielen Buchstaben) geschriebene endliche Buchstabenfolge. Auf solche 'Sätze' werden nun die üblichen 'Schlüsse' der Logik angewandt. Bei einer derartigen Anwendung soll jedoch nicht auf den Inhalt der 'Sätze' Bezug genommen werden, sondern lediglich auf ihre syntaktische Struktur. Schließlich sollen vorgegebene 'Sätze' (Axiome) als widerspruchsfrei angesehen werden, wenn sich mit den angesprochenen logischen 'Schlüssen' aus ihnen keine 'Sätze' deduzieren lassen, die einander widersprechen (z.B. ein 'Satz' und sein Negat).

Gelingt nun etwa der Nachweis der Widerspruchsfreiheit von
Axiomen, die u.a. die Existenz einer unendlichen Gesamtheit
zum Inhalt haben, so ist damit nicht die wirkliche Existenz
dieser Gesamtheit nachgewiesen, sondern lediglich die Tatsache,
daß ihre Existenz unbeschadet angenommen werden kann.

Ein ganz wesentlicher Punkt in diesem 'Programm' Hilberts ist
noch, wie der Nachweis der Widerspruchsfreiheit von Axiomen zu
erfolgen hat - nämlich durch finite Schlußweisen, die sich auf
die vorgegebenen Axiome als finite Zeichenreihen und die daraus
mit Hilfe der festgelegten (finiten) logischen Schlüsse deduzier-
baren Sätze, die selbst wieder finite Zeichenreihen sind, beziehen. Der Nachweis der Widerspruchsfreiheit hat also selbst
mit finiten Mitteln zu geschehen und nicht etwa durch die Angabe
einer 'Realisierung' der Axiome, die ja möglicherweise selbst
wieder den Nachweis der Existenz gewisser, eventuell in den
Axiomen geforderten unendlichen Gesamtheiten voraussetzen würde.

Um mit 'Hilberts Programm' die gesamte, übliche Mathematik zu
erfassen, wäre das Folgende zu leisten:

(1) Angabe einer (formalen) Sprache, die es erlaubt, alles in
    der Mathematik Übliche zu beschreiben,

(2) Angabe eines vollständigen Systems von allgemeingültigen
    logischen Schlüssen,

(3) Angabe eines vollständigen Systems von mathematischen
    Axiomen (Annahmen),

(4) Nachweis der Widerspruchsfreiheit des in (1)-(3) angebenen
    'formalen Systems'.

Bei diesem Programm sollte alles finit oder zumindest effektiv erzeugbar sein, d.h.

für (1): effektive Erzeugbarkeit des Alphabets und aller syntaktischer Begriffe,

für (2): effektive Erzeugbarkeit des Systems logischer Schlüsse,

für (3): effektive Erzeugbarkeit des Systems der mathematischen Axiome,

für (4): Nachweis mit 'finiten Mitteln'.

Unter der 'Vollständigkeit' der logischen Schlüsse ist dabei zu verstehen, daß die Hinzunahme weiterer allgemeingültiger logischer Schlüsse nicht erlaubt, mehr als vorher aus gegebenen Axiomen zu deduzieren. Unter der 'Vollständigkeit' der Axiome ist analog zu verstehen, daß die Hinzunahme weiterer Axiome ebenfalls nicht erlaubt, mehr als vorher zu deduzieren. Letzteres impliziert insbesondere, daß jeder Satz α (der nach (1) fixierten Sprache) oder sein Negat $\neg\alpha$ aus einem vollständigen Axiomensystem deduzierbar ist. Anderenfalls könnte man dieses System nämlich durch die Hinzunahme von α bzw. $\neg\alpha$ echt erweitern.

Wäre das eben geschilderte Programm wirklich durchführbar, so wäre damit ein wahrhaft genialer Rückzug auf das Endliche gelungen und damit eine unangreifbare Grundlegung der Mathematik gewährleistet. Die Arbeiten von K. Gödel in den dreißiger Jahren zeigten jedoch, daß nur gewisse Teile dieses Programms realisierbar sind, während andere, insbesondere (4) prinzipiell nicht realisierbar sein können.

Punkt (1) läßt sich relativ einfach realisieren. Man denke nur daran, daß sich (wie heutzutage üblich) die gesamte Mathematik in der Mengenlehre beschreiben läßt. Um also (1) zu realisieren, verwende man einfach die Sprache der Mengenlehre. Wir deuten dies in Paragraph 1.6 an.

Punkt (2) wurde von Gödel positiv gelöst. Er zeigte die Vollständigkeit des im wesentlichen von Hilbert verwendeten Systems logischer Schlüsse. Dies ist der Inhalt von Kapitel 1 unseres Buches.

Zu Punkt (3) wies Gödel nach, daß es kein vollständiges (effektiv erzeugbares) Axiomensystem für die gesamte Mathematik und damit auch nicht für die Mengenlehre geben kann. Gödels Unvollständigkeitsbeweis zeigt dies sogar für die meisten Teilbereiche der Mathematik, z.B. auch für die Arithmetik (der natürlichen Zahlen) (erster Gödelscher Unvollständigkeitssatz). Dies bedeutet, daß es zu jedem effektiv erzeugbaren System von Axiomen für die Arithmetik immer einen Satz α (in der dafür festgelegten Sprache) gibt, so daß weder α noch sein Negat $\neg\alpha$ aus diesem System deduzierbar ist. Hierauf werden wir im Anhang noch genauer eingehen.

Zu Punkt (4) wies Gödel nach, daß unter gewissen Mindestanforderungen an ein formales System, seine Widerspruchsfreiheit nicht 'mit Mitteln dieses Systems' nachgewiesen werden kann (zweiter Gödelscher Unvollständigkeitssatz). Ohne genauer hierauf einzugehen sei lediglich erwähnt, daß 'finite Mittel' im üblichen Sinn verstanden schon zum System der Arithmetik und damit natürlich zu

jedem stärkeren, etwa die ganze Mathematik umfassenden, System
gehören. In diesem Falle ist also der Punkt (4) prinzipiell
nicht durchführbar. Erweitert man jedoch sein Verständnis von
'finiten Mitteln', so ist unter Umständen Punkt (4) doch wieder
positiv zu beantworten, wie es 1936 von Gentzen für das für
die Arithmetik übliche Peanosche Axiomensystem (das nach dem
ersten Gödelschen Unvollständigkeitssatz jedoch unvollständig ist)
durchgeführt wurde.

Bezüglich unserer Ausführungen zu Punkt (3) und (4) sei der
interessierte Leser auf die weiterführende Literatur verwiesen,
z.B. [B.a],[H-B] und [S].

Obwohl, wie oben schon erwähnt, sich viele Teilgebiete der Mathematik nicht durch ein effektiv erzeugbares System vollständig
axiomatisieren lassen, gelingt es doch für den einen oder anderen
Teilbereich. Dies ist zum Beispiel sowohl für die Algebra der
reellen als auch der komplexen Zahlen möglich. Die algebraische
Theorie der komplexen Zahlen kann vollständig axiomatisiert
werden durch die Axiome eines 'algebraisch abgeschlossenen Körpers
der Charakteristik Null'. Die Vollständigkeit dieses Axiomensystems
besagt dann gerade, daß jeder Satz α (in der Sprache der Körper)
oder sein Negat $\neg\, \alpha$ aus diesem Axiomensystem deduzierbar ist.
Da ein Satz, der aus einem Axiomensystem rein logisch deduzierbar
ist, natürlich in jeder Realisierung (Modell) dieses Systems gilt,
folgt hieraus sofort, daß α in allen algebraisch abgeschlossenen
Körpern der Charakteristik Null gilt oder in keinem. Anders ausgedrückt heißt dies, daß jeder Satz α , der in $\mathbb{C}$ gilt, auch in

jedem algebraisch abgeschlossenen Körper der Charakteristik Null
gilt (und umgekehrt). Dies ist eine sehr einfache Form des sogenannten 'Lefschetz Prinzips', einem Prinzip für die Übertragung
von Sätzen.

Zwei Strukturen $\mathfrak{A}$ und $\mathfrak{B}$, die wie in dem oben geschilderten
Beispiel sich durch Sätze α einer gegebenen (passenden) formalen Sprache L nicht unterscheiden lassen, nennt man (bzgl. L)
elementar äquivalent. Zwei Modelle eines vollständigen Axiomensystems sind also immer (in der Sprache des Axiomensystems)
elementar äquivalent.

Der Begriff der elementaren Äquivalenz und die Methoden, die es
erlauben, zu einer vorgegebenen Struktur $\mathfrak{A}$ elementar äquivalente Strukturen $\mathfrak{B}$ zu konstruieren, sind zu zentralen Begriffen
und Methoden einer Teildisziplin der Mathematischen Logik - der
Modelltheorie - geworden. Diese Disziplin wurde im Laufe der
Jahre weiterentwickelt und verselbständigte sich mehr und mehr.
Ihre Wurzeln hat sie jedoch zum größten Teil in der Auseinandersetzung mit Hilberts Programm.

Diese Ausführungen mögen hier genügen, die zentrale Rolle des
Begriffes der Formel (bzw. eines formalen Satzes) für die Modelltheorie ins rechte Licht zu rücken.

In unserem Buch werden wir in Kapitel 1 eine Einführung in
formale Systeme geben und einen Beweis für den Gödelschen Satz
über die Vollständigkeit des (in Kapitel 1 angegebenen) Systems
logischer Schlüsse durchführen. Im Verlaufe dieses Beweises werden

wir gleichzeitig die erste Methode zur Konstruktion von elementar
äquivalenten Strukturen kennenlernen. In den Kapiteln 2 und 3
werden wir weitere typische modelltheoretische Konstruktionsmethoden und Begriffe einführen, hauptsächlich mit dem Ziel,
in Kapitel 4 die Vollständigkeit einer Reihe von (algebraischen)
Axiomensystemen nachzuweisen. Neben den dadurch (wie oben ange-
deutet) gewonnenen Übertragungsprinzipien ergibt sich aus der
Vollständigkeit eines (effektiv erzeugten) Axiomensystems noch
ein weiteres Ergebnis, nämlich - wie wir im Anhang ausführen
werden - die Entscheidbarkeit der zugehörigen Theorie, d.h. es
ergibt sich die Existenz eines Algorithmus, der es erlaubt, zu
einem vorgelegten Satz α (in der Sprache des betrachteten
Axiomensystems) in endlich vielen Schritten zu entscheiden,
ob α aus dem Axiomensystem deduziert werden kann oder nicht.

Kapitel 1 Logik 1. Stufe

In diesem Kapitel führen wir einen Kalkül des logischen Schließens
ein, den Kalkül der Logik 1. Stufe, der es erlaubt, mathematische
Beweise zu formalisieren. Der Hauptsatz, den wir über diesen Kalkül
beweisen werden, ist der Gödelsche Vollständigkeitssatz (1.11),
der besagt, daß die Unbeweisbarkeit einer Aussage in einem Gegenbeispiel begründet sein muß. Aus dem finiten Charakter eines
formalisierten Beweises erhält man dann sofort den für die Modelltheorie fundamentalen Kompaktheitssatz (1.15), der besagt, daß
ein Axiomensystem ein Modell besitzt, wenn schon jede endliche
Teilmenge davon ein Modell besitzt.

In (1.6) werden wir eine Reihe mathematischer (insbesondere
algebraischer) Theorien axiomatisieren. Um die Reichweite der
Logik 1. Stufe zu verdeutlichen, werden wir auch ein Axiomensystem
für die Zermelo-Fraenkelsche Mengenlehre in diesem Rahmen angeben,
eine Theorie, die es gestattet, die gesamte übliche Mathematik
in ihr darzustellen.

1.1 Analyse mathematischer Beweise

In diesem Abschnitt wollen wir an Hand eines Beispiels versuchen, einer Beantwortung der Frage "Was ist ein mathematischer Beweis?" näherzukommen. Bei dem zu betrachtenden Beispiel wollen wir annehmen, wir befänden uns in einer Anfängervorlesung für Mathematik, in der der Körper aller reellen Zahlen axiomatisch eingeführt wird. Weiter nehmen wir an, die Körpereigenschaften seien schon behandelt und die Ordnungseigenschaften werden gerade über folgende Axiome eingeführt:

    (0) $\leq$ ist eine partielle Ordnung

    (1) für alle x, y gilt $x \leq y$ oder $y \leq x$

    (2) für x, y mit $x \leq y$ haben wir $x + z \leq y + z$ für jedes z

    (3) sind $0 \leq x$ und $0 \leq y$, so auch $0 \leq x \cdot y$

Wir wollen dann einen Beweis führen für die

    <u>Beh</u>: $0 \leq x \cdot x$ für alle x .

Dieser Beweis könnte etwa folgendermaßen aussehen:

    <u>Bew</u>: Aus (1) erhalten wir $0 \leq x$ oder $x \leq 0$.

        Ist $0 \leq x$, so ergibt (3): $0 \leq x \cdot x$.

        Ist aber $x \leq 0$, so folgt mit (2): $0 \leq -x$

        (wobei wir $z = -x$ setzen).

        Nun ergibt (3) wieder $0 \leq (-x) \cdot (-x) = x \cdot x$.

        Also gilt $0 \leq x \cdot x$ für jedes x .

Zu diesem Beispiel eines Beweises sind nun in Hinblick auf eine exakte Definition des Begriffes 'Mathematischer Beweis' einige Bemerkungen angebracht.

1. Die <u>Ausführlichkeit</u> eines Beweises richtet sich in der Regel nach dem Kenntnisstand desjenigen, für den der Beweis gedacht ist. In unserem Beispiel war dies der Kenntnisstand von Mathematikstudenten, einige Wochen nach Beginn ihres Studiums. Für Experten wäre ein Beweis in dieser Ausführlichkeit nicht notwendig - meist besteht er in einem solchen Fall aus dem einzigen Wort "trivial". Für Nichtmathematiker hingegen dürfte schon der obige Beweis zu kurz, also unverständlich sein. Er ist möglicherweise für einen Nichtmathematiker nicht nachvollziehbar, da gewisse, für den Mathematiker selbstverständliche, Zwischenschritte einfach ausgelassen oder gewisse, oft nur dem Mathematiker geläufige, Konventionen benutzt werden, z.B. schreibt der Mathematiker $0 \leq (-x) \cdot (-x) = x \cdot x$ und bringt damit zum Ausdruck:

$$0 \leq (-x) \cdot (-x) \text{ und } (-x) \cdot (-x) = x \cdot x \text{ ergibt } 0 \leq x \cdot x$$

Es dürfte klar sein, daß für eine exakte Definition eines Beweises die größtmögliche Ausführlichkeit anzustreben ist, so daß die Tatsache, ob ein Beweis vorliegt, von jedermann nachprüfbar ist, der diese Definition kennt. Mehr noch, es sollte sogar möglich sein, dies von einem entsprechend programmierten Computer durchführen zu lassen.

2. Die zur Niederschrift eines Beweises benutzte <u>Sprache</u> richtet sich in der Regel ebenfalls nach dem Leserkreis. Es ist in der Mathematik üblich, weniger auf einen guten sprachlichen Stil als vielmehr auf die eindeutige Lesbarkeit zu achten. Das obige Beispiel kann durchaus als typisch bezeichnet werden. Vom Standpunkt der eindeutigen Lesbarkeit lassen sich jedoch weitere Ver-

besserungen vornehmen. So sind z.B. die Worte "auch" (in Axiom
(3)) oder "aber" (Zeile 3 des Beweises) als rein schmückend an-
zusehen. Sie besitzen keinen zusätzlichen Informationsgehalt.
Im Gegenteil, oft vermögen solche schmückenden Worte Zweideutigkeiten hervorzurufen. Man könnte an dem obigen Beispiel auch be-
mängeln, daß manchmal eine Generalisierung "für alle x" zu Beginn
einer Aussage und manchmal am Ende einer solchen steht. Insbesondere dies kann leicht zu Zweideutigkeiten führen. Um eine
exakte Definition für den Beweisbegriff geben zu können, ist es
also unerläßlich, erst einmal sprachliche Konventionen zu verab-
reden, die eine eindeutige Lesbarkeit sicherstellen.

3. Ein Beweis besteht in der Regel aus einer endlichen Folge von
Aussagen. Oft werden zusätzlich noch Hinweise gegeben, wie z.B.
in Zeile 4 des obigen Beweises. Eine exakte Definition sollte
dies jedoch überflüssig machen. Solche Hinweise sollten lediglich
der Lesbarkeit dienen, jedoch keinen Einfluß darauf haben, ob die
vorliegende Folge von Aussagen ein Beweis ist oder nicht. Auch
sollte es unerheblich sein, ob die Folge dieser Aussagen (unter
Ausnutzung vorhandenen Raumes) innerhalb einer Zeile schon an-
einander gereiht werden oder (wie in dem obigen Beispiel) pro
Zeile nur eine Aussage steht. Der Übersicht halber werden wir
uns an letztere Form halten.

Unter Berücksichtigung der Kritik in 2 und unter Benutzung der
in der Mathematik verbreiteten Symbolik (die wir im nächsten
Abschnitt präzisieren wollen) soll nun der obige Beweis wiederholt
werden. Zuerst wollen wir jedoch diejenigen Axiome 'formalisieren'

die in den Beweis eingehen:

$$(1) \quad \forall xy \ (x \leq y \ \lor \ y \leq x)$$

$$(2) \quad \forall xyz \ (x \leq y \ \rightarrow \ x + z \leq y + z)$$

$$(3) \quad \forall xy \ (0 \leq x \land 0 \leq y \rightarrow 0 \leq x \cdot y)$$

Nun zur Behauptung und zum Beweis:

<u>Beh.</u>: $\quad \forall x \quad 0 \leq x \cdot x$

<u>Bew.</u>: $\quad (1) \rightarrow (0 \leq x \lor x \leq 0)$

$$0 \leq x \land (3) \ \rightarrow \ 0 \leq x \cdot x$$

$$x \leq 0 \land (2) \ \rightarrow \ 0 \leq -x$$

$$0 \leq -x \land (3) \ \rightarrow \ 0 \leq (-x) \cdot (-x) = x \cdot x$$

$$\forall x \quad 0 \leq x \cdot x$$

Um der Kritik aus 1. etwas Rechnung zu tragen, könnten wir
den Beweis etwa folgendermaßen ausführlicher gestalten:

$$(1) \rightarrow (0 \leq x \lor x \leq 0)$$

$$0 \leq x \land (3) \ \rightarrow \ 0 \leq x \cdot x$$

$$0 \leq x \ \rightarrow \ 0 \leq x \cdot x$$

$$x \leq 0 \land (2) \rightarrow x + (-x) \leq 0 + (-x)$$

$$x + (-x) \leq 0 + (-x) \land x + (-x) = 0 \ \rightarrow \ 0 \leq 0 + (-x)$$

$$0 \leq 0 + (-x) \land 0 + (-x) = -x \ \rightarrow \ 0 \leq -x$$

$$0 \leq -x \land (3) \ \rightarrow \ 0 \leq (-x) \cdot (-x)$$

$$0 \leq (-x) \cdot (-x) \land (-x) \cdot (-x) = x \cdot x \rightarrow 0 \leq x \cdot x$$

$$x \leq 0 \ \rightarrow \ 0 \leq x \cdot x$$

$$0 \leq x \lor x \leq 0 \ \rightarrow \ 0 \leq x \cdot x$$

$$\forall x \quad 0 \leq x \cdot x$$

An diesem nun schon ziemlich formalisierten Beweis können wir
jetzt einige typische Merkmale eines solchen diskutieren:

Ein Beweis ist eine Folge von Aussagen, deren jede eine allgemeingültige, logische Tatsache beinhaltet oder (mit Hilfe der Axiome)
aus früheren Aussagen rein logisch erschlossen wird. So beinhaltet
z.B. die erste Zeile eine allgemeingültige Tatsache. Sie hat nämlich die Gestalt (wenn wir für einen Moment die Variable x unter-
drücken)

$$\forall y\ \varphi(y)\ \rightarrow\ \varphi(0)$$

wobei $\varphi(y)$ ein Ausdruck ist, der in unserem Falle über beliebige
Elemente y des reellen Zahlkörpers spricht. Ebenso stellen die
Zeilen 2,4,5,6,7,8 allgemeingültige Implikationen dar. Die
Zeilen 3 und 9 ergeben sich unter Benutzung der Axiome (1)-(3)
und der ebenfalls als Axiome zu benützenden Identitäten $x + (-x)=0$,
$0 + (-x) = -x$ und $(-x)\cdot(-x) = x\cdot x$ aus vorherigen Aussagen durch
rein logische Schlüsse. So erhält man z.B. Zeile 3 durch den lo-
gischen Schluß, der besagt: hat man schon $(\alpha \wedge \beta) \rightarrow \gamma$ und außerdem
β bewiesen, so ist damit auch $\alpha \rightarrow \gamma$ bewiesen. In unserem
Falle ist β die Aussage (3), die als Axiom keines Beweises be-
darf oder anders ausgedrückt, als bewiesen angenommen werden kann.
Zeile 10 erhalten wir durch den Schluß von $\alpha \rightarrow \beta$ und $\gamma \rightarrow \beta$
auf $(\alpha \vee \gamma) \rightarrow \beta$ angewandt auf die Zeilen 3 und 9 . Aus den
Zeilen 1 und 10 erhält man eigentlich erst einmal $0 \leq x\cdot x$.
Da dies jedoch für ein 'festes aber beliebiges' x gezeigt wurde,
schließen wir auf $\forall x\ \ 0 \leq x\cdot x$. Dabei handelt es sich ebenfalls
um einen allgemeingültigen logischen Schluß).

In den nächsten beiden Abschnitten wollen wir nun zuerst den
sprachlichen Rahmen genau fixieren und dann eine exakte Definition für einen Beweis geben. Da wir später sehr viel über Formeln
und Beweise zu sprechen haben werden und die dabei aufgestellten
Behauptungen etwa durch Induktionen nachweisen müssen, empfiehlt
es sich, bei den Definitionen von Formeln und Beweisen sehr öko-
nomisch vorzugehen. Wir werden deshalb nicht eine Vielzahl von
logischen Schlußweisen zugrunde legen, sondern versuchen, mit
einem Minimum auszukommen. Dies hat dann zur Folge, daß lücken-
lose (formale) Beweise sehr lang werden. So wird z.B. der obige
Beweis in lückenloser Form auf ca. 50 Zeilen anschwellen. Man
wird jedoch, nachdem erst einmal eine exakte Definition gegeben
ist, sogenannte abgeleitete Regeln vereinbaren. Diese Methode
entspricht genau dem mathematischen Vorgehen: man greift in neuen
Beweisen möglicherweise auf schon bekannte Beweise zurück, ohne
diese zu wiederholen. Wichtig ist nur, daß nötigenfalls alle
Lücken geschlossen werden können (jedenfalls theoretisch!).

1.2 Aufbau formaler Sprachen

In diesem Abschnitt wollen wir die für die Definition eines Beweises notwendige Präzisierung der zugrunde liegenden Sprache
durchführen. Die Objekte unserer Betrachtungen werden also jetzt
ein Alphabet und daraus gebildete Worte und Sätze sein. Die Sprache
selbst wird also zum Objekt unserer Untersuchung. Alles, was wir
bei dieser Untersuchung feststellen, formulieren wir ebenfalls in
einer Sprache, nämlich der (mathematischen) Umgangssprache. Dies

ist notwendig, um z.B. diese Feststellungen dem Leser mitzuteilen.
Wir haben es also hier mit zwei Sprachen zu tun, einer Sprache,
die das Objekt unserer Betrachtungen ist - wir nennen sie deshalb
auch <u>Objektsprache</u> - und der Sprache, in der wir über diese
Objektsprache reden - wir nennen sie <u>Metasprache</u>.

Die Metasprache wird immer die mathematische Umgangssprache sein,
in der wir gelegentlich übliche Abkürzungen benützen, z.B. gdw
für 'genau dann wenn'. Wir werden auch, wie in der Mathematik
üblich, in der Metasprache den mengentheoretischen Begriffsapparat
verwenden. Mehr noch, wir werden insbesondere im 2. Teil, dem
modelltheoretischen Teil, innerhalb der Mengenlehre argumentieren.
Wenn es die Betrachtungen erfordern, ist es jedoch auch möglich,
in der Metasprache sich auf einen 'finiten Standpunkt' zurückzu-
ziehen, in dem   dann höchstens über endliche Zeichenreihen
(gebildet aus dem Alphabet der Objektsprache) oder endliche Folgen
solcher Zeichenreihen geredet wird.

Die Objektsprache wird ebenfalls von den jeweiligen Betrachtungen
abhängen. Wenn wir zum Beispiel über die Widerspruchsfreiheit der
Mathematik reden wollen, werden wir den finiten Standpunkt einnehmen und deshalb fordern, daß das Alphabet der betrachteten
Objektsprache endlich ist. Nehmen wir den modelltheoretischen
Standpunkt ein, so wird das Alphabet eine beliebige Menge sein
können.

Bevor wir zu den Definitionen kommen, noch ein Hinweis auf eine
grundsätzliche Schwierigkeit. Betrachtungen, wie wir sie hier
durchzuführen haben, sind in der Mathematik sonst nicht üblich.

Man benützt gewöhnlich nur eine Sprache: die Sprache, in der man etwas mitteilt, z.B. einen Beweis. Das Hinschreiben einer Aussage beinhaltet für einen Mathematiker gleichzeitig ihre Behauptung. Denken wir z.B. an die reellen Zahlen, so würde man etwa unter Gebrauch der üblichen Abkürzungen schreiben

$$\forall x \, \exists y \quad x < y$$

und nicht etwa

die Aussage $\quad \forall x \, \exists y \quad x < y \quad$ gilt.

Wollen wir aber _über_ eine Sprache sprechen, so müssen wir notwendigerweise zwischen der Zeichenreihe $\forall x \, \exists y \quad x < y$ und ihrem möglichen Inhalt trennen. In diesem und dem nächsten Abschnitt wird es vorerst nur um _syntaktische_ Fragen gehen, d.h. um Fragen der Art , ob eine Zeichenreihe in Bezug auf gewisse Bildungsgesetze korrekt gebildet ist.

Das _Alphabet_ der von uns betrachteten Objektsprache besteht aus folgenden Grundzeichen:

> _logische Zeichen:_ $\neg$ (nicht) $\quad \wedge$ (und) $\quad \forall$ (für alle) $\quad \doteq$ (gleich)
>
> _Variablen:_ $v_0 \quad v_1 \quad v_2 \dots v_n \dots \quad (n \in \mathbb{N})$
>
> _Relationszeichen:_ $R_i \qquad$ (für $i \in I$)
>
> _Funktionszeichen:_ $f_j \qquad$ (für $j \in J$)
>
> _Konstanten:_ $c_k \qquad$ (für $k \in K$)
>
> _Hilfszeichen:_ $) \qquad , \qquad ($

Dabei sind I, J, K beliebige Indexmengen, die auch leer sein können. Will man den finiten Standpunkt einnehnen, so kann man die unendlich vielen Variablen v_n $(n \in \mathbb{N})$ durch zwei Grundzeichen, etwa v und ' erzeugen, indem man setzt:

$$v_n = v \underbrace{''''''}_{n\text{-mal}}$$

Analog verfährt man auch mit den anderen Zeichen. Selbstverständlich können in diesem Falle die Indexmengen I, J, K höchstens abzählbar sein.

Aus diesen Grundzeichen wollen wir jetzt Zeichenreihen bilden, die wir Terme nennen. Terme werden bei einer späteren inhaltlichen Deutung Dinge bezeichnen; sie sind also mögliche Namen. Hat man dies im Sinn, so wird die folgende Definition für __Terme__ verständlich.

(a) Alle Variablen v_n und alle Konstanten c_k sind Terme.

(b) Sind $t_1,\ldots,t_{\mu(j)}$ schon Terme, so ist auch $f_j(t_1,\ldots,t_{\mu(j)})$ ein Term.

(c) Keine weiteren Zeichenreihen sind Terme.

Dabei ist μ eine Funktion, die jedem Index $j \in J$ die __Stellenzahl__ $\mu(j)$ des Funktionszeichens f_j zuordnet. Es ist $1 \leq \mu(j)$.

Die __Menge__ Tm __aller Terme__ ist also die kleinste Menge von Zeichenreihen, die alle v_n und c_k und für jedes $j \in J$ mit $t_1,\ldots,t_{\mu(j)}$ auch $f_j(t_1,\ldots,t_{\mu(j)})$ enthält.

Als nächstes bilden wir __Formeln__.

(a) Sind t_1 und t_2 Terme, so ist $t_1 \doteq t_2$ eine Formel.

(b) Sind $t_1,\ldots,t_{\lambda(i)}$ Terme, so ist $R_i(t_1,\ldots,t_{\lambda(i)})$ eine Formel.

(c) Sind φ und ψ Formeln und ist v eine Variable, so sind auch $\neg\varphi$ und $(\varphi \wedge \psi)$ sowie $\forall v\varphi$ Formeln.

(d) Keine weiteren Zeichenreihen sind Formeln.

Dabei ist λ eine Funktion, die jedem Index $i \in I$ die <u>Stellenzahl</u> $\lambda(i)$ des Relationszeichens R_i zuordnet. Es ist wieder $1 \leq \lambda(i)$.

Die <u>Menge</u> Fml <u>aller Formeln</u> ist also die kleinste Menge von Zeichenreihen, die alle Zeichenreihen der Gestalt $t_1 \doteq t_2$ und $R_i(t_1,\ldots,t_{\lambda(i)})$ (<u>atomare</u> Formeln oder <u>Primformeln</u> genannt) und mit φ und ψ auch die Zeichenreihen $\neg\,\varphi$ und $(\varphi \wedge \psi)$ sowie $\forall v\,\varphi$ enthält.

Im folgenden werden wir immer <u>mit</u>

$$t_1,t_2,\ldots \qquad\qquad \underline{\text{Terme}}$$
$$\varphi,\psi,\rho,\tau,\alpha,\beta,\gamma \quad \text{(auch mit Indizes)} \quad \underline{\text{Formeln}}$$
$$u,v,w,x,y,z \quad \text{(auch mit Indizes)} \quad \underline{\text{Variablen}}$$

bezeichnen. Weiter verwenden wir

<u>Abkürzungen</u>:

$$(\varphi \vee \psi) \quad \text{steht für} \quad \neg(\neg\varphi \wedge \neg\psi) \qquad\qquad \text{(oder)}$$
$$(\varphi \to \psi) \quad \text{steht für} \quad \neg(\varphi \wedge \neg\psi) \qquad\qquad \text{(impliziert)}$$
$$(\varphi \leftrightarrow \psi) \quad \text{steht für} \quad \neg(\varphi \wedge \neg\psi) \wedge \neg(\psi \wedge \neg\varphi) \qquad \text{(äquivalent)}$$
$$\exists v\,\varphi \quad \text{steht für} \quad \neg\,\forall v\,\neg\,\varphi \qquad\qquad \text{(es gibt)}$$

Die folgenden <u>Konventionen</u>, denen wir uns anschließen wollen, sind üblich:

1. $\vee$ und $\wedge$ binden stärker als $\to$ und $\leftrightarrow$,

2. $\neg$ bindet stärker als $\vee$ und $\wedge$,

3. $t_1 \neq t_2$ steht für $\neg\, t_1 \doteq t_2$,

4. $t_1\, R_i\, t_2$ steht oft für $R_i(t_1,t_2)$, falls $\lambda(i) = 2$,

5. $\forall\, u,v,w \ldots$ steht für $\forall u\,\forall v\,\forall w \ldots$,

6. $\exists\, x,y \ldots$ steht für $\exists x\,\exists y\ \ldots$,

7. $(\varphi_1 \wedge \varphi_2 \wedge \varphi_3)$ steht für $((\varphi_1 \wedge \varphi_2)\wedge\varphi_3)$, d.h. wir verein-
     baren Linksklammerung,

8. $(\psi_1 \vee \psi_2 \vee \psi_3 \vee \psi_4)$ steht für $(((\psi_1 \vee \psi_2)\vee \psi_3)\vee \psi_4)$,

9.   Außenklammern lassen wir in einer Formel weg, wenn dies zu
     keiner Zweideutigkeit führen kann.

Gemäß diesen Konventionen steht also

$$\forall\, x,y(\neg\varphi \wedge \psi \rightarrow \alpha \vee \beta \vee \gamma)$$

für

$$\forall x\,\forall y((\neg\varphi\wedge\psi) \rightarrow ((\alpha \vee \beta) \vee \gamma)).$$

Wir wollen nun auf die Rolle der Variablen in Formeln eingehen.
Als Beispiel betrachten wir eine formale Sprache (Objektsprache)
mit einem Relationszeichen und einer Konstanten. Also ist etwa
$I = \{0\}$, $J = \emptyset$ und $K = \{0\}$. Für R_0 schreiben wir $<$ und
für c_0 kurz 0 . Denken wir bei der Formel (wir wollen sie
kurz φ nennen)

$$(\exists v_0(0 < v_0 \wedge v_0 < v_1) \wedge \forall v_0(v_0 < 0 \rightarrow v_0 < v_1))$$

an die Ordnung der reellen Zahlen, so sehen wir, daß die Variablen
v_0 und v_1 verschiedene Rollen spielen. Erst einmal macht es wenig
Sinn zu fragen, ob φ in den reellen Zahlen richtig sei. Dies
macht erst dann Sinn, falls wir bei v_1 an eine bestimmte reelle
Zahl denken. Offenbar ist φ richtig, falls wir bei v_1 an eine
positive reelle Zahl denken. Gesetzt den Fall, wir denken bei v_1

an 1 , so bleibt die Formel auch dann richtig, wenn wir etwa v_o durch v_{13} ersetzen. Der Wahrheitsgehalt ändert sich nicht einmal dann, wenn wir im ersten Teil der Formel v_o durch v_{13} und im zweiten Teil v_o durch v_{17} ersetzen. Dies ist nicht nur in dem betrachteten Fall (1 für v_1), sondern in jedem Fall so. Dagegen dürften wir v_1 nicht in beiden Hälften durch verschiedene Variablen ersetzen; damit würden wir den 'Sinn' der Formel wesentlich verändern. Dieser Unterschied in dem Vorkommen einer Variablen in einer Formel wird durch die folgenden Definitionen formal erfaßt.

Beim Aufbau einer Allformel $\forall v \varphi$ nennen wir φ den <u>Wirkungs-bereich</u> des Quantors $\forall v$. Wir nennen ein Vorkommen einer Variablen v in einer Formel ψ <u>gebunden</u>, falls dieses Vorkommen im Wirkungs-bereich irgend eines Quantors $\forall v$ liegt, der beim Aufbau der Formel ψ benutzt wurde. Jedes andere Vorkommen der Variablen v in der Formel ψ heißt <u>frei</u>. Bezeichnet man mit $Fr(\psi)$ die Menge der Variablen, die in ψ ein freies Vorkommen besitzen, so über-zeugt man sich leicht von der Richtigkeit folgender Identitäten:

$Fr(\psi) = \{v \mid v$ kommt in ψ vor$\}$, falls ψ eine Primformel ist

$Fr(\neg \psi) = Fr(\psi)$

$Fr((\psi \wedge \varphi)) = Fr(\psi) \cup Fr(\varphi)$

$Fr(\forall u \varphi) = Fr(\varphi) \smallsetminus \{u\}$

In dem Beispiel

$$(\forall v_o(v_o < 0 \rightarrow v_o < v_1) \wedge \exists v_2(0 < v_2 \wedge v_2 < v_o))$$

kommt die Variable v_2 nur gebunden, die Variable v_1 nur frei und die Variable v_o sowohl gebunden (in der ersten Hälfte) als auch

frei (in der zweiten Hälfte) vor. Man beachte dabei, daß der
Wirkungsbereich von $\forall v_0$ die Formel $(v_0 < 0 \rightarrow v_0 < v_1)$ ist und
nicht alles, was in der Gesamtformel hinter $\forall v_0$ steht!

Für später benötigen wir noch eine syntaktische Operation: das
<u>Ersetzen einer Variable</u> v in einer Zeichenreihe ζ durch einen Term t.
Es sei $\zeta(v/t)$ die Zeichenreihe, die sich ergibt, wenn in ζ jedes
freie Vorkommen von v durch t ersetzt wird. Ist ein freies Vorkommen von v in der Formel φ im Wirkungsbereich eines Quantors $\forall u$
gelegen und kommt etwa u in dem Term t vor, so gerät die
Variable u offenbar nach Ersetzung von v durch t in den
Wirkungsbereich von $\forall u$. Kommt dies für keine Variable von t
vor, so heißt t <u>frei für</u> v <u>in</u> φ . In anderen Worten: t ist
frei für v in φ , falls kein freies Vorkommen von v in φ
im Wirkungsbereich eines Quantors $\forall u$ liegt, der beim Aufbau von
φ benutzt wurde und wobei u in t vorkommt.

Analog zur Ersetzung einer Variablen definieren wir die <u>Ersetzung</u>
<u>einer Konstanten</u> c_k in ζ durch eine Variable v dadurch, daß
jedes Vorkommen von c_k durch v ersetzt wird. Das Ergebnis dieser Ersetzung werde mit $\zeta(c_k/v)$ bezeichnet. Auch dies ist eine
syntaktische Operation, d.h. ein Manipulieren an Zeichenreihen.

Besitzt eine Formel φ keine freie Variable mehr, d.h. ist
$Fr(\varphi) = \emptyset$, so nennen wir φ eine <u>Aussage</u>. Wir bezeichnen mit
Aus die Menge der Aussagen, also

$$Aus = \{\varphi \in Fml \mid Fr(\varphi) = \emptyset\}$$

Die folgende syntaktische Operation macht aus einer vorgelegten

Formel φ eine Aussage: ist n die größte natürliche Zahl, so daß v_n in φ frei vorkommt, so bezeichne $\forall \varphi$ die Formel $\forall v_o, \ldots, v_n \varphi$. Selbstverständlich ist $\forall \varphi$ dann eine Aussage.

Die in diesem Abschnitt eingeführten Begriffe unserer formalen Sprache hängen von drei Größen ab, die wir fixiert hatten, nämlich von der

> Stellenzahlfunktion $\lambda : I \to \mathbb{N}$
>
> Stellenzahlfunktion $\mu : J \to \mathbb{N}$
>
> Indexmenge K

Der gesamte Sprachaufbau hängt also von dem Tripel

$$L = (\lambda , \mu, K)$$

ab. (Man beachte, daß die Indexmenge J und I sich als Definitionsbereiche von λ und μ wiederfinden lassen.) Um diese Abhängigkeit von L anzudeuten, werden wir statt

> Tm , Fml , Aus

oft schreiben:

> Tm(L), Fml(L), Aus(L) .

Da alle diese Begriffe durch L schon festgelegt sind, werden wir L selbst oft als "Sprache" bezeichnen. Unter einer Obersprache L' von L wollen wir ein Tripel

$$L' = (\lambda', \mu', K')$$

verstehen, für das gilt:

1. Die Funktion $\lambda' : I' \to \mathbb{N}$ setzt λ fort, d.h. $I \subset I'$ und $\lambda'(i) = \lambda(i)$ für $i \in I$.

2. Die Funktion $\mu' : J \to \mathbb{N}$ setzt μ fort.

3. $K \subset K'$.

Die folgenden Inklusionen ergeben sich unmittelbar aus den
Definitionen:

$Tm(L) \subset Tm(L')$, $Fml(L) \subset Fml(L')$, $Aus(L) \subset Aus(L')$.

Man beachte noch, daß die Variablen in beiden Sprachen die
gleichen sind. Wir bezeichnen mit Vbl die <u>Menge der Variablen</u>.

In den folgenden Kapiteln werden wir oft die folgenden Kurzschreib-
weisen gebrauchen: Für eine endliche <u>Konjunktion</u>

$$(\varphi_1 \wedge \ldots \wedge \varphi_n) \quad \text{schreiben wir} \quad \bigwedge_{i=1}^{n} \varphi_i$$

und für eine endliche <u>Disjunktion</u> (wobei $\vee$ wie vereinbart selbst
als Abkürzung steht)

$$(\psi_1 \vee \ldots \vee \psi_m) \quad \text{schreiben wir} \quad \bigvee_{j=1}^{n} \psi_j \ .$$

Hat eine Formel φ die Gestalt

$$\bigwedge_{i=1}^{n} \bigvee_{j=1}^{m} \varphi_{ij} \quad \text{bzw.} \quad \bigvee_{i=1}^{n} \bigwedge_{j=1}^{m} \varphi_{ij} \ ,$$

wobei jedes φ_{ij} eine atomare oder eine negierte, atomare Formel
ist, so hat φ <u>konjunktive Normalform</u> bzw. <u>disjunktive Normalform</u>.

Eine Formel φ hat <u>pränexe Normalform</u>, wenn φ von der Gestalt

$$Q_1 x_1 \ \ldots \ Q_n x_n \psi$$

ist, wobei Q_i entweder der Quantor $\forall$ oder der Quantor $\exists$ und
ψ quantorenfrei ist.

1.3 Formale Beweise

Für eine (formale) Sprache $L = (\lambda, \mu, K)$ wollen wir nun den Begriff eines (formalen) Beweises definieren.

Es sei Σ eine Menge von Formeln, also $\Sigma \subset \mathrm{Fml}(L)$. Die Elemente dieser Menge werden wir bei einem Beweis gewissermaßen als 'Axiome' voraussetzen. Eine Folge $\varphi_1, \ldots, \varphi_n$ von Formeln heißt ein <u>Beweis</u> (oder <u>Ableitung</u>) für φ_n <u>aus</u> Σ , falls für jedes φ_i (mit $1 \leq i \leq n$) gilt:

(1) φ_i gehört zu Σ

oder (2) φ_i ist ein <u>logisches Axiom</u>

oder (3) φ_i ist durch Anwendung einer <u>logischen Regel</u> auf Folgenglieder mit kleinerem Index entstanden.

Jede Formel φ_i nennen wir eine <u>Zeile</u> dieses Beweises.

Die in dieser Definition benutzten Begriffe 'logisches Axiom' und 'logische Regel' sollen nun der Reihe nach präzisiert werden. Die <u>logischen Axiome</u> werden wir in drei Kategorien unterteilen: Beispiele aussagenlogischer Tautologien, quantorenlogische Axiome und identitätslogische Axiome. Als logische Regeln werden wir zulassen: Modus Ponens und die Generalisierungsregel.

Um den Begriff der aussagenlogischen Tautologie exakt definieren zu können, führen wir kurz die <u>aussagenlogische Sprache</u> ein. Ihr Alphabet bestehe aus

$$\neg \quad \wedge \quad) \quad (\quad A_o \quad A_1 \ldots A_n \ldots \quad (n \in \mathbb{N}) .$$

Aus diesem Alphabet bilden wir <u>Aussageformen</u>:

   (a) A_0, A_1, ... sind Aussageformen.

   (b) Sind Φ, Ψ Aussageformen, so auch $\neg \Phi$ und $(\Phi \wedge \Psi)$

   (c) Keine weiteren Zeichenreihen sind Aussageformen.

Die Zeichen A_0, A_1,... heißen <u>Aussagenvariablen</u>. Unter einer

<u>Bewertung</u> B der Variablen A_0, A_1,... verstehen wir eine Ab-

bildung von der Menge $\{A_0$, A_1,... $\}$ in die Menge $\{W,F\}$ der

Wahrheitswerte W = wahr und F = falsch. Für jedes $n \in \mathbb{N}$ ist

also $B(A_n) = W$ oder $B(A_n) = F$. Diese Bewertungsfunktion läßt

sich nun von der Variablenmenge kanonisch auf die Menge aller

Aussageformen fortsetzen, indem man setzt:

$$B(\neg \Phi) = - B(\Phi)$$

$$B((\Phi \wedge \Psi)) = B(\Phi) \cap B(\Psi)$$

Dabei sind $-$ und $\cap$ Operationen, die auf der Menge $\{W,F\}$

definiert sind durch die folgenden Tafeln:

$$
\begin{array}{c|cc}
- & W & F \\
\hline
 & F & W
\end{array}
\qquad\qquad
\begin{array}{c|cc}
\cap & W & F \\
\hline
W & W & F \\
F & F & F
\end{array}
$$

Eine Aussageform Φ heißt (<u>aussagenlogische</u>) <u>Tautologie</u>, falls Φ

bei jeder Bewertung B den Wahrheitswert W erhält. Enthält die

Aussageform Φ genau n Aussagenvariablen, so sind zum Nachweis

der Tautologieeigenschaft von Φ ersichtlicherweise genau 2^n

Fälle zu berechnen: Für jede Variable sind gerade die Werte W

oder F "einzusetzen". Diese Berechnung kann nach dem Schema des

folgenden Beispiels generell durchgeführt werden: Wir testen die

Aussageform

$$\neg ((A_0 \wedge A_1) \wedge \neg A_0)$$

A_0	A_1	$(A_0 \wedge A_1)$	$\neg A_0$	$(A_0 \wedge A_1) \wedge \neg A_0$	$\neg ((A_0 \wedge A_1) \wedge \neg A_0)$
W	W	W	F	F	W
W	F	F	F	F	W
F	W	F	W	F	W
F	F	F	W	F	W

Die erste Zeile besagt dabei, daß bei jeder Bewertung B mit
$B(A_0) = B(A_1) = W$ die obige Aussageform den Wert W erhält.
Analog sind die folgenden Zeilen zu lesen.

Ein <u>Beispiel einer aussagenlogischen Tautologie</u> (oft selbst als
Tautologie bezeichnet) in unserer formalen Sprache L erhalten
wir nun einfach dadurch, daß in einer aussagenlogischen Tautologie
Φ jede Aussagenvariable durch eine Formel unserer Sprache L ersetzt wird. Selbstverständlich sind dabei gleiche Variablen durch
gleiche Formeln zu ersetzen. Sind also $\varphi, \psi \in Fml(L)$, so ist die
Formel

$$\neg ((\varphi \wedge \psi) \wedge \neg \varphi)$$

ein Beispiel einer aussagenlogischen Tautologie, also ein logisches
Axiom. Verwenden wir noch die in 1.2 eingeführten Abkürzungen, so
erhält dieses Axiom die Gestalt

$$(\varphi \wedge \psi) \to \varphi \; .$$

Es empfiehlt sich, diese Abkürzungen bei der Berechnung aussagenlogischer Tautologien immer zu verwenden. Mit Hilfe der sich über
die Definitionen ergebenden Tafeln

Φ	Ψ	$(\Phi \vee \Psi)$	$(\Phi \rightarrow \Psi)$	$(\Phi \leftrightarrow \Psi)$
W	W	W	W	W
W	F	W	F	F
F	W	W	W	F
F	F	F	W	W

lassen sich die entsprechenden Rechnungen erheblich abkürzen.
Auch sind dem Mathematiker die meisten Tautologien geläufig,
sieht er sie erst einmal in einer ihm bekannten Form.

Die <u>quantorenlogischen Axiome</u> sind

(A 1) $\forall x\, \varphi \rightarrow \varphi(x/t)$, falls t frei für x in φ

(A 2) $\forall x(\varphi \rightarrow \psi) \rightarrow (\varphi \rightarrow \forall x\, \psi)$, falls $x \notin Fr(\varphi)$

Dabei sind φ und ψ Formeln, x irgendeine Variable und t
irgendein Term. Wir haben es also hier ebenso wie bei den Beispielen aussagenlogischer Tautologien mit unendlich vielen Axiomen
zu tun.

Die <u>identitätslogischen</u> Axiome sind

(I 1) $x \doteq x$

(I 2) $x \doteq y \rightarrow (x \doteq z \rightarrow y \doteq z)$

(I 3) $x \doteq y \rightarrow (R_i(v,\dots,x,\dots,u) \rightarrow R_i(v,\dots,y,\dots,u))$

(I 4) $x \doteq y \rightarrow f_j(v,\dots,x,\dots,u) \doteq f_j(v,\dots,y,\dots,u)$

Dies ist so zu verstehen, daß Axiom (I 3) für jeden Index $i \in I$
und (I 4) für jeden Index $j \in J$ vorliegt. Die Stellenzahl von
R_i ist wie vereinbart $\lambda(i)$, die von f_j ist $\mu(j)$. Die Ersetzung
von x durch y (x und y sind beliebige Variablen) in (I 3) bzw.
(I 4) kann an jeder Stelle geschehen (auch der ersten oder der
letzten); die übrigen Stellen bleiben ungeändert.

Der <u>Modus Ponens</u> ist eine logische Regel, die auf zwei Zeilen
eines Beweises angewandt werden kann, falls eine Zeile die Gestalt
$\varphi \to \psi$ und die andere Zeile die Gestalt φ hat, wobei
$\varphi, \psi \in \mathrm{Fml}(L)$ sind. Das Ergebnis der Anwendung ist dann die Formel
ψ . Wir geben der Regel die folgende Form

$$\frac{\begin{array}{c} \varphi \to \psi \\ \varphi \end{array}}{\psi} \quad \text{(MP)}$$

Die Zeile φ_i eines Beweises $\varphi_1, \ldots, \varphi_n$ ist durch Anwendung des
Modus Ponens entstanden, falls es Indizes $j_1, j_2 < i$ gibt, so daß
die Zeile φ_{j_1} die Gestalt $\varphi_{j_2} \to \varphi_i$ hat.

Die <u>Generalisierungsregel</u> erlaubt es, von einer Zeile der Gestalt
φ überzugehen zu einer Zeile $\forall x \, \varphi$, wobei x eine beliebige
Variable ist. Die Zeile φ_i eines Beweises $\varphi_1, \ldots, \varphi_n$ ist durch
Anwendung der Generalisierungsregel entstanden, falls es einen
Index $j < i$ gibt, so daß φ_i die Gestalt $\forall x \, \varphi_j$ hat. Wir geben
der Regel die Form

$$\frac{\varphi}{\forall x \, \varphi} \quad (\forall)$$

Damit ist endlich die Definition eines formalen Beweises (aus
einer Axiomenmenge Σ) abgeschlossen. Zur Verdeutlichung geben wir
eine Reihe von Beispielen. Die ersten Beispiele haben alle die
Gestalt einer <u>abgeleiteten Regel</u>, d.h. sie zeigen, wie man einen
schon vorhandenen Beweis mit einer gewissen Endzeile so verlängern
kann, daß sich aus dieser Endzeile eine bestimmte andere Zeile ergibt, unabhängig davon, wie die Endzeile erhalten wurde. Wir zeigen
zuerst die folgende abgeleitete Regel:

$$\frac{(\varphi \wedge \psi)}{\varphi} \qquad (\wedge \, B_1)$$

Angenommen wir haben einen Beweis für $(\varphi \wedge \psi)$ (aus irgendeiner Menge Σ); dieser sei etwa

$$\varphi_1$$
$$\vdots$$
$$\varphi_{n-1}$$
$$(\varphi \wedge \psi) \quad ;$$

dann verlängern wir diesen Beweis folgendermaßen:

$$\varphi_1$$
$$\vdots$$
$$\varphi_{n-1}$$
$$(\varphi \wedge \psi)$$
$$(\varphi \wedge \psi) \to \varphi$$
$$\varphi$$

Die vorletzte Zeile ist ein Beispiel einer aussagenlogischen Tautologie. Die letzte Zeile ergibt sich aus den beiden vorherigen durch Anwendung des Modus Ponens.

Mit der gleichen Argumentation erhält man der Reihe nach die folgenden abgeleiteten Regeln:

$$\frac{(\varphi \wedge \psi)}{\psi} \qquad (\wedge \, B_2)$$
aus der Tautologie
$(\varphi \wedge \psi) \to \psi$

$$\frac{\varphi}{(\varphi \vee \psi)} \qquad (\vee \, B_1)$$
aus der Tautologie
$\varphi \to (\varphi \vee \psi)$

$$\frac{\psi}{(\varphi \vee \psi)} \qquad (\vee \, B_2)$$
aus der Tautologie
$\psi \to (\varphi \vee \psi)$

$$\frac{\varphi \to \psi}{\neg\, \psi \to \neg\, \varphi} \quad \text{(KP)}$$

aus der Tautologie

$$(\varphi \to \psi) \to (\neg\, \psi \to \neg\, \varphi)$$

$$\frac{\varphi \leftrightarrow \psi}{\varphi \to \psi} \quad (\leftrightarrow B_1)$$

aus der Tautologie

$$(\varphi \leftrightarrow \psi) \to (\varphi \to \psi)$$

$$\frac{\varphi \leftrightarrow \psi}{\psi \to \varphi} \quad (\leftrightarrow B_2)$$

aus der Tautologie

$$(\varphi \leftrightarrow \psi) \to (\psi \to \varphi)$$

$$\frac{\forall x\, \varphi}{\varphi(x/t)} \quad (\forall B)$$

falls t frei für x in φ

$$\frac{\forall x(\varphi \to \psi)}{\varphi \to \forall x\, \psi} \quad (K\forall)$$

falls $x \notin Fr(\varphi)$

Die beiden letzten abgeleiteten Regeln erhält man ebenfalls nach
dem Schema von ($\wedge$ B$_1$) unter Benutzung der logischen Axiome (A1)
bzw. (A2).

Die folgenden abgeleiteten Regeln haben je zwei Prämissen, d.h.
es wird angenommen, man habe zwei Zeilen - die Prämissen - schon
irgendwie bewiesen. Betrachten wir zuerst die wichtige Regel des
"Kettenschlusses":

$$\varphi \to \psi$$
$$\frac{\psi \to \sigma}{\varphi \to \sigma} \quad \text{(KS)}$$

Diese abgeleitete Regel läßt sich so begründen:

Angenommen

$$\begin{array}{ccc} \varphi_1 & & \psi_1 \\ \vdots & \text{und} & \vdots \\ \varphi_{n-1} & & \psi_{m-1} \\ (\varphi \to \psi) & & (\psi \to \sigma) \end{array}$$

seien Beweise (etwa aus Σ_1 bzw. Σ_2). Dann erhalten wir den folgenden Beweis (aus $\Sigma_1 \cup \Sigma_2$)

$$
\begin{array}{l}
\varphi_1 \\
\vdots \\
\varphi_{n-1} \\
(\varphi \to \psi) \\
\psi_1 \\
\vdots \\
\psi_{m-1} \\
(\psi \to \sigma) \\
(\varphi \to \psi) \to ((\psi \to \sigma) \to (\varphi \to \sigma)) \\
(\psi \to \sigma) \to (\varphi \to \sigma) \\
(\varphi \to \sigma)
\end{array}
$$

Dabei ist die drittletzte Zeile eine Tautologie, die vorletzte
wurde mit Modus Ponens aus der Zeile $(\varphi \to \psi)$ und der drittletzten
gewonnen und die letzte wurde aus der Zeile $(\psi \to \sigma)$ und der vorletzten ebenfalls mit Modus Ponens gewonnen.

Analog erhält man nun die folgenden abgeleiteten Regeln mit zwei
Prämissen:

$$
\frac{\varphi \to \psi \qquad \psi \to \varphi}{\varphi \leftrightarrow \psi} \quad (\leftrightarrow)
\qquad\qquad
\begin{array}{l}
\text{aus der Tautologie} \\
(\varphi \to \psi) \to ((\psi \to \varphi) \to (\varphi \leftrightarrow \psi))
\end{array}
$$

$$
\frac{\varphi \qquad \psi}{(\varphi \wedge \psi)} \quad (\wedge)
\qquad\qquad
\begin{array}{l}
\text{aus der Tautologie} \\
\varphi \to (\psi \to (\varphi \wedge \psi))
\end{array}
$$

$$
\frac{\varphi \to \sigma \qquad \psi \to \sigma}{(\varphi \vee \psi) \to \sigma} \quad (\vee)
\qquad\qquad
\begin{array}{l}
\text{aus der Tautologie} \\
(\varphi \to \sigma) \to ((\psi \to \sigma) \to ((\varphi \vee \psi) \to \sigma))
\end{array}
$$

Die Reihe der abgeleiteten Regeln könnte man beliebig fortsetzen.
In der Tat ist dies die Methode, Beweise "erträglicher" zu gestalten. Immer wieder auftretende Schlüsse wird man nicht jedesmal
wiederholen, sondern sie allmählich zu den logischen Schlüssen
(als abgeleitete Regeln) hinzunehmen. Je weiter ein Mathematiker
fortgeschritten ist, um so mehr solcher Schlüsse beherrscht er und
um so kürzer werden seine Beweise.

Bevor wir als nächstes einen formalen Beweis unseres Beispiels aus
1.1 geben werden, wollen wir abschließend noch die folgenden abgeleiteten Regeln angeben:

$$\frac{t_1 \doteq t_2}{t_2 \doteq t_1} \quad (S)$$

$$\frac{t_1 \doteq t_2 \qquad t_2 \doteq t_3}{t_1 \doteq t_3} \quad (Tr)$$

$$\frac{t' \doteq t''}{R_i(t_1,\ldots,t',\ldots,t_{\lambda(i)}) \to R_i(t_1,\ldots,t'',\ldots,t_{\lambda(i)})} \quad (R_i)$$

$$\frac{t' \doteq t''}{f_j(t_1,\ldots,t',\ldots,t_{\mu(j)}) \doteq f_j(t_1,\ldots,t'',\ldots,t_{\mu(j)})} \quad (f_j)$$

Die Begründung von (S), (Tr) und (f_j) überlassen wir dem Leser als
Übung, während wir die von (R_i) vorführen wollen. Wir führen dabei
die Ersetzung von t' durch t'' im ersten Argument von R_i durch. Es
ist klar, daß nach demselben Schema die Ersetzung für jedes beliebige Argument von R_i durchgeführt werden kann. Es liege also
ein Beweis für $t' \doteq t''$ vor:

$$\vdots$$

$$t' \doteq t''$$

Wir verlängern diesen um die folgenden Zeilen, wobei wir die Variablen $x, y, u_2, \ldots, u_{\lambda(i)}$ so wählen, daß sie in keinem der Terme $t', t'', t_2, \ldots, t_{\lambda(i)}$ vorkommen:

$$x \doteq y \to (R_i(x, u_2, u_3, \ldots) \to R_i(y, u_2, u_3, \ldots))$$

$$\forall x (x \doteq y \to (R_i(x, u_2, u_3, \ldots) \to R_i(y, u_2, u_3, \ldots)))$$

$$t' \doteq y \to (R_i(t', u_2, u_3, \ldots) \to R_i(y, u_2, u_3, \ldots))$$

$$\forall y (t' \doteq y \to (R_i(t', u_2, u_3, \ldots) \to R_i(y, u_2, u_3, \ldots)))$$

$$t' \doteq t'' \to (R_i(t', u_2, u_3, \ldots) \to R_i(t'', u_2, u_3, \ldots))$$

$$\forall u_2 (t' \doteq t'' \to (R_i(t', u_2, u_3, \ldots) \to R_i(t'', u_2, u_3, \ldots)))$$

$$t' \doteq t'' \to (R_i(t', t_2, u_3, \ldots) \to R_i(t'', t_2, u_3, \ldots))$$

$$\vdots$$

$$t' \doteq t'' \to (R_i(t', t_2, t_3, \ldots) \to R_i(t'', t_2, t_3, \ldots))$$

$$R_i(t', t_2, t_3, \ldots) \to R_i(t'', t_2, t_3, \ldots)$$

Dabei ist die erste Zeile der Verlängerung ein identitätslogisches Axiom (I3). Danach haben wir alternierend die Regeln ($\forall$) und ($\forall$B) bis zur vorletzten Zeile benützt. Auf diese und die Zeile $t' \doteq t''$ Modus Ponens angewandt ergibt die letzte Zeile.

Wir wollen nun einen formalen Beweis von $\forall x \ \ 0 \leq x \cdot x$ aus der Axiomenmenge $\Sigma = \{(1), \ldots, (5)\}$ geben.

(1) $\forall x, y \ (x \leq y \lor y \leq x)$

(2) $\forall x, y, z \ (x \leq y \to x + z \leq y + z)$

(3) $\forall x, y \ (0 \leq x \land 0 \leq y \to 0 \leq x \cdot y)$

(4) $\forall x, y \ (x + (-x) \doteq 0 \land 0 + y \doteq y)$

(5) $\forall x \ \ \ (-x) \cdot (-x) \doteq x \cdot x$

Diese Axiome sind Aussagen einer Sprache L , deren Zeichenmaterial folgendermaßen festgelegt sei:

Die Indexmenge I enthält nur ein Element, sagen wir $I = \{0\}$,
und es ist $\lambda(0) = 2$, d.h. R_0 ist ein zweistelliges Relationszeichen. Aus Gründen der besseren Lesbarkeit schreiben wir $\leq$
für R_0 . Dabei denkt man unwillkürlich an die "kleiner oder
gleich"-Beziehung zwischen reellen Zahlen, was leicht die Ver-
suchung mit sich bringt, inhaltlich zu schließen. Wie vereinbart,
wollen wir jedoch einen rein formalen Beweis geben, dessen Richtigkeit auch ein Computer nachprüfen könnte. Die bei dem Relationszeichen benutzte suggestive Schreibweise wollen wir auch bei den
Funktionszeichen beibehalten. Hier ist J dreielementig, etwa
$J = \{0,1,2\}$, und es ist $\mu(0) = 1, \mu(1) = \mu(2) = 2$. Für f_0, f_1, f_2
schreiben wir der Reihe nach $-,+,\cdot$. Weiter machen wir von der
Konvention Gebrauch, $x+y$ für den Term $+(x,y)$ zu schreiben. Ohne
diese Vereinbarungen würde Axiom(2)die folgende Gestalt annehmen:

$$\forall x,y,z \; (R_0(x,y) \to R_0(f_1(x,z), \, f_1(y,z)))$$

Die Indexmenge K ist ebenfalls einelementig, etwa $K = \{7\}$.
Für c_7 schreiben wir kurz 0 .

Wenn wir nun endlich einen formalen Beweis für $\forall x \quad 0 \leq x \cdot x$ aus
Σ geben, wollen wir dabei die Zeilen durchnumerieren und am Ende
einer Zeile andeuten, wie diese entstanden ist. So bedeutet z.B.
(MP 3., 29.) in Zeile 30, daß diese durch Anwendung von Modus
Ponens auf die Zeilen 3 und 29 entstanden ist.

1. $\forall x,y \; (x \leq y \lor y \leq x)$ (Ax(1))

2. $\forall y \; (x \leq y \lor y \leq x)$ ($\forall$B 1.)

3. $(x \leq 0 \lor 0 \leq x)$ ($\forall$B 2.)

4.	$\forall x,y(0 \leq x \wedge 0 \leq y \to 0 \leq x \cdot y)$	(Ax(3))
5.	$\forall y(0 \leq x \wedge 0 \leq y \to 0 \leq x \cdot y)$	($\forall$B 4.)
6.	$(0 \leq x \wedge 0 \leq x \to 0 \leq x \cdot x)$	($\forall$B 5.)
7.	$0 \leq x \to 0 \leq x \wedge 0 \leq x$	(Taut.)
8.	$0 \leq x \to 0 \leq x \cdot x$	(KS6.,7.)
9.	$\forall x,y,z(x \leq y \to x + z \leq y + z)$	(Ax(2))
10.	$\forall y,z(x \leq y \to x + z \leq y + z)$	($\forall$B 9.)
11.	$\forall z(x \leq 0 \to x + z \leq 0 + z)$	($\forall$B 10.)
12.	$x \leq 0 \to x + (-x) \leq 0 + (-x)$	($\forall$B 11.)
13.	$\forall x,y(x + (-x) \doteq 0 \wedge 0 + y = y)$	(Ax(4))
14.	$\forall y(x + (-x) \doteq 0 \wedge 0 + y = y)$	($\forall$B 13.)
15.	$(x + (-x) \doteq 0 \wedge 0 + (-x) = -x)$	($\forall$B 14.)
16.	$x + (-x) \doteq 0$	($\wedge$B$_1$ 15.)
17.	$x + (-x) \leq 0 + (-x) \to 0 \leq 0 + (-x)$	(R$_0$ 16.)
18.	$x \leq 0 \to 0 \leq 0 + (-x)$	(KS 12.17.)
19.	$0 + (-x) \doteq -x$	($\wedge$B$_2$ 15.)
20.	$0 \leq 0 + (-x) \to 0 \leq -x$	(R$_0$ 19.)
21.	$x \leq 0 \to 0 \leq -x$	(KS 18.,20.)
22.	$\forall x(0 \leq x \to 0 \leq x \cdot x)$	($\forall$ 8.)
23.	$0 \leq -x \to 0 \leq (-x) \cdot (-x)$	($\forall$B 22.)
24.	$\forall x(-x) \cdot (-x) \doteq x \cdot x$	(Ax(5))
25.	$(-x) \cdot (-x) \doteq x \cdot x$	($\forall$B 24.)
26.	$0 \leq (-x) \cdot (-x) \to 0 \leq x \cdot x$	(R$_0$ 25.)
27.	$0 \leq -x \to 0 \leq x \cdot x$	(KS 23.,26.)
28.	$x \leq 0 \to 0 \leq x \cdot x$	(KS 21.,27.)
29.	$(x \leq 0 \vee 0 \leq x) \to 0 \leq x \cdot x$	($\vee$8.,28.)
30.	$0 \leq x \cdot x$	(MP 3.,29.)
31.	$\forall x \; 0 \leq x \cdot x$	($\forall$ 30.)

Damit haben wir schließlich den zu Beginn von Paragraph 1.2 im
üblichen mathematischen Stil gegebenen Beweis in einen formalen
transformiert. Daß er nach dieser Transformation wesentlich an
Länge gewonnen hat, liegt - dies sei ausdrücklich noch einmal erwähnt - daran, daß wir abgeleitete Regeln bisher nur in einem sehr
bescheidenen Umfang vorliegen haben. Unser Ehrgeiz wird jetzt allerdings nicht darin bestehen, den Umgang mit formalen Beweisen weiter
zu trainieren und schrittweise zu vereinfachen, bis er schließlich
praktikabel wird. Wir wollen es bei diesem Beispiel belassen. Statt
dessen wollen wir uns jetzt mit der Reichweite solcher Beweise be-
fassen. Dies wird dazu führen, daß wir in unserer Metasprache Behauptungen über formale Beweise aufstellen werden, die wir dann
nachzuweisen haben. Die Nachweise werden wir im üblichen, informal-
mathematischen Stil führen. In diesem Abschnitt wollen wir nur noch
ein paar kleinere Behauptungen und das sogenannte Deduktionstheorem
beweisen.

Zuerst noch eine Definition. Es seien φ eine L-Formel und Σ
eine Menge von L-Formeln. Dann sagen wir φ _ist aus_ Σ _beweisbar_
(oder _ableitbar_) und schreiben

$$\Sigma \vdash \varphi \quad ,$$

falls es einen Beweis $\varphi_1, \ldots, \varphi_n$ aus Σ gibt, wobei die letzte
Formel φ_n mit φ identisch ist.

Es ist klar, daß mit $\Sigma \vdash \varphi$ für jede Obermenge Σ' von Σ auch
$\Sigma' \vdash \varphi$ gilt. Weitere Eigenschaften der metasprachlichen Beziehung
$\vdash$ lernen wir in den folgenden Behauptungen und ihren Nachweisen
kennen.

LEMMA 1.1 <u>Seien</u> $\varphi, \psi \in \mathrm{Fml}(L), \Sigma \subset \mathrm{Fml}(L)$ <u>und</u> $x \in \mathrm{Vbl}$. <u>Dann gilt:</u>

(a) $\Sigma \vdash \varphi$ <u>genau dann, wenn</u> $\Sigma \vdash \forall x\, \varphi$

(b) $\Sigma \cup \{\psi\} \vdash \varphi$ <u>genau dann, wenn</u> $\Sigma \cup \{\forall x\, \psi\} \vdash \varphi$

<u>Beweis:</u> (a) Von links nach rechts schließt man so:

$$
\text{Ist}\quad \overset{\vdots}{\varphi}\quad \text{ein Beweis aus}\ \Sigma\ ,\ \text{so auch}\quad \overset{\vdots}{\underset{\forall x\, \varphi}{\varphi}}
$$

Von rechts nach links benutzen wir $(\forall\,\mathrm{B})$:

$$
\text{Ist}\quad \overset{\vdots}{\forall x\, \varphi}\quad \text{ein Beweis aus}\ \Sigma\ ,\ \text{so auch}\quad \overset{\vdots}{\underset{\varphi}{\forall x\, \varphi}}
$$

Man beachte dabei, daß $\varphi(x/x)$ mit φ identisch ist und $(\forall\,\mathrm{B})$

angewandt werden darf, da natürlich immer x frei für x in φ

ist.

     (b) Von links nach rechts schließt man so:

$$
\text{Ist}\quad \begin{matrix}\vdots\\ \psi\\ =\\ \varphi\end{matrix}\quad \text{ein Beweis aus}\ \Sigma \cup \{\psi\}\ ,\ \text{so ist}\quad \begin{matrix}\vdots\\ \forall x\, \psi\\ =\\ \varphi\end{matrix}\quad \text{ein Beweis}
$$

aus $\Sigma \cup \{\forall x\, \psi\}$. Hierbei wurde wieder die Regel $(\forall \mathrm{B})$ benutzt.

Der Schluß von rechts nach links geht so:

$$
\text{Ist}\quad \begin{matrix}\vdots\\ \forall x\, \psi\\ =\\ \varphi\end{matrix}\quad \text{ein Beweis aus}\ \Sigma \cup \{\forall x\, \psi\}\ ,\ \text{so ist}\quad \begin{matrix}\vdots\\ \psi\\ \forall x\, \psi\\ =\\ \varphi\end{matrix}\quad \text{ein}
$$

Beweis aus $\Sigma \cup \{\psi\}$.

q.e.d.

Wendet man Lemma 1.1 iteriert an, so sieht man, daß die Ableitbarkeit einer Formel φ aus Σ äquivalent ist mit der Ableitbarkeit
ihres Allabschlusses $\forall \varphi$ aus Σ . Ebenso können dabei alle Formeln
aus Σ durch ihre Allabschlüsse ersetzt werden. Aus diesem Grunde
werden wir uns später oft auf den Fall einer Aussagenmenge Σ und
einer Aussage φ beschränken.

Seien jetzt jedoch nochmals $\varphi, \psi \in \mathrm{Fml}(L)$ und $\Sigma \subset \mathrm{Fml}(L)$. Gilt
dann

$$\Sigma \vdash (\varphi \to \psi) \; ,$$

so erhält man sofort mit (MP)

$$\Sigma \cup \{\varphi\} \vdash \psi \; .$$

Ist nämlich

$$\begin{array}{l} \vdots \\ \varphi \to \psi \end{array} \quad \text{ein Beweis aus } \Sigma \text{ , so ist } \begin{array}{l} \vdots \\ \varphi \to \psi \\ \varphi \\ \psi \end{array} \text{ein Beweis aus } \Sigma \cup \{\varphi\} \; .$$

Hierbei war es unerheblich, ob φ freie Variablen enthält oder
nicht. Weiß man jedoch, daß $\mathrm{Fr}(\varphi) = \emptyset$ ist, so läßt sich die
obige Implikation umkehren. Es gilt das für die Praxis sehr
wichtige

DEDUKTIONSTHEOREM 1.2 $\underline{\text{Seien}}$ $\Sigma \subset \mathrm{Fml}(L)$, $\varphi, \psi \in \mathrm{Fml}(L)$ $\underline{\text{und}}$
$\mathrm{Fr}(\varphi) = \emptyset$. $\underline{\text{Dann erhält man aus}}$ $\Sigma \cup \{\varphi\} \vdash \psi$ $\underline{\text{auch}}$ $\Sigma \vdash (\varphi \to \psi)$.

$\underline{\text{Beweis}}$: Wir werden durch Induktion über n zeigen:

$$\text{Ist} \quad \begin{array}{l} \varphi_1 \\ \vdots \\ \varphi_n \end{array} \quad \text{ein Beweis aus } \Sigma \cup \{\varphi\} \text{ , so kann} \quad \begin{array}{l} \varphi \to \varphi_1 \\ \vdots \\ \varphi \to \varphi_n \end{array}$$

zu einem Beweis aus Σ so ergänzt werden, daß $\varphi \to \varphi_n$ letzte

Zeile bleibt. Es ist klar, daß damit die Behauptung des Deduktions-
theorems folgt.

Induktionsanfang: Wegen $n = 1$ haben wir einen einzeiligen Beweis
aus Σ , bestehend aus der Zeile φ_1 .

1. Fall: φ_1 ist ein logisches Axiom oder aus Σ . In diesem Fall
ist offenbar

$$\varphi_1$$
$$\varphi_1 \to (\varphi \to \varphi_1)$$
$$\varphi \to \varphi_1$$

ein Beweis aus Σ . Dabei erhalten wir die Endzeile mit (MP) aus
φ_1 und der Tautologie $\varphi_1 \to (\varphi \to \varphi_1)$.

2. Fall: φ_1 ist identisch mit φ . In diesem Falle ist die Implikation $\varphi \to \varphi_1$ eine Tautologie, also insbesondere ein Beweis aus
Σ .

Schluß von n auf $n+1$: Wir nehmen an

$$
\begin{array}{lll}
\varphi_1 & & \varphi \to \varphi_1 \\
\vdots & \text{sei ein Beweis aus } \Sigma \cup \{\varphi\} \text{ und} & \vdots \\
\varphi_n & & \varphi \to \varphi_n \\
\varphi_{n+1} & &
\end{array}
$$

sei schon zu einem Beweis aus Σ ergänzt mit Endzeile $\varphi \to \varphi_n$.

1. Fall: φ_{n+1} ist ein logisches Axiom oder aus Σ . In diesem
Falle verlängern wir den rechten Beweis um die Zeilen

$$\varphi_{n+1}$$
$$\varphi_{n+1} \to (\varphi \to \varphi_{n+1})$$
$$\varphi \to \varphi_{n+1}$$

und erhalten wieder einen Beweis aus Σ .

__2. Fall__: φ_{n+1} ist identisch mit φ . In diesem Falle fügen wir einfach die Tautologie $\varphi \to \varphi_{n+1}$ als letzte Zeile hinzu.

__3. Fall__: φ_{n+1} wurde durch (MP) erhalten. In diesem Falle gibt es $i,j \le n$, so daß die Formel φ_j die Gestalt $\varphi_i \to \varphi_{n+1}$ hat. In dem rechten Beweis kommen dann aber die Zeilen $\varphi \to \varphi_i$ und $\varphi \to (\varphi_i \to \varphi_{n+1})$ vor. Wir verlängern den rechten Beweis um die folgenden Zeilen:

$$(\varphi \to (\varphi_i \to \varphi_{n+1})) \to ((\varphi \to \varphi_i) \to (\varphi \to \varphi_{n+1}))$$

$$(\varphi \to \varphi_i) \to (\varphi \to \varphi_{n+1})$$

$$\varphi \to \varphi_{n+1}$$

Dabei ist die erste Verlängerungszeile eine Tautologie und die beiden weiteren erhält man durch Modus Ponens-Anwendungen.

__4. Fall__: φ_{n+1} wurde mit $(\forall)$ erhalten. In diesem letzten Fall gibt es ein $i \le n$, so daß φ_{n+1} die Gestalt $\forall x \, \varphi_i$ hat, wobei x eine Variable ist. Verlängern wir nun den rechten Beweis um die Zeile $\varphi \to \varphi_{n+1}$, so erhalten wir wieder einen Beweis aus Σ , wobei die letzte Zeile, die ja die Gestalt $\varphi \to \forall x \, \varphi_i$ hat, aus der Zeile $\varphi \to \varphi_i$ durch Anwendung der (abgeleiteten) Regel $(K\forall)$ erhalten wurde. Die Anwendung dieser Regel ist korrekt, da wegen der Voraussetzung $Fr(\varphi) = \emptyset$ offenbar $x \notin Fr(\varphi)$ gilt.

q.e.d.

1.4 Vollständigkeit der Logik 1. Stufe

Die letzten Paragraphen haben gezeigt, daß es möglich ist, eine
streng formale Definition für den Begriff eines mathematischen
Beweises zu geben. Es bleibt die Frage zu klären, ob diese Definition auch wirklich das trifft, was man gewöhnlich unter einem Beweis versteht. Die im letzten Beispiel zutage getretene Schwerfällig-
keit läßt sich,wie wir schon erwähnten, durch Einführung von immer
mehr abgeleiteten Regeln prinzipiell beseitigen. Sie liefert also
kein echtes Gegenargument. Ein weiterer möglicher Einwand könnte
gegen die Ausdrucksfähigkeit der von uns benutzten formalen Sprachen
bestehen. Aber auch dieser Einwand läßt sich entkräften: In
Paragraph 1.6 werden wir im Rahmen einer solchen Sprache die Mengenlehre formalisieren. Die Mengenlehre ist jedoch ausdrucksfähig ge-
nug, jede vernünftige mathematische Begriffsbildung zu erfassen.

Ein ganz anderer Einwand könnte schlicht gegen die Stärke solcher
formalen Beweise vorgebracht werden. Es wäre immerhin denkbar,
daß bei der Definition eines Beweises im letzten Paragraphen irgendein logischer Schluß nicht berücksichtigt wurde. Wir wollen nun
zeigen, daß dies nicht der Fall ist, d.h. daß unser Beweisbegriff
alle logischen Schlüsse <u>vollständig</u> erfaßt. Eine heuristische
Vorüberlegung soll dies verdeutlichen.

Es seien $\Sigma \subset \mathrm{Aus}(L)$ und $\varphi \in \mathrm{Aus}(L)$. Wir fragen uns, wie es möglich sein könnte, daß φ nicht aus Σ beweisbar ist, d.h. $\Sigma \nvdash \varphi$.
Eine Möglichkeit könnte darin bestehen, daß es ein "Gegenbeispiel"
gibt. Dies soll heißen, daß es einen Bereich (eine mathematische
Struktur, vgl. § 1.5) geben könnte, in dem zwar alle Axiome $\sigma \in \Sigma$

richtig sind, jedoch nicht φ . Hierbei verleihen wir u.a. der
Meinung Ausdruck, daß unser Beweisbegriff korrekt ist, d.h. daß
alles das, was beweisbar ist, auch da gilt, wo die Axiome gelten
(In §1.5 werden wir dies präzisieren und beweisen). Eine andere Möglichkeit könnte nun darin bestehen, daß wir eine Schlußweise bei
unserer Definition vergessen haben und deshalb die Nichtbeweisbarkeit von φ aus Σ besteht, obwohl es kein "Gegenbeispiel" gibt.
Wir werden zeigen, daß dieser zweite Fall nicht eintreten kann:
Eine Nichtbeweisbarkeit liegt notwendig an einem Gegenbeispiel.

Um dies zu zeigen, benötigen wir einige technische Vorbereitungen,
die wir in diesem Paragraphen durchführen wollen. Obwohl wir den
Begriff einer Struktur und die Definition der Gültigkeit einer Aussage in einer solchen Struktur erst im nächsten Paragraphen exakt
fassen wollen, wird das "Gegenbeispiel", das wir ausgehend von der
Annahme $\Sigma \not\vdash \varphi$ konstruieren werden, schon am Ende dieses Paragraphen
eine klare Gestalt annehmen.

Zuerst wollen wir eine kleine Umformulierung der Annahme vornehmen.
Dazu nennen wir eine Menge $\Sigma \subset \mathrm{Aus}(L)$ <u>widerspruchsfrei</u> (wfr),
falls es keine L-Aussage α gibt, so daß gleichzeitig

$$\Sigma \vdash \alpha \quad \text{und} \quad \Sigma \vdash \neg \alpha$$

gilt. Gibt es ein solches α , so heißt Σ <u>widerspruchsvoll</u> (wv) .
Σ ist offenbar genau dann widerspruchsvoll, wenn man aus Σ jede
Aussage β beweisen kann. Ist nämlich Σ widerspruchsvoll, so
gibt es mit der Regel ($\wedge$) einen Beweis von $(\alpha \wedge \neg \alpha)$ aus Σ .
Diesen Beweis verlängern wir um die Zeilen

$$(\alpha \wedge \neg \alpha) \rightarrow \beta$$

$$\beta$$

Dabei ist die vorletzte Zeile eine Tautologie und die letzte wurde
mit (MP) erhalten. Damit zeigen wir nun das

LEMMA 1.3 <u>Seien</u> $\Sigma \subset \text{Aus}(L)$ <u>und</u> $\varphi \in \text{Aus}(L)$. <u>Dann ist</u> $\Sigma \not\vdash \varphi$
<u>äquivalent damit, daß</u> $\Sigma \cup \{\neg \varphi\}$ <u>widerspruchsfrei ist.</u>

<u>Beweis:</u> Wir zeigen, daß $\Sigma \vdash \varphi$ äquivalent ist mit $\Sigma \cup \{\neg \varphi\}$ wv.
Sei zuerst $\Sigma \vdash \varphi$. Dann gilt einerseits $\Sigma \cup \{\neg \varphi\} \vdash \varphi$ und andererseits $\Sigma \cup \{\neg \varphi\} \vdash \neg \varphi$, also ist $\Sigma \cup \{\neg \varphi\}$ widerspruchsvoll.

Sei jetzt $\Sigma \cup \{\neg \varphi\}$ widerspruchsvoll. Dann gilt nach obigen Überlegungen $\Sigma \cup \{\neg \varphi\} \vdash \varphi$. Mit dem Deduktionstheorem 1.2 erhalten wir
daraus

$$\Sigma \vdash (\neg \varphi \rightarrow \varphi)$$

Einen möglichen Beweis für $(\neg \varphi \rightarrow \varphi)$ aus Σ verlängern wir um die
Zeilen

$$(\neg \varphi \rightarrow \varphi) \rightarrow \varphi$$

$$\varphi$$

Dabei ist die vorletzte Zeile eine Tautologie und die letzte wurde
durch (MP) erhalten. Also gilt $\Sigma \vdash \varphi$.

q.e.d.

Unsere Annahme $\Sigma \not\vdash \varphi$ ist also mit der Widerspruchsfreiheit der
Aussagenmenge $\Sigma \cup \{\neg \varphi\}$ äquivalent.Andererseits ist ein "Gegenbeispiel" zu $\Sigma \vdash \varphi$ gerade ein Bereich, in dem alle $\sigma \in \Sigma \cup \{\neg \varphi\}$
gelten. (Wenn φ nicht gilt, so gilt offenbar $\neg \varphi$) Um den von
uns angestrebten "Vollständigkeitsnachweis" zu erbringen, genügt
es deshalb offenbar, zu einer beliebigen widerspruchsfreien Menge Σ

(vorher $\Sigma \cup \{\neg \varphi\}$) von Aussagen einen Bereich zu konstruieren, in dem alle $\sigma \in \Sigma$ gelten. Dies wollen wir nun tun. Dabei wollen wir die folgende Strategie verfolgen. Durch systematische widerspruchsfreie Vergrößerung der Menge Σ wollen wir den zu konstruierenden Bereich so weit wie möglich festlegen. Die dazu durchgeführten Schritte sind etwas technischer Natur und werden erst später voll verständlich.

Im ersten Schritt (der übrigens gleich der schwierigste ist) wollen wir erreichen, daß, wenn immer eine Existenzaussage in dem zu konstruierenden Bereich gilt, diese durch ein Beispiel belegt werden kann. Ein solches Beispiel soll mit einer Konstante c_k in unserer Sprache benannt werden können. Um dies zu erreichen, werden wir gezwungen sein, die betrachtete Sprache L durch Hinzunahme neuer Konstanten zu erweitern. Wir zeigen den folgenden

SATZ 1.4 Sei $\Sigma \subset \text{Aus}(L)$ und Σ widerspruchsfrei. Dann gibt es eine Sprache $L' \supset L$ mit $I' = I$, $J' = J$ und es gibt ein widerspruchsfreies $\Sigma' \subset \text{Aus}(L')$ mit $\Sigma \subset \Sigma'$, so daß zu jeder L'-Aussage $\exists x \varphi$ ein $k \in K'$ existiert mit

$$(\exists x \varphi \to \varphi(x/c_k)) \in \Sigma' .$$

Zum Nachweis dieses Satzes benötigen wir das folgende

LEMMA 1.5 Es seien $L^{(1)} \subset L^{(2)}$ zwei Sprachen mit $I^{(1)} = I^{(2)}$, $J^{(1)} = J^{(2)}$ und $K^{(1)} \cup \{0\} = K^{(2)}$, wobei $0 \notin K^{(1)}$ ist. Weiter sei $\varphi_1, \ldots, \varphi_n$ ein Beweis in $L^{(2)}$ aus der Menge $\Sigma = \{\varphi_1, \ldots, \varphi_m\}$ mit $m \leq n$. Ist dann y eine Variable, die in keinem φ_i vorkommt, so ist $\varphi_1(c_0/y), \ldots, \varphi_n(c_0/y)$ ein Beweis in $L^{(1)}$ aus $\{\varphi_1(c_0/y), \ldots, \varphi_m(c_0/y)\}$.

<u>Beweis</u> (Lemma 1.5): Wir führen eine Induktion über die Länge n des Beweises.

<u>Induktionsanfang</u>: Ist im Falle n = 1 auch m = 1, so ist nichts zu zeigen. Ist dagegen m = O (d.h. $\Sigma = \emptyset$), so muß φ_n ein logisches Axiom sein. Im Falle eines identitätslogischen Axioms ist ebenfalls nichts zu zeigen, da keine Konstanten darin vorkommen können. Ist φ_n Beispiel einer aussagenlogischen Tautologie, so ist offenbar $\varphi_n(c_o/y)$ ebenfalls ein Beispiel der gleichen aussagenlogischen Tautologie. Es bleibt der Fall, daß φ_n ein quantorenlogisches Axiom ist. Sei also φ_n von der Gestalt

$$\forall x\, \psi \;\to\; \psi(x/t) \;,$$

wobei t frei für x in ψ ist. Man überzeugt sich nun leicht davon, daß gilt:

$$\psi(x/t)(c_o/y) = \psi(c_o/y)(x/t(c_o/y)).$$

Da y nach Voraussetzung in φ_n nicht vorkommt, ist offenbar $t(c_o/y)$ frei für x in $\psi(c_o/y)$. Damit nimmt $\varphi_n(c_o/y)$ die Gestalt eines Axioms (A1) an, nämlich

$$\forall x\, \psi(c_o/y) \;\to\; \psi(c_o/y)(x/t(c_o/y)) \;.$$

Im Falle, daß φ_n von der Gestalt (A2) ist, überzeugt man sich ebenso leicht davon, daß $\varphi_n(c_o/y)$ wiederum ein Axiom von Typ (A2) ist.

<u>Schluß von n-1 auf n</u> : Wir wissen also schon, daß $\varphi_1(c_o/y),\ldots,\varphi_{n-1}(c_o/y)$ ein Beweis in $L^{(1)}$ aus $\{\varphi_1(c_o/y),\ldots,\varphi_m(c_o/y)\}$ ist, wobei wir o.B.d.A. $m \leq n-1$ voraussetzen können. Ist nun φ_n ein logisches Axiom, so ist, wie wir oben

gesehen haben, auch $\varphi_n(c_0/y)$ wieder ein logisches Axiom. Es bleiben
die zwei Fälle, in denen φ_n durch eine Regel erhalten wurde.

1. Fall: φ_n wurde mit (MP) erhalten. In diesem Falle gibt es
$i,j \leq n-1$, so daß φ_j die Gestalt $(\varphi_i \to \varphi_n)$ hat. Dann hat aber
$\varphi_j(c_0/y)$ die Gestalt $\varphi_i(c_0/y) \to \varphi_n(c_0/y)$. Also wird $\varphi_n(c_0/y)$
ebenfalls mit (MP) erhalten.

2. Fall: φ_n wurde mit ($\forall$) erhalten. In diesem Falle gibt es ein
$i \leq n-1$, so daß φ_n die Gestalt $\forall x\, \varphi_i$ hat. Dann hat aber
$\varphi_n(c_0/y)$ die Gestalt $\forall x\, \varphi_i(c_0/y)$. Also wird $\varphi_n(c_0/y)$ ebenfalls
mit ($\forall$) erhalten.

Man beachte noch, daß für jede $L^{(2)}$-Formel ψ die Ersetzung von
c_0 durch eine Variable zu einer $L^{(1)}$-Formel führt. Damit ist klar,
daß der resultierende Beweis in $L^{(1)}$ ist.

q.e.d.

Beweis (Satz 1.4): Wir werden die Sprache L' und die Aussagenmenge
Σ' durch einen abzählbaren Prozess gewinnen. Für jedes $n \in \mathbb{N}$ konstruieren wir eine Sprache L_n folgendermaßen rekursiv: L_0 sei
die Sprache L . Ist L_{n-1} schon konstruiert, so gewinnen wir L_n ,
indem wir $I_n = I_{n-1}$, $J_n = J_{n-1}$ und $K_n = K_{n-1} \cup M_n$ setzen.
Dabei sei M_n eine Menge, die disjunkt zu K_{n-1} ist, derart, daß
es eine Bijektion

$$g_n : M_n \to \{\exists x\, \varphi \mid \exists x\, \varphi \in \text{Aus}(L_{n-1})\}$$

von M_n auf die Menge aller Existenzaussagen in der Sprache L_{n-1}
gibt. Dies bedeutet nichts weiter, als daß wir alle Existenzaussagen in L_{n-1} mit "neuen" Indizes umkehrbar eindeutig "durch-

numerieren". Mengen M_n und Bijektionen g_n der geforderten Gestalt gibt es immer.

Wir erhalten also eine aufsteigende Kette

$$L_0 \subset L_1 \subset \ldots \subset L_{n-1} \subset L_n \ldots$$

von Sprachen. Schließlich setzen wir $L' = \bigcup_{n \in \mathbb{N}} L_n$, d.h. wir setzen $I' = I$, $J' = J$ und $K' = \bigcup_{n \in \mathbb{N}} K_n$. Hieraus ersieht man sofort, daß auch gilt

$$\text{Aus}(L') = \bigcup_{n \in \mathbb{N}} \text{Aus}(L_n)$$

Ist also $\exists x\, \varphi$ eine L'-Aussage, so liegt sie schon in einer Menge $\text{Aus}(L_{n-1})$ für ein $n \in \mathbb{N}$. Wenn wir nun die Aussagenmenge Σ' ebenfalls als Vereinigung einer aufsteigenden Kette

$$\Sigma = \Sigma_0 \subset \Sigma_1 \subset \ldots \Sigma_{n-1} \subset \Sigma_n \subset \ldots$$

definieren und sicherstellen, daß für ein $k \in M_n$

$$(\exists x\, \varphi \;\rightarrow\; \varphi(x/c_k)) \in \Sigma_n$$

gilt, so bleibt nur noch darauf zu achten, daß schließlich Σ' widerspruchsfrei ist.

Alles dies erreichen wir, indem wir setzen:

$$\Sigma_n := \Sigma_{n-1} \cup \{ (\exists x\, \varphi \;\rightarrow\; \varphi(x/c_k)) \mid k \in M_n,\; g_n(k) = \exists x\, \varphi \}$$

Da g_n surjektiv ist, wird jede Existenzaussage $\exists x\, \varphi$ in L_{n-1} erfaßt, etwa durch $g_n(k) = \exists x\, \varphi$. Wegen $\text{Fr}(\varphi) \subset \{x\}$ ist $\varphi(x/c_k)$ wieder eine Aussage. Also gilt $\Sigma_n \subset \text{Aus}(L_n)$. Wichtigste Eigenschaft von Σ_n ist nun die Widerspruchsfreiheit. Dies ergibt sich durch Induktion über n .

Für n = O ist die Widerspruchsfreiheit von Σ_o Voraussetzung.
Angenommen Σ_{n-1} sei widerspruchsfrei, jedoch nicht Σ_n . Wir
würden dann ein $\alpha \in$ Aus(L) erhalten mit

$$\Sigma_n \vdash (\alpha \wedge \neg \alpha)$$

Da ein Beweis aus Σ_n auf endlich viele Axiome von Σ_n zurückgreift, würde $(\alpha \wedge \neg \alpha)$ schon aus Σ_{n-1} zusammen mit endlich
vielen Aussagen

$$(\exists x_1 \varphi_1 \to \varphi_1 (x/c_{k_1})) , \ldots , (\exists x_r \varphi_r \to \varphi_r (x/c_{k_r}))$$

beweisbar sein, wobei $g_n(k_i) = \exists x_i \varphi_i \in$ Aus(L_{n-1}) für $1 \leq i \leq r$
ist. Für diese r Aussagen wollen wir kurz $\sigma_1, \ldots , \sigma_r$ schreiben.
Wir haben also

$$\Sigma_{n-1} \cup \{\sigma_1, \ldots , \sigma_r\} \vdash (\alpha \wedge \neg \alpha)$$

Durch mögliche Vergrößerung der Menge $\{\sigma_1, \ldots , \sigma_r\}$ können wir
außerdem sicherstellen, daß es einen Beweis von $(\alpha \wedge \neg \alpha)$ schon
in der Teilsprache $L^{(2)}$ von L_n mit $I^{(2)} = I_n$, $J^{(2)} = J_n$ und
$K^{(2)} = K_{n-1} \cup \{k_1, \ldots , k_r\}$ gibt. Mit dem Deduktionstheorem 1.2
erhalten wir

$$\Sigma_{n-1} \cup \{\sigma_2, \ldots , \sigma_r\} \vdash (\sigma_1 \to (\alpha \wedge \neg \alpha))$$

und unter Benutzung der Tautologie

$$((\beta \to \gamma) \to (\alpha \wedge \neg \alpha)) \to (\beta \wedge \neg \gamma)$$

und (MP) folgt schließlich

$$\Sigma_{n-1} \cup \{\sigma_2, \ldots , \sigma_r\} \vdash (\exists x_1 \varphi_1 \wedge \neg \varphi_1 (x_1/c_{k_1})) \; .$$

Berücksichtigt man, daß $\exists\, x_1$ eine Abkürzung für $\neg \forall x_1 \neg$ ist, so erhalten wir mit $(\wedge B_1)$ einerseits

$$(*) \qquad \Sigma_{n-1} \cup \{\sigma_2,\ldots,\sigma_r\} \vdash \neg \forall x_1 \neg\, \varphi_1$$

und mit $(\wedge B_2)$ andererseits

$$(**) \qquad \Sigma_{n-1} \cup \{\sigma_2,\ldots,\sigma_r\} \vdash \neg\, \varphi_1(x_1/c_{k_1})\ .$$

Die Beweisbarkeiten in $(*)$ und $(**)$ sind gemeint in der Sprache $L^{(2)}$. Definieren wir nun $L^{(1)}$ durch $I^{(1)} = I_n$, $J^{(1)} = J_n$ und $K^{(1)} = K_{n-1} \cup \{k_2,\ldots,k_r\}$, so erkennen wir, daß $\neg \forall x_1 \neg\, \varphi_1$ sowie die Aussagenmenge

$$\Pi = \Sigma_{n-1} \cup \{\sigma_2,\ldots,\sigma_r\}$$

schon in $\mathrm{Aus}(L^{(1)})$ liegen. Wir erhalten dann durch Anwendung (einer passenden Version) von Lemma 1.5 auf mögliche Beweise in $(*)$ und $(**)$ zum einen die Ableitbarkeit

$$\Pi \vdash \neg \forall x_1 \neg\, \varphi_1$$

in $L^{(1)}$ und zum anderen die Ableitbarkeit

$$\Pi \vdash \neg\, \varphi_1(x_1/c_{k_1})(c_{k_1}/y)$$

ebenfalls in $L^{(1)}$. Dabei ist y eine passend gewählte 'neue' Variable (d.h. eine Variable, die in dem Beweis von $\neg\varphi_1(x_1/c_{k_1})$ aus Π nicht vorkam, auf den wir Lemma 1.5 angewandt haben). Nun gilt selbstverständlich

$$\varphi_1(x_1/c_{k_1})(c_{k_1}/y) = \varphi_1(x_1/y)\ ,$$

da $\varphi_1 \in \mathrm{Fml}(L_{n-1})$ ist. Wir haben also

$$\Pi \;\vdash\; \neg\,\varphi_1(x_1/y) \;.$$

Durch Anwendung von $(\forall)$ auf y und $(\forall B)$ erhalten wir zuerst

$$\Pi \;\vdash\; \forall y \;\neg\,\varphi_1(x_1/y)$$

und dann

$$\Pi \;\vdash\; \neg\,\varphi_1(x_1/y)(y/x_1) \;.$$

Beachtet man, daß y neu für φ_1 ist, so sieht man sofort die Gleichung

$$\varphi_1(x_1/y)(y/x_1) \;=\; \varphi_1$$

ein. Wir haben also $\Pi \vdash \neg\,\varphi_1$ und damit schließlich

$$\Pi \vdash \forall x_1 \;\neg\,\varphi_1$$

erhalten. Diese Ableitbarkeit zusammen mit der Ableitbarkeit

$$\Pi \;\vdash\; \neg \;\forall x_1 \;\neg\,\varphi_1$$

zeigt, daß Π in $L^{(1)}$ widerspruchsvoll ist.

So, wie wir eben die Widerspruchsvollheit von $\Sigma_{n-1} \cup \{\sigma_1,\ldots,\sigma_r\}$ auf die von $\Sigma_{n-1} \cup \{\sigma_2,\ldots,\sigma_r\}$ reduzierten, können wir durch Iteration schließlich auf einen Widerspruch schon in Σ_{n-1} schließen. Da dies unserer Voraussetzung widerspricht, folgt die Widerspruchsfreiheit von Σ_n. Damit sind alle Σ_n als widerspruchsfrei erkannt.

Die Widerspruchsfreiheit von $\Sigma' = \bigcup\limits_{n\in\mathbb{N}} \Sigma_n$ folgt nun so:

Da der Beweis eines Widerspruches aus Σ' eine endliche Folge von Formeln ist und sowohl die Sprache L_n als auch die Mengen Σ_n eine aufsteigende Kette bilden, gibt es ein $n \in \mathbb{N}$, so daß dieser Beweis schon in der Sprache L_n ein Beweis aus Σ_n ist. Dies ist jedoch wegen der vorausgesetzten Widerspruchsfreiheit von Σ_n in L_n nicht möglich.

q.e.d.

Den <u>nächsten Schritt</u> zur Festlegung eines Bereiches, in dem alle Aussagen unserer widerspruchsfreien Menge Σ gelten werden, vollziehen wir in der soeben konstruierten Erweiterungssprache L' von L. Dabei verwenden wir den folgenden Satz, den wir für eine beliebige Sprache (wieder mit L bezeichnet) formulieren.

SATZ 1.6   <u>Zu jeder widerspruchsfreien Menge</u> $\Sigma \subset \text{Aus}(L)$ <u>gibt es eine maximal widerspruchsfreie Obermenge</u> $\Sigma^* \subset \text{Aus}(L)$ <u>von</u> Σ , <u>d.h.</u> $\Sigma \subset \Sigma^*$, Σ^* wfr <u>und, falls</u> $\Sigma^* \subset \Sigma_1 \subset \text{Aus}(L)$ <u>und</u> Σ_1 wfr, <u>so ist</u> $\Sigma^* = \Sigma_1$.

<u>Beweis</u>: Wir betrachten das System

$$\mathfrak{M} = \{\Sigma_1 \subset \text{Aus}(L) \mid \Sigma \subset \Sigma_1 , \Sigma_1 \text{ wfr}\}$$

Wegen $\Sigma \in \mathfrak{M}$ ist $\mathfrak{M}$ nicht leer. Haben wir ein Teilsystem $\mathfrak{M}' \subset \mathfrak{M}$, das durch die mengentheoretische Inklusion linear geordnet ist (d.h. für $\Sigma_1, \Sigma_2 \in \mathfrak{M}'$ gilt $\Sigma_1 \subset \Sigma_2$ oder $\Sigma_2 \subset \Sigma_1$), so ist die Menge

$$\Sigma' = \bigcup_{\Sigma_1 \in \mathfrak{M}'} \Sigma_1$$

offenbar eine obere Schranke für $\mathfrak{M}'$ in $\mathfrak{M}$. Daß für jedes
$\Sigma_1 \in \mathfrak{M}'$ gilt $\Sigma_1 \subset \Sigma'$, ist trivial. Daß Σ' widerspruchsfrei
ist, liegt schlicht an der Endlichkeit eines Beweises für einen
möglichen Widerspruch aus Σ': es können nur endlich viele Axiome
$\sigma_1,\ldots,\sigma_n \in \Sigma'$ verwendet werden. Jedes der σ_i liegt in einem
Vereinigungsglied, sagen wir $\sigma_i \in \Sigma_i$. Da die Mengen $\Sigma_1,\ldots,\Sigma_n$
aber vergleichbar sind, muß eine davon alle anderen umfassen,
sagen wir Σ_n . Damit wäre der Widerspruch schon aus Σ_n herleit-
bar, was unmöglich ist.

Wir haben damit gezeigt, daß das System $\mathfrak{M}$ die Voraussetzungen
des Zorn'schen Lemmas erfüllt. Also gibt es ein maximales Element
Σ^* in $\mathfrak{M}$. Nach Definition von $\mathfrak{M}$ ist dann $\Sigma \subset \Sigma^*$ und Σ^* wfr.

q.e.d.

<u>Bemerkung 1.7</u>: <u>Ist die Sprache</u> L <u>abzählbar, d.h. die Mengen</u>
<u>I, J, K</u> <u>sind endlich oder abzählbar, so kann im Beweis des obigen</u>
<u>Satzes das Zorn'sche Lemma vermieden werden.</u>

<u>Beweis</u>: In diesem Falle können wir von einer Abzählung $(\varphi_n)_{n \in \mathbb{N}}$
aller L-Aussagen ausgehen. Wir definieren dann rekursiv

$$\Sigma_0 = \Sigma$$

$$\Sigma_{n+1} = \begin{cases} \Sigma_n , & \text{falls } \Sigma_n \cup \{\varphi_n\} \text{ wv.} \\ \Sigma_n \cup \{\varphi_n\} & \text{sonst} \end{cases}$$

Damit erhalten wir eine aufsteigende Kette

$$\Sigma_0 \subset \Sigma_1 \subset \ldots \subset \Sigma_n \subset \Sigma_{n+1} \subset \ldots$$

von widerspruchsfreien Aussagenmengen. Wie vorher folgt daraus, daß auch

$$\Sigma^* = \bigcup_{n \in \mathbb{N}} \Sigma_n$$

widerspruchsfrei ist. Wegen $\Sigma = \Sigma_o \subset \Sigma^*$, bleibt die Maximalität
von Σ^* zu zeigen. Angenommen es gäbe ein $\varphi \in \text{Aus}(L)$, so daß
$\Sigma^* \cup \{\varphi\}$ immer noch widerspruchsfrei ist. Die Aussage φ kommt
in der Aufzählung $(\varphi_n)_{n \in \mathbb{N}}$ aller L-Aussagen vor. Sagen wir, es
sei $\varphi = \varphi_n$. Dann ist mit $\Sigma^* \cup \{\varphi\}$ auch $\Sigma_n \cup \{\varphi_n\}$ widerspruchsfrei. Also ist

$$\Sigma_n \cup \{\varphi_n\} = \Sigma_{n+1} \subset \Sigma^* \quad .$$

Damit folgt $\varphi_n \in \Sigma^*$. Also ist Σ^* maximal widerspruchsfrei.

q.e.d.

Wir wenden nun Satz 1.6 auf die in Satz 1.4 gewonnene widerspruchsfreie Menge $\Sigma' \subset \text{Aus}(L')$ an, um daraus eine maximal widerspruchsfreie Obermenge $\Sigma^* \subset \text{Aus}(L')$ von Σ' zu erhalten. Für ein solches
Σ^* gilt dann:

(I) Σ^* ist maximal widerspruchsfrei in $\text{Aus}(L')$

(II)   für jedes $\exists x \, \varphi \in \text{Aus}(L')$ gibt es ein $k \in K'$ mit
         $(\exists x \, \varphi \rightarrow \varphi(x/c_k)) \in \Sigma^*$

Diese beiden Eigenschaften von Σ^* legen, wie wir sehen werden,
kanonisch einen Bereich fest, in dem alle Aussagen $\sigma \in \Sigma^*$ gelten.
Insbesondere gelten dann dort alle Aussagen $\sigma \in \Sigma$.

Wir betrachten zuerst die Menge der <u>konstanten</u> L'-<u>Terme</u>

$$CT = \{t \in \text{Tm}(L') \mid \text{keine Variable ist in } t\} \quad .$$

Zu CT gehören insbesondere alle c_k mit $k \in K'$. Auf der Menge CT definieren wir eine zweistellige Relation: Für $t_1, t_2 \in$ CT setzen wir

$$t_1 \approx t_2 \quad \text{gdw} \quad \Sigma^* \vdash t_1 \doteq t_2$$

Mit Hilfe von Axiom (I1) und den Regeln (S) und (Tr) erkennen wir sofort, daß $\approx$ eine Äquivalenzrelation auf CT ist, d.h. es gilt für $t_1, t_2, t_3 \in$ CT :

(i) $t_1 \approx t_1$

(ii) falls $t_1 \approx t_2$, so $t_2 \approx t_1$

(iii) falls $t_1 \approx t_2$ und $t_2 \approx t_3$, so $t_1 \approx t_3$

Der von uns gesuchte Bereich ist nun die Menge

$$A = CT/\approx$$

aller Äquivalenzklassen $\bar{t}$ von konstanten Termen. Dabei definiert man wie üblich für $t \in$ CT :

$$\bar{t} = \{t_1 \in CT \mid t \approx t_1\}$$

Es gilt dann:

$$\bar{t}_1 = \bar{t}_2 \quad \text{gdw} \quad t_1 \approx t_2$$

Um schließlich von der Gültigkeit einer Aussage in dem Bereich sinnvoll reden zu können (dies werden wir präzise erst im nächsten Paragraphen tun), muß gesagt werden, welche Relationen, Funktionen und Individuen die Zeichen R_i, f_j und c_k benennen, d.h. es muß die Interpretation dieser Zeichen angegeben werden.

Zu jedem $i \in I$ definieren wir eine $\lambda(i)$-stellige <u>Relation</u> $\mathcal{R}_i$

auf dem Bereich A , indem wir für Termklassen $\bar{t}_1,\ldots,\bar{t}_{\lambda(i)}$ festlegen, daß

$$\mathcal{R}_i(\bar{t}_1,\ldots,\bar{t}_{\lambda(i)}) \quad \text{gdw} \quad \Sigma^* \vdash R_i(t_1,\ldots,t_{\lambda(i)}) \ .$$

Dabei meint wie üblich die Schreibweise $\mathcal{R}_i(\bar{t}_1,\ldots,\bar{t}_{\lambda(i)})$, daß die Relation $\mathcal{R}_i$ auf das $\lambda(i)$-Tupel $(\bar{t}_1,\ldots,\bar{t}_{\lambda(i)})$ von Termklassen zutrifft. Man beachte jedoch, daß die obige Definition von $\mathcal{R}_i$ auf Vertreter der Termklassen zurückgreift. Es ist zu zeigen, daß ein Rückgriff auf andere Vertreter zur gleichen Definition führt. Seien also $t_1 \approx t_1',\ldots,t_{\lambda(i)} \approx t'_{\lambda(i)}$, dann ist zu zeigen:

$$\Sigma^* \vdash R_i(t_1,\ldots,t_{\lambda(i)}) \quad \text{gdw} \quad \Sigma^* \vdash R_i(t_1',\ldots,t'_{\lambda(i)})$$

Aus Symmetriegründen genügt es offenbar eine Richtung zu zeigen. Wir nehmen an, es sei

$$\Sigma^* \vdash R_i(t_1,\ldots,t_{\lambda(i)})$$

Zu dieser Ableitbarkeit kommen nach Voraussetzung noch die Ableitbarkeiten

$$\Sigma^* \vdash t_\nu = t_\nu' \qquad \text{für } 1 \le \nu \le \lambda(i)$$

hinzu. Durch Zusammensetzen von Beweisen erhalten wir daraus einen Beweis aus Σ^* , der mit den folgenden Zeilen endet

$$t_1 \doteq t_1'$$
$$\vdots$$
$$t_{\lambda(i)} \doteq t'_{\lambda(i)}$$
$$R_i(t_1,\ldots,t_{\lambda(i)})$$

Diesen Beweis verlängern wir nun durch die folgenden Zeilen

$$R_i(t_1,t_2,\ldots,t_{\lambda(i)}) \to R_i(t_1',t_2,\ldots,t_{\lambda(i)})$$

$$R_i(t_1',t_2,\ldots,t_{\lambda(i)})$$

$$R_i(t_1',t_2,\ldots,t_{\lambda(i)}) \to R_i(t_1',t_2',\ldots,t_{\lambda(i)})$$

$$R_i(t_1',t_2',t_3,\ldots,t_{\lambda(i)})$$
$$\vdots$$

$$R_i(t_1',t_2',\ldots,t_{\lambda(i)}) \to R_i(t_1',t_2',\ldots,t'_{\lambda(i)})$$

$$R_i(t_1',t_2',\ldots,t'_{\lambda(i)})$$

Diese Zeilen ergeben sich durch   alternierende Anwendung von (R_i) und (MP). Insgesamt erhalten wir damit

$$\Sigma^* \vdash R_i(t_1',\ldots,t'_{\lambda(i)})$$

Für jedes $j \in J$ definieren wir eine $\mu(j)$-stellige _Funktion_ f_j auf dem Bereich A , indem wir für Termklassen $\bar{t}_1,\ldots,\bar{t}_{\mu(j)}$ setzen:

$$f_j(\bar{t}_1,\ldots,\bar{t}_{\mu(j)}) := \overline{f_j(t_1,\ldots,t_{\mu(j)})}$$

Auch hier ist wieder die Unabhängigkeit der Definition vom gewählten Vertreter zu zeigen. Unter Verwendung der Regeln (f_j) und (Tr) ergibt sich nach dem obigen Muster leicht ein Beweis für

$$f_j(t_1,\ldots,t_{\mu(j)}) \doteq f_j(t_1',\ldots,t'_{\mu(j)})$$

aus Σ^* , wenn man

$$\Sigma^* \vdash t_\nu \doteq t'_\nu \qquad \text{für } 1 \le \nu \le \mu(j)$$

voraussetzt.

Für jedes $k \in K$ werden wir die Klasse $\overline{c}_k$ als die Interpretation von c_k ansehen.

Daß nun bei diesen Interpretationen alle (und nur die) Aussagen $\sigma \in \Sigma^*$ in dem Bereich A gelten, ist der eigentliche Inhalt des nächsten Satzes. Dies wird allerdings erst endgültig klar, sobald wir im nächsten Paragraphen den Begriff der Gültigkeit präzisiert haben werden. Dem angesprochenen Satz stellen wir noch ein kleines technisches Lemma voran:

LEMMA 1.8 <u>Die maximal widerspruchsfreie Aussagenmenge</u> Σ^* <u>ist</u> <u>deduktiv abgeschlossen, d.h. für jedes</u> $\alpha \in Aus(L')$ <u>mit</u> $\Sigma^* \vdash \alpha$ <u>gilt</u> $\alpha \in \Sigma^*$.

<u>Beweis</u>: Wegen der maximalen Widerspruchsfreiheit von Σ^* genügt es zu zeigen, daß $\Sigma^* \cup \{\alpha\}$ widerspruchsfrei ist, falls man $\Sigma^* \vdash \alpha$ annimmt. Dies ist jedoch klar: wäre nämlich $\Sigma^* \cup \{\alpha\}$ widerspruchsvoll, so hätten wir insbesondere

$$\Sigma^* \cup \{\alpha\} \vdash \neg\, \alpha \ ,$$

was mit dem Deduktionstheorem 1.2 zu

$$\Sigma^* \vdash (\alpha \to \neg\, \alpha)$$

führen würde. Wegen der Tautologie

$$(\alpha \to \neg\, \alpha) \to \neg\, \alpha$$

führt dies aber schließlich auf $\Sigma^* \vdash \neg\, \alpha$, im Gegensatz zur Annahme Σ^* sei widerspruchsfrei.

q.e.d.

SATZ 1.9 $\underline{\text{Die Aussagenmenge}}$ $\Sigma^* \subset \text{Aus}(L')$ $\underline{\text{habe die Eigenschaften}}$
(I) $\underline{\text{und}}$ (II). $\underline{\text{Dann gilt für alle}}$ $\alpha, \beta, \forall x \varphi \in \text{Aus}(L')$:

    (a) $\neg \alpha \in \Sigma^*$ $\underline{\text{gdw}}$ $\alpha \notin \Sigma^*$

    (b) $(\alpha \wedge \beta) \in \Sigma^*$ $\underline{\text{gdw}}$ $(\alpha \in \Sigma^*$ und $\beta \in \Sigma^*)$

    (c) $\forall x \varphi \in \Sigma^*$ $\underline{\text{gdw}}$ $\varphi(x/t) \in \Sigma^*$ $\underline{\text{für alle}}$ $t \in \text{CT}$,

$\underline{\text{wobei}}$ CT $\underline{\text{die Menge der Konstanten Terme von}}$ L' $\underline{\text{ist}}$.

$\underline{\text{Beweis}}$: (a) Da Σ^* widerspruchsfrei ist, können nicht α und $\neg \alpha$
zugleich in Σ^* liegen. Es bleibt zu zeigen, daß $\neg \alpha \in \Sigma^*$ liegt,
falls $\alpha \notin \Sigma^*$. Aus $\alpha \notin \Sigma^*$ erhalten wir mit Lemma 1.8 sofort
$\Sigma^* \not\vdash \alpha$. Hieraus folgt mit Lemma 1.3 dann $\Sigma^* \cup \{\neg \alpha\}$ wfr. Da aber
Σ^* maximal widerspruchsfrei ist, folgt $\Sigma^* \cup \{\neg \alpha\} = \Sigma^*$, also
$\neg \alpha \in \Sigma^*$.

    (b) Aus $(\alpha \wedge \beta) \in \Sigma^*$ folgt trivialerweise $\Sigma^* \vdash (\alpha \wedge \beta)$ und hier-
aus mit den Regeln $(\wedge B_2)$ und $(\wedge B_2)$ dann $\Sigma^* \vdash \alpha$ und $\Sigma^* \vdash \beta$.
Nach Lemma 1.8 genügt es, dies zu zeigen. Umgekehrt schließt man
mit der Regel $(\wedge)$.

    (c) Ist $\forall x \varphi \in \Sigma^*$, so folgt $\Sigma^* \vdash \forall x \varphi$ und mit der Regel $(\forall B)$
erhalten wir $\Sigma^* \vdash \varphi(x/t)$, falls $t \in \text{CT}$ ist. Man beachte, daß
jeder konstante Term frei für jede Einsetzung ist. Mit 1.8 erhalten
wir wieder $\varphi(x/t) \in \Sigma^*$. Es bleibt die umgekehrte Richtung zu
zeigen.

Wir nehmen an, $\forall x \varphi$ liege nicht in Σ^* . Dann liegt nach (a) aber
$\neg \forall x \varphi$ in Σ^* . Hieraus möchten wir auf $\exists x \neg \varphi \in \Sigma^*$ schließen.
Mit der Tautologie $(\neg \neg \varphi \rightarrow \varphi)$ erhalten wir $\Sigma^* \vdash (\neg \neg \varphi \rightarrow \varphi)$.

Hieraus folgt sofort $\Sigma^* \cup \{\neg\,\neg\varphi\} \vdash \varphi$ und mit 1.1. weiter

$$\Sigma^* \cup \{\forall x\ \neg\,\neg\varphi\} \vdash \forall x\,\varphi \quad .$$

Da nach Voraussetzung $\forall x\,\varphi \in \text{Aus}(L')$, ist auch $\forall x\ \neg\,\neg\varphi$ eine
Aussage. Also folgt mit dem Deduktionstheorem 1.2

$$\Sigma^* \vdash (\ \forall x\,\neg\,\neg\varphi \rightarrow \forall x\,\varphi)\ \ .$$

Mit (KP) erhalten wir daraus

$$\Sigma^* \vdash (\neg\forall x\,\varphi \rightarrow\ \neg\forall x\,\neg\neg\varphi)$$

und wegen $\neg\forall x\,\varphi \in \Sigma^*$ schließlich $\exists x\ \neg\varphi \in \Sigma^*$. Nach Voraussetzung (II) gilt für mindestens ein $t \in CT$

$$\Sigma^* \vdash (\ \exists x\ \neg\varphi \rightarrow\ \neg\,\varphi(x/t))\ \ .$$

Also erhalten wir $\neg\,\varphi(x/t) \in \Sigma^*$ für ein $t \in CT$. Dann kann aber
wegen (I) nicht $\varphi(x/t) \in \Sigma^*$ gelten.

q.e.d.

1.5 Semantik 1. Stufe

In diesem Paragraphen wollen wir definieren, wann eine Formel φ einer formalen Sprache L in einem bestimmten mathematischen Bereich gilt und allgemeiner, wann ein solcher Bereich ein Modell eines Axiomensystems Σ genannt werden soll. Um dies sinnvoll durchführen zu können, müssen wir zuerst einen Bereich von Dingen abgrenzen, auf den sich unsere Quantoren $\forall\, u$ und $\exists\, v$ beziehen sollen, d.h. über den die Variablen $v_0, v_1, \ldots$ 'variieren' sollen. Danach sind Interpretationen aller Relationszeichen R_i ($i \in I$), Funktionszeichen f_j ($j \in J$) und Konstanten c_k ($k \in K$) festzulegen.

Es sei eine formale Sprache $L = (\lambda, \mu, K)$ gegeben. Eine L-<u>Struktur</u> $\mathcal{A}$ ist bestimmt durch die folgenden Daten:

$|\mathcal{A}|$: eine nicht-leere Menge, der <u>Individuenbereich</u> von $\mathcal{A}$;

$R_i^{\mathcal{A}}$: eine $\lambda(i)$-stellige Relation auf $|\mathcal{A}|$ (für jedes $i \in I$);

$f_j^{\mathcal{A}}$: eine $\mu(j)$-stellige Funktion, definiert auf ganz $|\mathcal{A}|$ (für jedes $j \in J$);

$c_k^{\mathcal{A}}$: ein festes Element aus $|\mathcal{A}|$ (für jedes $k \in K$).

Wir fassen dies zusammen durch die Schreibweise

$$\mathcal{A} = \langle\, |\mathcal{A}|\, ;\ (R_i^{\mathcal{A}})_{i \in I}\, ;\ (f_j^{\mathcal{A}})_{j \in J}\, ;\ (c_k^{\mathcal{A}})_{k \in K}\, \rangle \cdot$$

Betrachten wir einmal die unserem Beispiel eines formalen Beweises in Paragraph 1.3 zugrunde liegende Sprache L mit dem Relationszeichen $\leq$, den Funktionszeichen $-, +, \cdot$ und der Konstanten 0 , so ist das folgende eine L-Struktur

$$\mathcal{R} = \langle \mathbb{R} ; \leq^{\mathbb{R}} ; -^{\mathbb{R}}, +^{\mathbb{R}}, \cdot^{\mathbb{R}} ; 0^{\mathbb{R}} \rangle$$

Dabei ist $\mathbb{R}$ die Menge reeller Zahlen, $\leq^{\mathbb{R}}$ die übliche "kleiner oder gleich"-Beziehung in $\mathbb{R}$ und $-^{\mathbb{R}}$, $+^{\mathbb{R}}$, $\cdot^{\mathbb{R}}$ sind die üblichen Operationen "minus", "plus" und "mal" in $\mathbb{R}$ und $0^{\mathbb{R}}$ die reelle Zahl "Null".

Betrachten wir weiter in diesem Beispiel die Formel

$$\exists v_0 (0 \leq v_0 \wedge v_0 \leq v_1)$$

Dann läßt sich die Frage, ob diese Formel in $\mathcal{R}$ gilt
- eine Definition der Gültigkeit, die unsere Intuition trifft, einmal vorausgesetzt - offenbar nur sinnvoll beantworten, wenn wir v_1 einen bestimmten Wert in $\mathbb{R}$ zuordnen: Für einen negativen Wert ist sie falsch, sonst ist sie richtig. Wir sehen also an diesem Beispiel, daß für eine sinnvolle Definition der Gültigkeit einer Formel φ in $\mathcal{R}$ jeder freien Variablen von φ ein Wert in $\mathbb{R}$ zugeordnet werden muß. Aus bestimmten technischen Gründen ordnen wir nicht nur den freien Variablen einer Formel Werte zu, sondern den freien Variablen aller Formeln, d.h. allen Variablen. Wir müssen dann jedoch in der Definition der Gültigkeit sicherstellen, daß die Zuordnung bei den gebundenen Variablen einer gerade betrachteten Formel φ wieder "aufgehoben" wird.

Eine Zuordnung von Werten in $|\mathcal{A}|$ für alle Variablen nennen wir eine <u>Belegung der Variablen in</u> $\mathcal{A}$. Eine Belegung in $\mathcal{A}$ ist also eine Abbildung

$$h : \text{Vbl} \rightarrow |\mathcal{A}|.$$

Ist h eine Belegung in $\mathcal{A}$, so wird der Variablen x der Wert
h(x) in $|\mathcal{A}|$ zugeordnet. Für jedes $a \in |\mathcal{A}|$ und jedes $x \in Vbl$ ist
mit h die folgende Funktion wieder eine Belegung:

$$h\left(\begin{smallmatrix} x \\ a \end{smallmatrix}\right)(v) = \begin{cases} h(v) & \text{für} \quad v \neq x \\ a & \text{für} \quad v = x \end{cases}$$

Die Belegungen h und $h\left(\begin{smallmatrix} x \\ a \end{smallmatrix}\right)$ stimmen für alle Variablen ungleich x
überein. Für x hat h den Wert h(x) und $h\left(\begin{smallmatrix} x \\ a \end{smallmatrix}\right)$ den Wert a .
Offenbar ist $h\left(\begin{smallmatrix} x \\ h(x) \end{smallmatrix}\right) = h$.

Wir definieren jetzt durch Rekursion über den Aufbau eines Termes
den **Wert** $t^{\mathcal{A}}[h]$ **des Termes** t **bei der Belegung** h in $\mathcal{A}$:

$$v^{\mathcal{A}}[h] := h(v)$$
$$c_k{}^{\mathcal{A}}[h] := c_k{}^{\mathcal{A}}$$
$$f_j(t_1,\ldots,t_{\mu(j)})^{\mathcal{A}}[h] := f_j^{\mathcal{A}}(t_1^{\mathcal{A}}[h],\ldots,t_{\mu(j)}^{\mathcal{A}}[h])$$

Es ist klar, daß damit ausgehend von den einfachsten Termen - den
Variablen und Konstanten - schließlich der Wert eines jeden Termes
festgelegt ist.

Die **Gültigkeit einer Formel** φ **bei einer Belegung** h **in** $\mathcal{A}$ wird
eine dreistellige Beziehung unserer Metatheorie sein. Besteht sie
zwischen $\mathcal{A}$, φ und h , so schreiben wir $\mathcal{A} \models \varphi[h]$ (gelesen:
"in $\mathcal{A}$ gilt φ bei h"), besteht sie nicht, so schreiben wir
$\mathcal{A} \not\models \varphi[h]$.Diese Beziehung wird ebenfalls, ausgehend von den einfachsten Formeln, den Primformeln, durch Rekursion über den Formelauf-
bau definiert, und zwar gleichzeitig für alle Belegungen.

Für die Primformeln $t_1 \doteq t_2$ und $R_i(t_1,\ldots,t_{\lambda(i)})$ setzen wir für eine beliebige Belegung h   in $|\mathfrak{A}|$

$$\mathfrak{A} \models t_1 \doteq t_2 \; [h] \qquad \text{gdw} \qquad t_1^{\mathfrak{A}}[h] = t_2^{\mathfrak{A}}[h]$$

$$\mathfrak{A} \models R_i(t_1,\ldots,t_{\lambda(i)}) \; [h] \quad \text{gdw} \quad R_i^{\mathfrak{A}}(t_1^{\mathfrak{A}}[h],\ldots,t_{\lambda(i)}^{\mathfrak{A}}[h])$$

Danach fahren wir für Formeln φ und ψ rekursiv folgendermaßen fort:

$$\mathfrak{A} \models \neg\,\varphi \; [h] \qquad \text{gdw} \qquad \mathfrak{A} \not\models \varphi \; [h]$$

$$\mathfrak{A} \models (\varphi \wedge \psi) \; [h] \quad \text{gdw} \quad (\mathfrak{A} \models \varphi \; [h] \text{ und } \mathfrak{A} \models \psi \; [h])$$

$$\mathfrak{A} \models \forall x\,\varphi \; [h] \qquad \text{gdw} \qquad \mathfrak{A} \models \varphi \; [h(\tfrac{x}{a})] \quad \text{für alle } a \in |\mathfrak{A}|$$

Man beachte, daß im letzten Fall, in dem ja x gebunden ist, die
Festlegung eines bestimmten Wertes für x in $|\mathfrak{A}|$ durch h dadurch auf-
gehoben wird, daß h an der Stelle x abgeändert wird und dabei
jede Abänderung in Betracht gezogen wird. So wird sichergestellt,
daß die Definition der Gültigkeit auch wirklich mit der Intuition
übereinstimmt.

Unter Benutzung der Definitionen für $\vee,\to,\leftrightarrow$ und $\exists$ aus Paragraph
1.2 und der Definition der Gültigkeit erhält man sofort die folgen-
den Äquivalenzen:

$$\mathfrak{A} \models (\varphi \vee \psi) \; [h] \qquad \text{gdw} \qquad (\mathfrak{A} \models \varphi \; [h] \text{ oder } \mathfrak{A} \models \psi \; [h])$$

$$\mathfrak{A} \models (\varphi \to \psi) \; [h] \qquad \text{gdw} \qquad (\mathfrak{A} \models \varphi \; [h] \text{ impliziert } \mathfrak{A} \models \psi \; [h])$$

$$\mathfrak{A} \models (\varphi \leftrightarrow \psi) \; [h] \qquad \text{gdw} \qquad (\mathfrak{A} \models \varphi \; [h] \text{ gdw } \mathfrak{A} \models \psi \; [h])$$

$$\mathfrak{A} \models \exists x\,\varphi \; [h] \qquad \text{gdw} \qquad \text{es gibt } a \in |\mathfrak{A}| \text{ mit } \mathfrak{A} \models \varphi \; [h(\tfrac{x}{a})]$$

Hierbei ist der Gebrauch von "oder", "impliziert", "gdw" und
"es gibt a" im üblichen mathematischen Sinn zu verstehen; u.a. ist
also "oder" im nicht ausschließenden Sinn gebraucht und "impliziert"
wird nur dann als falsch angesehen, wenn die Prämisse richtig, die

Konklusion aber falsch ist. Man vergleiche dazu die Wahrheitstafeln auf Seite 19 .

Für die oben betrachtete Struktur $\mathfrak{R}$ (mit den reellen Zahlen als Individuenbereich) und die Formel $\exists v_0 (0 \leq v_c \wedge v_0 \leq v_1)$ ergibt sich z.B. folgende Übersetzung:

$\mathfrak{R} \vDash \exists v_0 (0 \leq v_0 \wedge v_0 \leq v_1) \; [h]$

  gdw es gibt $a \in \mathbb{R}$ mit $\mathfrak{R} \vDash (0 \leq v_0 \wedge v_0 \leq v_1) \; [h(\tfrac{v_0}{a})]$

  gdw es gibt $a \in \mathbb{R}$ mit $(0 \leq^{\mathbb{R}} a \text{ und } a \leq^{\mathbb{R}} h(v_1))$

Dieses Beispiel zeigt noch einmal, daß die Definition der Gültigkeit ihren Zweck erfüllt: Sie übersetzt eine Zeichenreihe φ nach Festlegung der Werte der freien Variablen durch die Belegung h in eine Behauptung der Metasprache - die Interpretation von φ in $\mathfrak{A}$ bei h .

Wir sehen weiter an diesem Beispiel, daß für das Zutreffen der Beziehung $\vDash$ nur die Werte der freien Variablen von φ unter h maßgeblich sind. Dies läßt sich allgemein zeigen:

LEMMA 1.10 <u>Es seien h' und h'' Belegungen in der L-Struktur</u> $\mathfrak{A}$.
<u>Dann gilt</u>:

(a) <u>Stimmen h' und h'' auf den Variablen des L-Termes t überein</u>,
   <u>so ist</u> $t^{\mathfrak{A}}[h'] = t^{\mathfrak{A}}[h'']$.

(b) <u>Stimmen h' und h'' auf den freien Variablen der L-Formel</u> φ
   <u>überein, so gilt</u>
      $\mathfrak{A} \vDash \varphi \, [h']$ <u>gdw</u> $\mathfrak{A} \vDash \varphi \, [h'']$.

Beweis: (a) Die folgenden Zeilen weisen dies durch Induktion über den Aufbau der Terme nach:

$$v^{\mathcal{A}}[h'] = h'(v) = h''(v) = v^{\mathcal{A}}[h'']$$

$$c_k^{\mathcal{A}}[h'] = c_k^{\mathcal{A}} = c_k^{\mathcal{A}}[h'']$$

$$f_j(t_1,\ldots,t_{\mu(j)})^{\mathcal{A}}[h'] = f_j^{\mathcal{A}}(t_1^{\mathcal{A}}[h'],\ldots,t_{\mu(j)}^{\mathcal{A}}[h'])$$

$$= f_j^{\mathcal{A}}(t_1^{\mathcal{A}}[h''],\ldots,t_{\mu(j)}^{\mathcal{A}}[h''])$$

$$= f_j(t_1,\ldots,t_{\mu(j)})^{\mathcal{A}}[h'']$$

(b) Für Formeln weisen wir unter Benutzung von (a) die behauptete Äquivalenz ebenfalls durch Induktion über den Aufbau nach:

$$\mathcal{A} \models t_1 \doteq t_2 \ [h'] \quad \text{gdw} \quad t_1^{\mathcal{A}}[h'] = t_2^{\mathcal{A}}[h']$$

$$\text{gdw} \quad t_1^{\mathcal{A}}[h''] = t_2^{\mathcal{A}}[h'']$$

$$\text{gdw} \quad \mathcal{A} \models t_1 \doteq t_2 \ [h'']$$

$$\mathcal{A} \models R_i(t_1,\ldots) \ [h'] \quad \text{gdw} \quad R_i^{\mathcal{A}}(t_1^{\mathcal{A}}[h'],\ldots)$$

$$\text{gdw} \quad R_i^{\mathcal{A}}(t_1^{\mathcal{A}}[h''],\ldots)$$

$$\text{gdw} \quad \mathcal{A} \models R_i(t_1,\ldots) \ [h'']$$

$$\mathcal{A} \models \neg\,\varphi \ [h'] \quad \text{gdw} \quad \mathcal{A} \not\models \varphi \ [h']$$

$$\text{gdw} \quad \mathcal{A} \not\models \varphi \ [h''] \qquad \text{(Ind. Vor.)}$$

$$\text{gdw} \quad \mathcal{A} \models \neg\,\varphi \ [h'']$$

$$\mathcal{A} \models (\varphi \wedge \psi) \ [h'] \quad \text{gdw} \quad (\mathcal{A} \models \varphi\ [h'] \ \text{ und } \ \mathcal{A} \models \psi\ [h'])$$

$$\text{gdw} \quad (\mathcal{A} \models \varphi\ [h''] \ \text{ und } \ \mathcal{A} \models \psi\ [h'']) \qquad \text{(I.Vor.)}$$

$$\text{gdw} \quad \mathcal{A} \models (\varphi \wedge \psi) \ [h'']$$

$$\mathcal{O}\!\!\!\!I \vDash \forall x \varphi \ [h'] \qquad \text{gdw} \qquad \mathcal{O}\!\!\!\!I \vDash \varphi \ [h'(\tfrac{x}{a})] \quad \text{für alle} \quad a \in |\mathcal{O}\!\!\!\!I|$$

$$\text{gdw} \qquad \mathcal{O}\!\!\!\!I \vDash \varphi \ [h''(\tfrac{x}{a})] \quad \text{für alle} \quad a \in |\mathcal{O}\!\!\!\!I|$$

$$\text{gdw} \qquad \mathcal{O}\!\!\!\!I \vDash \forall x \varphi \ [h'']$$

Bei der vorletzten Äquivalenz haben wir die Induktionsvoraussetzung auf die kürzere Formel φ und die Belegungen $h'(\tfrac{x}{a})$ und $h''(\tfrac{x}{a})$ angewandt. Man beachte, daß diese beiden Belegungen wegen der gemeinsamen Abänderung bei x auf allen freien Variablen von φ übereinstimmen.

$$\text{q.e.d.}$$

Aus Lemma 1.10 sehen wir insbesondere, daß die Gültigkeit einer Aussage φ in $\mathcal{O}\!\!\!\!I$ unabhängig ist von der betrachteten Belegung h in $\mathcal{O}\!\!\!\!I$. Für $\varphi \in$ Aus(L) und Belegungen h',h'' in $\mathcal{O}\!\!\!\!I$ gilt immer

$$\mathcal{O}\!\!\!\!I \vDash \varphi \ [h'] \qquad \text{gdw} \qquad \mathcal{O}\!\!\!\!I \vDash \varphi \ [h'']$$

Für Formeln φ definieren wir die <u>Allgemeingültigkeit</u> in $\mathcal{O}\!\!\!\!I$ (in Zeichen $\mathcal{O}\!\!\!\!I \vDash \varphi$), falls $\mathcal{O}\!\!\!\!I \vDash \varphi \ [h]$ für alle Belegungen h in $\mathcal{O}\!\!\!\!I$ gilt. Man sieht leicht, daß gilt:

$$\mathcal{O}\!\!\!\!I \vDash \varphi \qquad \text{gdw} \qquad \mathcal{O}\!\!\!\!I \vDash \forall \varphi$$

Dies folgt durch Induktion aus der Äquivalenz

$$\mathcal{O}\!\!\!\!I \vDash \varphi \qquad \text{gdw} \qquad \mathcal{O}\!\!\!\!I \vDash \forall x \varphi \quad ,$$

die sich so ergibt:

$$\mathcal{O}\!\!\!\!I \vDash \varphi \qquad \text{gdw} \qquad \mathcal{O}\!\!\!\!I \vDash \varphi \ [h] \quad \text{für alle (Belegungen)} \ h$$

$$\text{gdw} \qquad \mathcal{O}\!\!\!\!I \vDash \varphi \ [h(\tfrac{x}{a})] \ \text{für alle} \ h \ \text{und alle} \ a \in |\mathcal{O}\!\!\!\!I|$$

$$\text{gdw} \qquad \mathcal{O}\!\!\!\!I \vDash \forall x \varphi \ [h] \quad \text{für alle} \ h$$

$$\text{gdw} \qquad \mathcal{O}\!\!\!\!I \vDash \forall x \varphi$$

Ist Σ eine Menge von L-Aussagen, so heißt eine L-Struktur $\mathcal{A}$ ein <u>Modell</u> von Σ , falls alle $\sigma \in \Sigma$ in $\mathcal{A}$ gelten, d.h. $\mathcal{A} \models \sigma$ für alle $\sigma \in \Sigma$. Hierfür schreiben wir auch $\mathcal{A} \models \Sigma$.

Wir kommen jetzt zur Ausgangsfragestellung von Paragraph 1.4 zurück: Wie kann es sein, daß eine Nichtableitbarkeit $\Sigma \nvdash \varphi$ besteht? Die Antwort gibt der folgende Satz.

GÖDELSCHER VOLLSTÄNDIGKEITSSATZ 1.11 <u>Es seien</u> $\Sigma \subset$ Aus(L) <u>und</u> $\varphi \in$ Aus(L). <u>Dann folgt aus</u> $\Sigma \nvdash \varphi$ <u>die Existenz eines "Gegenbeispieles", d.h. es gibt eine</u> L-<u>Struktur</u> $\mathcal{A}$, <u>die Modell von</u> Σ <u>ist, aber in der nicht</u> φ <u>gilt (also ist</u> $\mathcal{A}$ <u>Modell von</u> $\Sigma \cup \{\neg \varphi\}$).

<u>Beweis</u>: Nach Lemma 1.3 ist $\Sigma \nvdash \varphi$ äquivalent dazu, daß die Menge $\Sigma_1 = \Sigma \cup \{\neg \varphi\}$ widerspruchsfrei ist. Wir haben also zu zeigen, daß jede widerspruchsfreie Menge $\Sigma \subset$ Aus(L) ein Modell besitzt. (Wir haben dabei $\Sigma \cup \{\neg \varphi\}$ wieder durch Σ ersetzt).

Sei also $\Sigma \subset$ Aus(L) widerspruchsfrei. Auf dieses Σ wenden wir zuerst Satz 1.4 und dann Satz 1.6 an. Damit erhalten wir ein $\Sigma^* \subset$ Aus(L') mit (I) und (II) von Seite 45. Dabei ist L' die in Satz 1.4 konstruierte Spracherweiterung von L . Sei

$$A = CT/\approx$$

die Menge der in Paragraph 1.4 konstruierten Äquivalenzklassen von konstanten Termen der Sprache L'. Weiter seien $\mathcal{R}_i$ (für $i \in I$), f_j (für $j \in J$) und $\overline{c}_k$ (für $k \in K'$) die ebenfalls dort definierten Interpretationen der Relationszeichen R_i , der Funktionszeichen f_j und der Konstanten c_k . Damit ist

$$\mathcal{A} = \langle A;\, (\mathcal{R}_i)_{i\in I}\; ;\; (f_j)_{j\in J}\; ;\; (\overline{c}_k)_{k\in K'} \rangle$$

schließlich eine L'-Struktur. Definitionsgemäß ist

$$\mathcal{R}_i = R_i^{\,\mathcal{A}} \quad,\quad f_j = f_j^{\,\mathcal{A}} \quad,\quad \overline{c}_k = c_k^{\,\mathcal{A}}$$

Aus der speziellen Definition der Funktionen folgt sogar

$$t^{\,\mathcal{A}}[h] = \overline{t}$$

für alle $t \in CT$ und Belegungen h in $\mathcal{A}$. Durch Induktion über den Aufbau eines konstanten Termes erhalten wir nämlich

$$
\begin{aligned}
f_j(t_1,\ldots,t_{\mu(j)})^{\mathcal{A}}[h] &= f_j^{\,\mathcal{A}}(t_1^{\,\mathcal{A}}[h],\ldots,t_{\mu(j)}^{\,\mathcal{A}}[h]) \\
&= f_j(\overline{t}_1,\ldots,\overline{t}_{\mu(j)}) \\
&= \overline{f_j(t_1,\ldots,t_{\mu(j)})}
\end{aligned}
$$

Wir zeigen nun, daß für alle $\varphi \in \text{Aus}(L')$ und alle Belegungen h in $\mathcal{A}$

$$\mathcal{A} \models \varphi\ [h] \qquad \text{gdw} \qquad \varphi \in \Sigma^*$$

gilt. Dann ist insbesondere $\mathcal{A}$ ein Modell von Σ^* . Die behauptete Äquivalenz zeigen wir durch Induktion über den Aufbau von φ, genauer durch Induktion über die Anzahl der zum Aufbau von φ benötigten logischen Zeichen $\neg$, $\wedge$ und $\forall$.

Ist diese Anzahl 0 , so haben wir es mit einer Primaussage zu tun. Hier liefern aber gerade die Definitionen die geforderten Äquivalenzen, denn es gilt für konstante Terme:

$$
\begin{aligned}
\mathcal{A} \models t_1 \doteq t_2\ [h] \qquad \text{gdw} &\qquad t_1^{\,\mathcal{A}}[h] = t_2^{\,\mathcal{A}}[h] \\
\text{gdw} &\qquad \overline{t}_1 = \overline{t}_2 \\
\text{gdw} &\qquad t_1 \doteq t_2 \in \Sigma^*
\end{aligned}
$$

$$\mathfrak{A} \models R_i(t_1,\ldots,t_{\lambda(i)})\,[h] \quad\text{gdw}\quad R_i^{\mathfrak{A}}(t_1^{\mathfrak{A}}[h],\ldots,t_{\lambda(i)}^{\mathfrak{A}}[h])$$

$$\text{gdw}\quad \mathfrak{R}_i(\bar{t}_1,\ldots,\bar{t}_{\lambda(i)})$$

$$\text{gdw}\quad R_i(t_1,\ldots,t_{\lambda(i)}) \in \Sigma^*$$

Ist nun die Aussage φ von der Gestalt $\neg\,\alpha$ oder $(\alpha \wedge \beta)$, so sind α und β ebenfalls Aussagen und es folgt mit Induktion und Satz 1.9 (a) und (b):

$$\mathfrak{A} \models \neg\,\alpha\,[h] \quad\text{gdw}\quad \mathfrak{A} \not\models \alpha\,[h]$$

$$\text{gdw}\quad \alpha \notin \Sigma^*$$

$$\text{gdw}\quad \neg\,\alpha \in \Sigma^*$$

$$\mathfrak{A} \models (\alpha \wedge \beta)\,[h] \quad\text{gdw}\quad (\mathfrak{A} \models \alpha\,[h] \quad\text{und}\quad \mathfrak{A} \models \beta\,[h])$$

$$\text{gdw}\quad (\alpha \in \Sigma^* \quad\text{und}\quad \beta \in \Sigma^*)$$

$$\text{gdw}\quad (\alpha \wedge \beta) \in \Sigma^*$$

Ist schließlich die Aussage φ von der Gestalt $\forall x\,\psi$, so ist wegen $\mathrm{Fr}(\psi) \subset \{x\}$ für $t \in CT$ offenbar $\varphi(x/t)$ wieder eine Aussage, und zwar einfacherer Bauart bezüglich der Anzahl der logischen Zeichen. Unter Verwendung von Satz 1.9 (c) und dem unten gezeigten Lemma 1.12 erhalten wir mit Induktion

$$\mathfrak{A} \models \forall x\psi\,[h] \quad\text{gdw}\quad \mathfrak{A} \models \psi\,[h\left(\tfrac{x}{a}\right)] \quad\text{für alle}\quad a \in A$$

$$\text{gdw}\quad \mathfrak{A} \models \psi\,[h\left(\tfrac{x}{\bar{t}}\right)] \quad\text{für alle}\quad t \in CT$$

$$\text{gdw}\quad \mathfrak{A} \models \psi(x/t)\,[h] \quad\text{für alle}\quad t \in CT$$

$$\text{gdw}\quad \psi(x/t) \in \Sigma^* \quad\text{für alle}\quad t \in CT$$

$$\text{gdw}\quad \forall x\,\psi \in \Sigma^*$$

Im drittletzten Schritt haben wir das noch zu zeigende Lemma 1.12, angewandt auf die Sprache L', benutzt.

Wir haben also schließlich erhalten, daß in der L'-Struktur alle (und nur die) L'-Aussagen $\varphi \in \Sigma^*$ gelten. Damit ist klar, daß in der L-Struktur

$$\langle A ; (\mathcal{R}_i)_{i \in I} ; (f_j)_{j \in J} ; (\bar{c}_k)_{k \in K} \rangle$$

alle L-Aussagen $\varphi \in \Sigma$ gelten. Also besitzt Σ ein Modell.

$$\text{q.e.d.}$$

Das folgende Lemma ist technischer Natur.

LEMMA 1.12 <u>Es seien</u> φ <u>eine L-Formel und</u> t <u>ein L-Term, der frei für</u> x <u>in</u> φ <u>ist. Dann gilt für alle Belegungen</u> h <u>in einer L-Struktur</u> $\mathcal{A}$ <u>mit</u> $a = t^{\mathcal{A}}[h]$:

$$\mathcal{A} \vDash \varphi\,[h(\tfrac{x}{a})] \quad \text{gdw} \quad \mathcal{A} \vDash \varphi(x/t)\,[h]$$

<u>Beweis</u>: Für Terme t_1 zeigt man leicht durch Induktion über ihren Aufbau:

$$t_1^{\mathcal{A}}[h(\tfrac{x}{a})] = t_1(x/t)^{\mathcal{A}}[h] \ .$$

Nun zeigt man die behauptete Äquivalenz durch Induktion über den Aufbau der Formel φ .

Im Primformelfall $t_1 \doteq t_2$ ergibt sich z.B.

$$\mathcal{A} \vDash t_1 \doteq t_2\,[h(\tfrac{x}{a})] \quad \text{gdw} \quad t_1^{\mathcal{A}}[h(\tfrac{x}{a})] = t_2^{\mathcal{A}}[h(\tfrac{x}{a})]$$
$$\text{gdw} \quad t_1(x/t)^{\mathcal{A}}[h] = t_2(x/t)^{\mathcal{A}}[h]$$
$$\text{gdw} \quad \mathcal{A} \vDash (t_1 \doteq t_2)(x/t)\,[h]$$

Hier haben wir um $t_1 \doteq t_2$ Klammern zu setzen, die zeigen, worauf die syntaktische Operation (x/t) anzuwenden ist. (Man beachte, daß diese Klammern nicht zur Objektsprache, sondern zur Metasprache gehören!). Es ist klar, daß $(t_1 \doteq t_2)(x/t) = t_1(x/t) \doteq t_2(x/t)$. Der andere Primformelfall wird analog behandelt.

Die Fälle, in denen φ von der Gestalt $\neg\,\alpha$ oder $(\alpha \wedge \beta)$ ist, lassen sich ebenfalls leicht durch Rückgriff auf die Bestandteile α bzw. α und β zeigen.

Es bleibt der Fall, in dem φ von der Gestalt $\forall y\,\psi$ ist. Hier unterscheiden wir zwei Fälle.

<u>1. Fall</u>: $x = y$ oder $x \notin \mathrm{Fr}(\psi)$. Unter dieser Voraussetzung gilt $x \notin \mathrm{Fr}(\forall y\,\psi)$. Hieraus folgt mit Lemma 1.10:

$$\mathcal{A} \vDash \forall y\,\psi\,[\mathrm{h}(\tfrac{x}{a})] \quad \text{gdw} \quad \mathcal{A} \vDash \forall y\,\psi\,[\mathrm{h}]$$

Dies ist aber die Behauptung, da offenbar hier $(\forall y\,\psi)(x/t) = \forall y\,\psi$.

<u>2. Fall</u>: $x \neq y$ und $x \in \mathrm{Fr}(\psi)$. Da nach Voraussetzung t frei für x in $\forall y\,\psi$ ist, kann in diesem Fall y nicht in t vorkommen. Mit Lemma 1.10 folgt dann für jedes $a' \in |\mathcal{A}|$

$$a = t^{\mathcal{A}}[\mathrm{h}] = t^{\mathcal{A}}[\mathrm{h}(\tfrac{y}{a'})]$$

Setzt man $\mathrm{h}' = \mathrm{h}(\tfrac{y}{a'})$, so folgt

$$\mathcal{A} \models \forall y\, \psi\, [h\,(\tfrac{x}{a})]$$

$$\text{gdw} \quad \mathcal{A} \models \psi\, [h\,(\tfrac{x}{a})\,(\tfrac{y}{a'})]\ \text{für alle}\ a' \in |\mathcal{A}|$$

$$\text{gdw} \quad \mathcal{A} \models \psi\, [h'\,(\tfrac{x}{a})]\quad \text{für alle}\ a' \in |\mathcal{A}|$$

$$\text{gdw} \quad \mathcal{A} \models \psi\, [h'\,(\tfrac{x}{t^{\mathcal{A}}[h']})]\ \text{für alle}\ a' \in |\mathcal{A}|$$

$$\text{gdw} \quad \mathcal{A} \models \psi\,(x/t)\, [h']\quad \text{für alle}\ a' \in |\mathcal{A}|$$

$$\text{gdw} \quad \mathcal{A} \models \psi\,(x/t)\, [h\,(\tfrac{y}{a'})]\ \text{für alle}\ a' \in |\mathcal{A}|$$

$$\text{gdw} \quad \mathcal{A} \models \forall y\, \psi\,(x/t)\, [h]$$

$$\text{gdw} \quad \mathcal{A} \models (\forall y\, \psi)\,(x/t)\, [h]$$

Hierbei haben wir die Induktionsvoraussetzung auf die Belegung h'
angewandt.

$$\text{q.e.d.}$$

Der nächste Satz beinhaltet die __Korrektheit des__ in Paragraph 1.3
entwickelten __Beweisbegriffes__. Sie besagt, daß alles, was aus einem
Axiomensystem Σ bewiesen werden kann, auch in jedem Modell von
Σ gilt. Haben wir also ein Modell für $\Sigma \cup \{\neg \varphi\}$, so kann offenbar φ nicht aus Σ bewiesen werden. Formal betrachtet ist dies
die Umkehrung der im Gödelschen Vollständigkeitssatz behaupteten
Implikation.

SATZ 1.13 __Es seien__ $\Sigma \subset \text{Aus}(L)$ __und__ $\varphi \in \text{Aus}(L)$ __mit__ $\Sigma \vdash \varphi$.
__Dann gilt__ φ __in jedem Modell von__ Σ .

__Beweis:__ Es sei $\mathcal{A}$ ein Modell von Σ und $\varphi_1, \ldots, \varphi_n$ ein Beweis
aus Σ . Wir zeigen $\mathcal{A} \models \varphi_n$ durch Induktion über n. Damit ist
insbesondere der Satz gezeigt.

__Induktionsanfang:__ Es sei n = 1 . Dann ist $\varphi_n \in \Sigma$ oder ein logisches Axiom. Im ersten Falle gilt φ_n nach Voraussetzung in $\mathcal{A}$.

Sei jetzt φ_n Beispiel einer aussagenlogischen Tautologie Φ in den Aussagenvariablen $A_o,\ldots,A_m$, entstanden durch Ersetzung von A_i durch eine L-Formel ψ_i für $0 \leq i \leq m$. Die Auflösung von $\mathcal{O}\!l \models \varphi_n$ [h] mit Hilfe der Definition führt dann offensichtlich zu einer Bewertung B der Variablen $A_o,\ldots,A_m$ gegeben durch

$$B(A_i) = W \quad \text{gdw} \quad \mathcal{O}\!l \models \psi_i[h] \ .$$

Da aber Φ bei jeder Bewertung den Wert W erhält, folgt schließlich $\mathcal{O}\!l \models \varphi_n$ [h]. Dies gilt für alle Belegungen h . Also haben wir $\mathcal{O}\!l \models \varphi_n$. Im Falle eines identitätslogischen Axioms φ_n überzeugt man sich ebenso leicht von $\mathcal{O}\!l \models \varphi_n$. Es bleiben die Fälle, in denen φ_n ein Beispiel von (A1) oder (A2) ist.

Zuerst sei φ_n von der Gestalt

$$\forall x(\alpha \rightarrow \beta) \rightarrow (\alpha \rightarrow \forall x \beta) \ ,$$

wobei x nicht frei in α ist. Nach Anwendung der Definition für die Gültigkeit bleibt für jede Belegung h zu zeigen: Die Voraussetzung

$$\mathcal{O}\!l \models (\alpha \rightarrow \beta) \ [h(\tfrac{x}{a})] \quad \text{für alle} \quad a \in |\mathcal{O}\!l|$$

impliziert:

$$\text{falls} \quad \mathcal{O}\!l \models \alpha \ [h] \quad , \ \text{so} \quad \mathcal{O}\!l \models \beta \ [h(\tfrac{x}{a})] \quad \text{für alle} \quad a \in |\mathcal{O}\!l|.$$

Sei also $a \in |\mathcal{O}\!l|$ und $\mathcal{O}\!l \models \alpha$ [h] . Da $x \notin Fr(\alpha)$ ergibt Lemma 1.10 zuerst $\mathcal{O}\!l \models \alpha \ [h(\tfrac{x}{a})]$. Mit der Voraussetzung erhalten wir dann $\mathcal{O}\!l \models \beta \ [h(\tfrac{x}{a})]$, was zu zeigen war.

Nun sei φ_n von der Gestalt

$$\forall x \, \alpha \rightarrow \alpha(x/t) \ ,$$

wobei t frei für x in α ist. Für jede Belegung h haben wir dann zu zeigen:

Die Voraussetzung

$$\mathcal{A} \models \alpha \ [h\,(\tfrac{x}{a})] \quad \text{für alle} \quad a \in |\mathcal{A}|$$

impliziert

$$\mathcal{A} \models \alpha(x/t) \ [h] \ .$$

Nach Lemma 1.12 ist die Konklusion aber äquivalent zu $\mathcal{A} \models \alpha \ [h(\tfrac{x}{a})]$ mit $a = t^{\mathcal{A}}[h]$. Dies ist jedoch ein Spezialfall der Voraussetzung.

<u>Induktionsschluß</u>: Wir nehmen an, für $i < n$ sei $\mathcal{A} \models \varphi_i$ schon gezeigt. Es bleibt $\mathcal{A} \models \varphi_n$ zu zeigen.

Ist φ_n aus Σ oder ein logisches Axiom, so erhalten wir $\mathcal{A} \models \varphi_n$ wie beim Induktionsanfang. Ist φ_n durch (MP) entstanden, so gibt es $i,j < n$ mit $\varphi_j = (\varphi_i \rightarrow \varphi_n)$. Für jede Belegung h haben wir dann $\mathcal{A} \models (\varphi_i \rightarrow \varphi_n) \ [h]$ und $\mathcal{A} \models \varphi_i \ [h]$. Dies ergibt natürlich sofort $\mathcal{A} \models \varphi_n \ [h]$. Ist schließlich φ_n durch ($\forall$) entstanden, so gibt es ein $i < n$ und eine Variable x mit $\varphi_n = \forall x \, \varphi_i$. Aus der Induktionsvoraussetzung $\mathcal{A} \models \varphi_i$ folgt in diesem Falle $\mathcal{A} \models \forall x \, \varphi_i$ (vgl. Seite 58).

q.e.d.

KOROLLAR 1.14 <u>Eine Menge</u> $\Sigma \subset \text{Aus}(L)$ <u>ist widerspruchsfrei</u>
<u>genau dann, wenn sie ein Modell besitzt.</u>

<u>Beweis</u>: Ist Σ widerspruchsfrei, so besitzt Σ nach dem Gödel-
schen Vollständigkeitssatz 1.11 ein Modell. Besitzt Σ umgekehrt
ein Modell, so kann nach Satz 1.13 kein Widerspruch aus Σ
abgeleitet werden.

q.e.d.

Aus diesem Korollar, das in Wirklichkeit die Sätze 1.11 und 1.13
zusammenfaßt, erhalten wir nun den wichtigsten Satz der Modelltheorie (später auch als Kompaktheitssatz bezeichnet):

ENDLICHKEITSSATZ 1.15 <u>Eine Menge</u> $\Sigma \subset \text{Aus}(L)$ <u>besitzt genau dann</u>
<u>ein Modell, falls jede endliche Teilmenge</u> Π <u>von</u> Σ <u>ein Modell</u>
<u>besitzt.</u>

<u>Beweis</u>: Mit Σ besitzt auch jede endliche Teilmenge ein Modell.
Es bleibt die Umkehrung zu zeigen. Angenommen Σ würde kein Modell
besitzen. Dann wäre Σ nach 1.14 widerspruchsvoll. Da in dem Beweis
eines Widerspruches aus Σ jedoch nur endlich viele Elemente von Σ
vorkommen, wäre dann auch schon eine endliche Teilmenge Π von Σ
widerspruchsvoll. Wiederum nach 1.14 hätte Π dann kein Modell.
Dies beweist die Umkehrung.

q.e.d.

Der Endlichkeitssatz wurde hier unter wesentlicher Benutzung des
Gödelschen Vollständigkeitssatzes, also unter Benutzung des Beweisbegriffes gezeigt. Bei diesem Nachweis ist unmittelbar zu erkennen,

wie die Finitheit des Beweisbegriffes ihren Niederschlag findet.
Man beachte jedoch, daß der Endlichkeitssatz in seiner Formulierung keinen Bezug auf den Beweisbegriff nimmt. In der Tat gibt es
andere Nachweise für diesen Satz, die rein modelltheoretischer
Natur sind. Für ihre Durchführung genügt es, alleine mit den Begriffen 'formale Sprache' und 'Modell' zu arbeiten. In Paragraph
2.6 werden wir einen solchen Nachweis unter Benutzung von Ultraprodukten führen. Für ein tieferes Verständnis des Endlichkeitssatzes
scheint uns jedoch der Weg über den Gödelschen Vollständigkeitssatz
der bessere zu sein.

1.6 Axiomatisierung einiger mathematischer Theorien

In diesem Paragraphen wollen wir einige mathematische Theorien
im Rahmen der hier eingeführten formalen Sprachen axiomatisieren.
Insbesondere werden wir ein Axiomensystem (in einer passenden
Sprache) für die Mengenlehre angeben. Zuerst werden wir jedoch
präzisieren, was wir hier unter einer mathematischen Theorie verstehen wollen.

Der Gebrauch des Wortes 'Theorie' ist in der Mathematik sehr viel-
seitig und nur schwer faßbar. Betrachten wir als Beispiel die
'Zahlentheorie': Was sich hier mit Sicherheit sagen läßt, ist,
daß man in dieser 'Theorie' die Menge $\mathbb{N}$ der natürlichen Zahlen
(oder auch die Menge $\mathbb{Z}$ der ganzen Zahlen) und die Eigenschaften
der darauf definierten arithmetischen Operationen 'Addition' und
'Multiplikation' untersucht. Gewöhnlich verbindet man explizit
oder implizit mit einer gewissen mathematischen 'Theorie' auch die
Methoden, die in ihr zur Anwendung kommen; z.B. spricht man von
'analytischer Zahlentheorie' oder 'algebraischer Zahltentheorie'
oder sogar von 'moderner Zahlentheorie'. Im Falle des Attributes
'modern' müssen nicht notwendig andere oder neuere Methoden gemeint sein; oft handelt es sich lediglich um eine Darstellung in
einer anderen, 'modernen' Sprache. Ein Ziel haben alle diese
Untersuchungsmethoden jedoch gemeinsam:
Man will möglichst alle in $\mathbb{N}$ (bzw. in $\mathbb{Z}$) wahren Aussagen
gewinnen. Analog will man z.B. in der 'Gruppentheorie' möglichst
alle in einer bestimmten Klasse von Gruppen wahren Aussagen gewinnen. Wir nehmen dies nun zum Anlaß für die folgende Definition.

Es sei L = (λ,μ,K) eine formale Sprache und M eine nicht-leere

Klasse von L-Strukturen. Dann definieren wir als die L-Theorie von

M die Menge

$$Th(M) := \{\alpha \in Aus(L) \mid \mathcal{U} \models \alpha \text{ für alle } \mathcal{U} \in M\} .$$

Th(M) besteht also gerade aus allen L-Aussagen, die in allen

Strukturen aus M gelten. Die Aussagenmenge Th(M) besitzt zwei

wichtige Eigenschaften:

    (1) Th(M) ist widerspruchsfrei,

    (2) Th(M) ist deduktiv abgeschlossen.

Dabei heißt eine Teilmenge $\Sigma \subset Aus(L)$ deduktiv abgeschlossen

(vgl. Lemma 1.8), falls mit $\Sigma \vdash \alpha$ schon $\alpha \in \Sigma$ für jede L-

Aussage α gilt. Die Eigenschaft (1) folgt mit Korollar 1.14 .

Die Eigenschaft (2) folgt so: Es sei Th(M) $\vdash \alpha$. Da selbstver-

ständlich jedes $\mathcal{U} \in M$ Modell von Th(M) ist, ist $\mathcal{U}$ nach Satz

1.13 auch Modell von α . Also gehört α nach Definition zu Th(M).

Allgemeiner nennen wir nun eine Teilmenge T von Aus(L) eine

L-Theorie, falls T widerspruchsfrei und deduktiv abgeschlossen

ist. Jede so definierte L-Theorie T ist in der Tat auch L-Theorie

einer Klasse M von L-Strukturen, nämlich gerade der Klasse M

aller Modelle von T , d.h. der Klasse

$$M = \{\mathcal{U} \mid \mathcal{U} \text{ L-Struktur und } \mathcal{U} \models T\} .$$

Dies ist leicht einzusehen: Nach Definition von Th(M) gilt trivi-

alerweise $T \subset Th(M)$, da jedes $\alpha \in T$ natürlich in allen Modellen

von T gilt. Gilt umgekehrt α in allen Modellen von T , so liefert der Vollständigkeitssatz 1.11 sofort $T \vdash \alpha$. Wegen der

deduktiven Abgeschlossenheit von T ist also $\alpha \in T$.

Zu einer gegebenen nicht-leeren Klasse M von L-Strukturen läßt

sich zwar rein abstrakt die Menge $T = Th(M)$ definieren, in der

Regel ist diese Menge allerdings völlig unzugänglich. Wir werden

hierauf im Anhang noch einmal zurückkommen. Manchmal gelingt es

jedoch, ein vernünftiges Axiomensystem Σ für T anzugeben. Dabei

nennen wir Σ ein <u>Axiomensystem für</u> T , falls gilt

$$T = \{\alpha \in Aus(L) \mid \Sigma \vdash \alpha\}.$$

Man beachte, daß die Menge $\{\alpha \in Aus(L) \mid \Sigma \vdash \alpha\}$, die wir auch mit

$Ded(\Sigma)$ bezeichnen wollen, deduktiv abgeschlossen ist. Sind nämlich

$\alpha_1, \ldots, \alpha_n \in Ded(\Sigma)$ und gilt $\{\alpha_1, \ldots, \alpha_n\} \vdash \alpha$, so setzt man leicht

aus Beweisen von $\alpha_1, \ldots, \alpha_n$ aus Σ und einem Beweis von α aus

$\{\alpha_1, \ldots, \alpha_n\}$ einen Beweis für α aus Σ zusammen. Unter einem

vernünftigen Axiomensystem Σ für T verstehen wir ein effektiv er-

zeugbar , z.B. endliches, Axiomensystem. Wie der Begriff 'effektiv

erzeugbar'etwa präzisiert werden kann, wird ebenfalls im Anhang

genauer erläutert. In den folgenden Beispielen werden wir die ent-

sprechenden Axiomensysteme konkret hinschreiben.

Der am meisten interessierende Fall einer möglichen Axiomatisie-

rung der L-Theorie einer Klasse M ist der, bei dem M genau eine

L-Struktur $\mathcal{O}$ als Element hat. In diesem Fall schreiben wir auch

$Th(\mathcal{O})$ für $Th(M)$ und es ist

$$Th(\mathcal{O}) = \{\alpha \in Aus(L) \mid \mathcal{O} \models \alpha\} .$$

Wir sprechen hier auch von der L-Theorie von $\mathfrak{A}$. Ist z.B.

$$\mathfrak{A} \;=\; < \mathbb{N} \;;\; +^{\mathbb{N}} \;,\; \cdot^{\mathbb{N}} > \;,$$

so ist Th($\mathfrak{A}$) das, was wir hier unter der 'Zahlentheorie' verstehen wollen, nämlich einfach die Menge aller in $\mathfrak{A}$ wahren
Aussagen der zu $\mathfrak{A}$ passenden formalen Sprache L .

Für eine L-Struktur $\mathfrak{A}$ hat die L-Theorie T = Th($\mathfrak{A}$) eine ausge-
zeichnete Eigenschaft: Wegen

$$\mathfrak{A} \models \alpha \qquad \text{oder} \qquad \mathfrak{A} \models \neg\, \alpha$$

erhalten wir für jede L-Aussage α entsprechend

$$\alpha \in T \qquad \text{oder} \qquad \neg\, \alpha \in T \;.$$

Eine L-Theorie T mit dieser Eigenschaft nennen wir vollständig.
Allgemeiner wollen wir eine L-Aussagenmenge Σ <u>vollständig</u> nennen,
wenn für jede L-Aussage α gilt:

$$\Sigma \vdash \alpha \qquad \text{oder} \qquad \Sigma \vdash \neg\, \alpha \;.$$

Beachtet man die deduktive Abgeschlossenheit einer L-Theorie T ,
so sieht man ein, daß die letzte Definition allgemeiner ist. Ist
T = Ded(Σ), so ist offenbar T vollständig genau dann, wenn Σ
vollständig ist.

Damit sind wir schließlich bei einem rein syntaktischen Begriff
angelangt, der auch dann noch sinnvoll ist, wenn man den finiten
Standpunkt einnimmt. Ist etwa Σ ein konkretes, widerspruchsfreies Axiomensystem in einer Sprache L , die es gestattet, alle

vernünftigen mathematischen Begriffe zu erfassen, (als ein solches werden wir weiter unten ein Axiomensystem der Zermelo-Fraenkel'schen Mengenlehre vorstellen), so würde die Vollständigkeit von Σ bedeuten, daß man jede 'wahre' mathematische Aussage formal beweisen könnte. Dann ist die Wahrheit einer Aussage nichts anderes als eben ihre Beweisbarkeit. Daß es ein solches Axiomensystem nicht geben kann, erläutern wir im Anhang.   Wir werden dort sehen, daß z.B. das Zermelo-Fraenkel'sche Axiomensystem unvollständig ist, d.h. es gibt Aussagen α , die weder beweisbar noch widerlegbar (d.h. $\neg\,\alpha$ ist beweisbar) sind.

Von einer Reihe von Axiomensystemen, die wir gleich einführen werden, zeigen wir in Kapitel 3 die Vollständigkeit. Ist $\Sigma \subset \mathrm{Aus}(L)$ vollständig und $\mathcal{O}$ ein Modell von Σ , so gilt insbesondere

$$\mathrm{Th}(\mathcal{O}) = \mathrm{Ded}(\Sigma) \ ,$$

d.h. $\mathrm{Ded}(\Sigma)$ ist die Theorie der L-Struktur $\mathcal{O}$.

Da nämlich $\mathcal{O}$ ein Modell von Σ ist, gilt einerseits $\Sigma \subset \mathrm{Th}(\mathcal{O})$ und damit $\mathrm{Ded}(\Sigma) \subset \mathrm{Th}(\mathcal{O})$. Andererseits sind sowohl $T_1 = \mathrm{Ded}(\Sigma)$, als auch $T_2 = \mathrm{Th}(\mathcal{O})$ vollständig, und besteht für zwei vollständige L-Theorien T_1 und T_2 eine Inklusion $T_1 \subset T_2$, so gilt sogar die Gleichheit. Ist nämlich $\alpha \in T_2$ und $\alpha \notin T_1$, so folgt $\neg\,\alpha \in T_1$ und damit $\neg\,\alpha \in T_2$, was der Widerspruchsfreiheit von T_2 widerspricht. Wir halten dies als Lemma fest:

LEMMA 1.16 <u>Sind</u> T_1 <u>und</u> T_2 <u>vollständige L-Theorien mit</u> $T_1 \subset T_2$, <u>so gilt</u> $T_1 = T_2$.

Wir wollen nun eine Reihe von L-Theorien vorstellen, die wir entweder jetzt oder später in den Kapiteln 3 oder 4 auf ihre jeweilige

Vollständigkeit hin untersuchen werden. Alle hier betrachteten Theorien werden als der deduktive Abschluß eines konkreten Axiomensystems eingeführt. Bei der Aufstellung dieser Axiomensysteme werden wir meistens eine bestimmte L-Struktur $\mathcal{A}$ vor Augen haben. Wir beginnen meistens mit einigen allgemeinen Eigenschaften von $\mathcal{A}$, die wir zu Axiomen machen, und wir versuchen durch systematische Vergrößerung dieses Systems schließlich zu einer Axiomatisierung von $\text{Th}(\mathcal{A})$ zu gelangen, d.h. zu einem vollständigen Axiomensystem.

Die erste Struktur, deren Theorie wir axiomatisieren wollen, ist

$$\mathcal{R} = \langle \mathbb{R} ; <^{\mathbb{R}} \rangle \ .$$

Dies ist eine Struktur der Sprache L , für die $J = \emptyset$, $K = \emptyset$ und I aus einem einzigen Element i mit $\lambda(i) = 2$ besteht. Für das Relationszeichen R_i schreiben wir $<$. Aussagen, die in $\mathcal{R}$ gelten, sind:

$O_1 :$ $\forall x$ $\neg\, x < x$

$O_2 :$ $\forall x,y,z$ $(x < y \wedge y < z \rightarrow x < z)$

$O_3 :$ $\forall x,y$ $(x < y \vee x \doteq y \vee y < x)$

$O_4 :$ $\forall x,y$ $(x < y \rightarrow \exists z(x < z \wedge z < y))$

$O_5 :$ $\forall x \, \exists y,z$ $(y < x \wedge x < z)$

O_1 und O_2 heißen Axiome einer <u>partiellen Ordnung</u>, O_1-O_3 Axiome einer <u>linearen Ordnung</u>. Die Hinzunahme von O_4 besagt, daß diese lineare Ordnung <u>dicht</u> ist; die Hinzunahme von O_5 besagt, daß sie keine <u>Extrema</u> besitzt.

In 3.2 werden wir sehen, daß O_1-O_5 vollständig ist. O_1-O_4 ist nicht vollständig, da z.B. die Aussage O_5 zwar in $\mathcal{R}$, aber nicht in $\mathcal{R}^+ = \langle \mathbb{R}^+ , \langle^{\mathbb{R}^+} \rangle$ gilt, wobei $\mathbb{R}^+$ die Menge der nicht-negativen reellen Zahlen sein soll.

Als nächstes betrachten wir die Struktur

$$\mathcal{R} = \langle \mathbb{R} ; +^{\mathbb{R}} ; O^{\mathbb{R}} \rangle ,$$

die wir der Einfachheit halber wieder mit $\mathcal{R}$ bezeichnet haben. Diesmal besitzt L das zweistellige Funktionszeichen + und die Konstante O . Die folgenden L-Aussagen gelten in $\mathcal{R}$:

$$
\begin{array}{lll}
G_1 : & \forall x,y,z & (x+y)+z \doteq x+(y+z) \\
G_2 : & \forall x & x+O \doteq x \\
G_3 : & \forall x \exists y & x+y \doteq O \\
G_4 : & \forall x,y & x+y \doteq y+x \\
G_{5n}: & \forall x & (nx \doteq O \rightarrow x \doteq O) \\
G_{6n}: & \forall x \exists y & ny \doteq x
\end{array}
$$

Dabei bezeichnet für eine natürliche Zahl $n \geq 1$ der Ausdruck nx den Term $x+\ldots+x$ der n-fachen Summe von x . $G_1 - G_3$ nennt man gewöhnlich die <u>Gruppenaxiome</u>; G_4 besagt, daß diese Gruppe <u>abelsch</u> ist. Die Axiomenmenge $\{G_{5n} \mid n \geq 1\}$ drückt die <u>Torsionsfreiheit</u> einer Gruppe aus; die Menge $\{G_{6n} \mid n \geq 1\}$ ihre <u>Divisibilität</u>. Wieder zeigen wir in 3.2 die Vollständigkeit des Axiomensystems

$$\{G_1,G_2,G_3,G_4\} \cup \{G_{5n} \mid n \geq 1\} \cup \{G_{6n} \mid n \geq 1\} \cup \{\exists x \; x \neq O\}$$

der torsionsfreien, divisiblen, abelschen Gruppen.

Betrachtet man auf $\mathbb{R}$ sowohl die additive Gruppenstruktur als
auch die Anordnung, so gelangt man in der entsprechend erweiterten Sprache zu der Struktur

$$\mathcal{R} = \langle \mathbb{R} ; <^{\mathbb{R}} ; +^{\mathbb{R}} ; 0^{\mathbb{R}} \rangle \ .$$

Dies ist eine angeordnete, divisible, abelsche Gruppe, d.h. es
ist Modell aller oben aufgeführten O-Axiome, aller G-Axiome und
erfüllt zusätzlich das Axiom

$$OG : \ \forall x,y,z \ (x < y \rightarrow x + z < y + z) \ .$$

Die Zusammenfassung aller dieser Axiome ist, wie wir später in
Kapitel 4 zeigen werden, vollständig. Man sieht leicht, daß dabei
die Axiome O_4 und G_{5n} überflüssig sind und O_5 durch $\exists x \ x \neq 0$
ersetzt werden kann. Wir werden also zeigen, daß die Axiomenmenge

$$\{O_1,O_2,O_3,G_1,G_2,G_3,G_4,OG\} \cup \{G_{6n} \mid n \geq 1\} \cup \{\exists x \ x \neq 0\}$$

vollständig ist. Modelle des ersten Vereinigungsteiles heißen
angeordnete, abelsche Gruppen.

Eine weitere angeordnete, abelsche Gruppe, deren Theorie uns inte-
ressiert, ist

$$\mathcal{Z} = \langle \mathbb{Z} ; <^{\mathbb{Z}} ; +^{\mathbb{Z}} ; 0^{\mathbb{Z}} \rangle \ .$$

Um ihre Theorie zu axiomatisieren, beachten wir als erstes, daß
sie nicht divisibel ist: Sie besitzt ein kleinstes positives Element, die natürliche Zahl 1 . Eine angeordnete abelsche Gruppe,
die wie $\mathcal{Z}$ das Axiom

$$DO : \ \exists x \ (0 < x \ \wedge \ \forall y (0 < y \rightarrow x \doteq y \vee x < y))$$

erfüllt, heißt <u>diskret angeordnet</u>.

Um zu einer vollständigen Axiomatisierung von $\mathfrak{Z}$ zu kommen, empfiehlt es sich für das kleinste positive Element eine Konstante zur Sprache der angeordneten Gruppen hinzuzunehmen. Diese Konstante sei 1 . Wir betrachten also jetzt die Struktur

$$\mathfrak{Z} \;=\; <\mathbb{Z};\; <^{\mathbb{Z}};\; +^{\mathbb{Z}};\; 0^{\mathbb{Z}},\; 1^{\mathbb{Z}} > \;.$$

Neben den Axiomen für diskret angeordnete, abelsche Gruppen erfüllt $\mathfrak{Z}$ noch die folgenden Axiome:

$$D_n \;:\; \forall x \; \exists y \; (\bigvee_{\nu=1}^{n} \; x + \nu 1 \doteq ny) \;.$$

Dabei ist $n \geq 1$, und für $1 \leq \nu \leq n$ ist $\nu 1$ die ν-fache Summe $1 + \ldots + 1$. Der Ausdruck $(\bigvee_{\nu=1}^{n} \varphi_\nu)$ für L-Formeln φ_ν ist eine Abkürzung für

$$(\varphi_1 \vee \ldots \vee \varphi_n) \;.$$

Eine diskret angeordnete,abelsche Gruppe, die zusätzlich Modell von $\{D_n \mid n \geq 1\}$ ist, heißt eine $\mathbb{Z}$-<u>Gruppe</u>. Dieser Name erklärt sich aus der später in Kapitel 4 zu beweisenden Tatsache, daß das Axiomensystem der $\mathbb{Z}$-Gruppen vollständig und $\mathfrak{Z}$ ein Modell davon ist.

Als nächstes betrachten wir die Struktur

$$\mathfrak{R} \;=\; <\mathbb{R};\; <^{\mathbb{R}};\; +^{\mathbb{R}},\; -^{\mathbb{R}},\; \cdot^{\mathbb{R}};\; 0^{\mathbb{R}},\; 1^{\mathbb{R}} >$$

wobei wir wieder trotz der Erweiterung die Bezeichnung $\mathfrak{R}$ beibehalten wollen. Die Axiome, die jetzt $\mathfrak{R}$ erfüllt,sind:

die <u>Körperaxiome</u>:[*]

$$K_0 : \quad 0 \neq 1$$

$$K_1 : \quad \forall\, x,y,z \qquad x+(y+z) \doteq (x+y)+z$$

$$K_2 : \quad \forall\, x \qquad x + 0 \doteq x$$

$$K_3 : \quad \forall\, x \qquad x+(-x) \doteq 0$$

$$K_4 : \quad \forall\, x,y,z \qquad x\cdot(y\cdot z) \doteq (x\cdot y)\cdot z$$

$$K_5 : \quad \forall\, x \qquad x\cdot 1 \doteq x$$

$$K_6 : \quad \forall\, x\, \exists\, y \qquad (x\doteq 0 \;\vee\; x\cdot y \doteq 1)$$

$$K_7 : \quad \forall\, x,y \qquad x\cdot y \doteq y\cdot x$$

$$K_8 : \quad \forall\, x,y,z \qquad (x+y)\cdot z \doteq x\cdot z + y\cdot z\ ,$$

die <u>Ordnungsaxiome</u> O_1, O_2, O_3 zusammen mit

$$OK_1 : \forall\, x,y,z \;\; (x < y \;\rightarrow\; x + z < y + z)$$

$$OK_2 : \forall\, x,y \;\;\; (0 < x \;\wedge\; 0 < y \;\rightarrow\; 0 < x\cdot y)$$

und schließlich noch

$$RK_1 : \forall\, x\, \exists\, y \;\; (x < 0 \;\vee\; x \doteq y^2)$$

$$RK_{2n} : \forall\, x_0,\dots,x_{2n}\, \exists\, y \quad y^{2n+1} + x_{2n}\cdot y^{2n} + \dots + x_1\cdot y + x_0 \doteq 0\ .$$

Dabei bezeichnet für $m \geq 1$ der Ausdruck y^m das m-fache Produkt $y \cdot \dots \cdot y$. Ein Modell der Axiome K_0-K_8,O_1,O_2,O_3,OK_1,OK_2 heißt <u>angeordneter Körper</u>. Treten die Axiome RK_1 und RK_{2n} für $n \geq 1$ hinzu, so spricht man von einem <u>reell abgeschlossenen Körper</u>. Dieser Name erklärt sich wieder durch die in 4.2 zu beweisende Tatsache, daß die Theorie der reell abgeschlossenen Körper vollständig und $\mathcal{R}$ ein Modell davon ist. Die Gültigkeit der Axiome RK_1 und RK_{2n} in $\mathcal{R}$ sieht man leicht ein, wenn man bedenkt, daß ein Polynom mit reellen Koeffizienten, das in $\mathbb{R}$ einen Vorzeichenwechsel hat, nach dem Zwischenwertsatz für stetige

---

[*] Die Kommutativität der Addition folgt aus diesen Axiomen.

Funktionen auch eine Nullstelle in $\mathbb{R}$ besitzen muß.

Den Reigen derjenigen Strukturen, für deren Theorie wir ein
Axiomensystem explizit angeben, wollen wir mit dem Körper

$$\mathcal{L} = \langle \mathbb{C}; +^{\mathbb{C}}, -^{\mathbb{C}}, \cdot^{\mathbb{C}}; 0^{\mathbb{C}}, 1^{\mathbb{C}} \rangle$$

der komplexen Zahlen beschließen. $\mathcal{L}$ erfüllt neben den Körper-
axiomen K_0-K_8 noch die Axiome

$$AK_n : \forall x_0, \ldots, x_n \, \exists y \quad y^{n+1} + x_n y^n + \ldots + x_0 \doteq 0$$

für $n \geq 1$. Die Gültigkeit dieser Axiome in $\mathcal{L}$ ist äquivalent
mit dem 'Fundamentalsatz der Algebra', der besagt, daß jedes
nicht-konstante Polynom in $\mathbb{C}$ eine Nullstelle hat. Körper, die
die Axiome AK_n für $n \geq 1$ erfüllen, heißen <u>algebraisch abgeschlossene Körper</u>. Das Axiomensystem für algebraisch abgeschlossene Körper ist noch nicht vollständig. Es wird jedoch vollständig,
wie wir in Kapitel 3 zeigen, sobald man die Charakteristik des
Körpers festlegt, d.h. wenn man als weitere Axiome entweder für
eine Primzahl p die Aussage

$$C_p : p1 \doteq 0$$

(wobei p1 wieder für die p-fache Summe $1 + \ldots + 1$ steht) oder
die Menge

$$\{ \neg C_q \mid q \in \mathbb{N}, \, q \text{ prim} \}$$

hinzunimmt. Im letzten Falle gelangt man dann zu einer vollständigen Axiomatisierung der Theorie von $\mathcal{L}$.

Für alle bisher betrachteten Strukturen $\mathfrak{A}$ konnten wir ein
Axiomensystem $\Sigma \subset \text{Aus}(L)$ angeben, das erstens $\text{Th}(\mathfrak{A})$ axiomatisierte, d.h. es war $\text{Ded}(\Sigma) = \text{Th}(\mathfrak{A})$, und zweitens "entscheidbar"
war. Dies soll heißen, daß es ein effektives Verfahren gibt, das
es erlaubt, von einer vorgelegten (beliebigen) L-Aussage α zu
entscheiden, ob es sich bei α um ein Axiom aus Σ handelt.
Ein Blick auf die von uns angegebenen Axiomensysteme überzeugt
einen leicht von der Richtigkeit dieser Feststellung.

Wie wir im Anhang erläutern werden, kann es ein solches Axiomensystem für die Struktur

$$\mathfrak{A} = \langle \, \mathbb{N} \, ; \, +^{\mathbb{N}}, \cdot^{\mathbb{N}} \, ; \, 0^{\mathbb{N}}, 1^{\mathbb{N}} \, \rangle$$

nicht geben. Anders ausgedrückt bedeutet dies, daß jedes "ent-
scheidbare" System $\Sigma \subset \text{Aus}(L)$ von Aussagen, die in $\mathfrak{A}$ gelten,
notwendigerweise unvollständig sein muß. Ein solches System ist
z.B. das folgende:

$$P_1 : \quad \forall x \quad x + 1 \neq 0$$
$$P_2 : \quad \forall x,y \ (x + 1 \doteq y + 1 \rightarrow x \doteq y)$$
$$P_3 : \quad \forall x \quad x + 0 \doteq x$$
$$P_4 : \quad \forall x,y \quad x+(y+1) \doteq (x+y)+1$$
$$P_5 : \quad \forall x \quad x \cdot 0 \doteq 0$$
$$P_6 : \quad \forall x,y \quad x\cdot(y+1) \doteq x \cdot y + x$$
$$P_\varphi : \quad \varphi(v_0/0) \wedge \forall v_0(\varphi(v_0/v_0) \rightarrow \varphi(v_0/v_0+1)) \rightarrow \forall v_0\varphi(v_0/v_0)$$

Das Axiomensystem

$$\{P_1, \ldots, P_6\} \cup \{\forall P_\varphi \mid \varphi \in \text{Fml}(L)\}$$

wird gewöhnlich als das <u>Peanosche Axiomensystem</u> der Arithmetik bezeichnet. Die Gültigkeit von $\forall P_\varphi$ in $\mathfrak{A}$ bedeutet gerade, daß für jede Belegung b in $\mathfrak{A}$ die Menge

$$\{a \in \mathbb{N} \mid \mathfrak{A} \models \varphi[b(\begin{smallmatrix} v_0 \\ a \end{smallmatrix})]\}$$

die folgene Eigenschaft hat: Gehört 0 zu dieser Menge und mit n auch $n+1$, so gehört jede natürliche Zahl zu ihr.

Als letztes wollen wir nun ein Axiomensystem für eine Mengenlehre angeben, und zwar für die Zermelo-Fraenkel Mengenlehre. Die zugrunde liegende Sprache L besitzt wie im Falle von Ordnungen nur ein einziges 2-stelliges Relationszeichen, das wir hier mit ε bezeichnen. Die folgenden Axiome orientieren sich an der 'Elementseinsbeziehung' zwischen Mengen. Um die Axiome nicht zu unleserlich werden zu lassen, werden wir zwischendurch übliche Abkürzungen einführen:

ZF_1 : Extensionalitätsaxiom

$$\forall x,y\ (\forall z(z \varepsilon x \leftrightarrow z \varepsilon y) \to x \doteq y)$$

Schreiben wir $x \subset y$ für $\forall z\ (z \varepsilon x \to z \varepsilon y)$, so ist ZF_1 offenbar gleichwertig mit

$$\forall x,y\ (x \subset y \land y \subset x \to x \doteq y)\ .$$

ZF_1 besagt, daß zwei Mengen, die die gleichen Elemente besitzen, identisch sind.

ZF_2 : Nullmengenaxiom

$$\exists x\ \forall z\ \neg z \varepsilon x$$

Dieses Axiom besagt, daß es eine Menge gibt, die keine Elemente besitzt. Nach ZF_1 kann es nur eine solche Menge geben; sie wird gewöhnlich Nullmenge oder leere Menge genannt und mit $\emptyset$ "bezeichnet".

ZF_3 : <u>Paarmengenaxiom</u>

$$\forall u,v \; \exists x \, \forall z \; (z \, \varepsilon \, x \leftrightarrow z \doteq u \vee z \doteq v)$$

ZF_4 : <u>Vereinigungsmengenaxiom</u>

$$\forall u \, \exists x \, \forall z \; (z \, \varepsilon \, x \leftrightarrow \exists v \; (v \, \varepsilon \, u \wedge z \, \varepsilon \, v))$$

ZF_5 : <u>Potenzmengenaxiom</u>

$$\forall u \, \exists x \, \forall z \; (z \, \varepsilon \, x \leftrightarrow z \subset u)$$

In diesen drei Axiomen wird jeweils die Existenz von gewissen Mengen behauptet. Nach ZF_1 sind diese eindeutig bestimmt und werden üblicherweise der Reihe nach mit $\{u,v\}$, $\bigcup u$ und $P(u)$ "bezeichnet". Dies meint, daß man für diese eindeutig bestimmten Objekte Namen, also Funktionszeichen zur Sprache hinzunimmt.Dies entspricht genau dem üblichen Vorgehen in der Mathematik; es trägt zu einem schnelleren und damit auch besseren Verständnis von Formeln bei. Prinzipiell gesehen ist es jedoch nicht notwendig. Man kann anstatt den Namen einer Menge zu benutzen einfach eine sie eindeutig charakterisierende Eigenschaft verwenden: Es sei ψ eine Formel, in der x frei vorkommt und von der sich aus den Axiomen beweisen läßt, daß sie auf genau eine Menge zutrifft. Für diese eindeutig bestimmte Menge führen wir ein neues Zeichen ein, z.B. $\emptyset$. Dieses Zeichen nehmen wir jedoch nicht zur Sprache der Mengenlehre - der ε-Sprache - hinzu. Ist dann φ eine ε-Formel mit der freien Variablen y , so wollen wir unter $\varphi(y/\emptyset)$ die folgende ε-Formel verstehen:

$$\exists x\ (\psi(x) \wedge \varphi(y/x))$$

Wir nehmen dabei an, daß x frei für y in φ ist; anderenfalls verwenden wir statt x eine Variable, die weder in ψ
noch in φ vorkommt. Im Falle von ZF_2 ist ψ z.B. die Formel
$\forall z \neg z \varepsilon x$, im Falle von ZF_5 ist es die Formel $\forall z(z \varepsilon x \leftrightarrow z \subset u)$.
Wie dieses letzte Beispiel zeigt, kann die Formel ψ durchaus
weitere freie Variablen haben, z.B.u; die durch sie eindeutig bestimmte Menge hängt dann natürlich von diesen Variablen ab. Im
Falle von ZF_5 wurde sie deshalb mit P(u) bezeichnet. Genau genommen führen wir also keine Konstanten, sondern neue Funktionen
ein. Bei den folgenden Axiomen wollen wir von dieser abkürzenden
Schreibweise Gebrauch machen.

Aus den bisherigen Axiomen folgt, daß mit x und y auch $\{x,x\}$
und $\bigcup\{x,y\}$ Mengen sind. Im Falle von $\{x,x\}$ schreibt man auch
$\{x\}$ und im Falle von $\bigcup\{x,y\}$ auch $x \cup y$. Weiter ist es üblich,
für $x \cup \{x\}$ auch x' zu verwenden. Damit läßt sich jetzt das
nächste Axiom formulieren:

ZF_6 : <u>Unendlichkeitsaxiom</u>
$$\exists x\ (\emptyset \varepsilon x \wedge \forall z\ (z \varepsilon x \rightarrow z' \varepsilon x))$$

Mit diesem Axiom ist die Existenz einer unendlichen Menge sichergestellt. Sie ist jedoch nicht eindeutig bestimmt.

Das nächste Axiom besagt, daß das Bild einer Menge unter einer
Abbildung wieder eine Menge ist. Dabei wird die Abbildung durch
eine Formel φ beschrieben, in der die Variablen u und v frei

vorkommen.

$$ZF_7 \;:\; \underline{\text{Ersetzungsaxiom}}$$

$$\forall y (\forall u (u \,\varepsilon\, y \rightarrow \overset{=1}{\exists} v \; \varphi(u,v)) \rightarrow$$

$$\exists x \, \forall v \; (v \,\varepsilon\, x \leftrightarrow \exists u (u \,\varepsilon\, y \wedge \varphi(u,v))))$$

x ist also das Bild von y unter der durch φ beschriebenen
Abbildung. Nach ZF_1 ist x wieder eindeutig bestimmt. Die in
der Formulierung des Axioms ZF_7 verwendete Abkürzung $\overset{=1}{\exists} v \; \psi(v)$
für eine Formel ψ mit der freien Variablen v steht für

$$\exists v (\psi(v) \wedge \forall u (\psi(v/u) \rightarrow u \doteq v)),$$

wobei u eine Variable ist, die in ψ nicht vorkommt.

Ein letztes Axiom der Zermelo-Fraenkelschen Mengenlehre ist
üblicherweise das

$$ZF_8 \;:\; \underline{\text{Fundierungsaxiom}}$$

$$\forall x (x \neq \emptyset \rightarrow \exists z (z \,\varepsilon\, x \wedge z \cap x \doteq \emptyset))$$

Dabei bezeichnet $z \cap x$ eine Menge, deren Existenz durch ZF_7
und deren Eindeutigkeit durch ZF_1 gesichert ist.

Zu diesen ZF-Axiomen tritt üblicherweise noch das sogenannte
Auswahlaxiom hinzu, dem wir hier folgende Gestalt geben wollen.

$$\underline{\text{Auswahlaxiom}}$$

$$\forall y, u (u \subset P(y) \wedge \forall z_1, z_2 (z_1 \,\varepsilon\, u \wedge z_2 \,\varepsilon\, u \rightarrow z_1 \neq \emptyset \wedge (z_1 \doteq z_2 \vee z_1 \cap z_2 \doteq \emptyset))$$

$$\rightarrow \exists x \, (x \subset y \wedge \forall z (z \,\varepsilon\, u \rightarrow \exists v \; x \cap z \doteq \{v\})))$$

Dieses Axiom besagt, daß es zu jedem System u von nicht-leeren,

paarweise disjunkten Teilmengen einer gegebenen Menge y ein
"Repräsentantensystem" x gibt, d.h. x enthält von jedem
Element z von u genau ein Element v , den Repräsentanten
für z .

Der Leser möge sich in der einschlägigen Literatur überzeugen,
daß in der Zermelo-Fraenkelschen Mengenlehre tatsächlich die
gesamte Mathematik aufgebaut werden kann. Wir verweisen hierzu
z.B. auf [F-P].

Übungen zu Kapitel 1

1. Man zeige, daß es zu jeder quantorenfreien Formel φ eine
   ebenfalls quantorenfreie Formel ψ mit der gleichen freien
   Variablen in konjunktiver (bzw. disjunktiver) Normalform
   gibt, für die $\emptyset \vdash (\varphi \leftrightarrow \psi)$ gilt.

2. Für Formeln φ und ψ zeige man
   (a) $\emptyset \vdash \exists x(\varphi \vee \psi) \leftrightarrow (\exists x\varphi \vee \exists x\psi)$
   (b) $\emptyset \vdash (\forall x\varphi \vee \forall x\psi) \rightarrow \forall x(\varphi \vee \psi)$
   (c) $\emptyset \nvdash \forall x(\varphi \vee \psi) \rightarrow (\forall x\varphi \vee \forall x\psi)$

3. Man zeige, daß es zu jeder Formel φ eine Formel ψ in
   pränexer Normalform mit $Fr(\varphi) = Fr(\psi)$ und $\emptyset \vdash (\varphi \leftrightarrow \psi)$ gibt.

Kapitel 2 Modellkonstruktionen

In diesem Teil werden wir verschiedene Methoden zur Konstruktion von Modellen eines Axiomensystems Σ von Aussagen einer formalen Sprache L einführen. Eine Methode, überhaupt erst einmal ein Modell von Σ zu erhalten, haben wir im 1. Teil in Form der sogenannten Termmodelle kennengelernt. Neben dieser 'absoluten' Konstruktion werden wir hier eine Reihe von 'relativen' Konstruktionen vorstellen. Diese relativen Konstruktionen erlauben es, ausgehend von einem oder mehreren Modellen von Σ, ein neues Modell zu gewinnen. Die hier zu betrachtenden Methoden sind nicht, wie oft in der Mathematik zu beobachten, abhängig von dem jeweiligen Axiomensystem Σ (z.B. ist das direkte Produkt von Gruppen wieder eine Gruppe, was jedoch für Körper nicht gilt), sondern funktionieren in jedem Falle. Dies wird dadurch gewährleistet, daß eine L-Struktur $\mathfrak{A}'$, die mit diesen Methoden aus einer L-Struktur $\mathfrak{A}$ gewonnen wird, zur Ausgangsstruktur $\mathfrak{A}$ <u>elementar äquivalent</u> ist, d.h. jede L-Aussage φ, die in $\mathfrak{A}$ gilt, gilt auch in $\mathfrak{A}'$, und umgekehrt . Ist also $\mathfrak{A}$ ein Modell von Σ , so auch $\mathfrak{A}'$, unabhängig davon, um welches Axiomensystem $\Sigma \subset \mathrm{Aus}(L)$ es sich handelt.

Die elementare Äquivalenz zwischen zwei L-Strukturen $\mathfrak{A}$ und $\mathfrak{A}'$ (wir schreiben dafür $\mathfrak{A} \equiv \mathfrak{A}'$) ist offenbar eine Äquivalenzrelation auf der Klasse aller L-Strukturen, d.h. es gilt für L-Strukturen $\mathfrak{A}$, $\mathfrak{A}'$, $\mathfrak{A}''$:

$$\mathfrak{A} \equiv \mathfrak{A}$$

$$\mathfrak{A} \equiv \mathfrak{A}' \quad \text{impliziert} \quad \mathfrak{A}' \equiv \mathfrak{A}$$

$$\mathfrak{A} \equiv \mathfrak{A}' \quad \text{und} \quad \mathfrak{A}' \equiv \mathfrak{A}'' \quad \text{impliziert} \quad \mathfrak{A} \equiv \mathfrak{A}''$$

Für L-Strukturen $\mathcal{A}$ und $\mathcal{A}'$ werden wir in Verallgemeinerung des
üblichen Isomorphiebegriffes den Begriff der L-Isomorphie $\mathcal{A} \simeq \mathcal{A}'$
einführen. Wir werden sehen, daß zwar Isomorphie immer elementare
Äquivalenz nach sich zieht, d.h.

$$\mathcal{A} \simeq \mathcal{A}' \quad \text{impliziert} \quad \mathcal{A} \equiv \mathcal{A}' \; ,$$

daß jedoch die Umkehrung im allgemeinen nicht gilt. Für endliche
L-Strukturen gilt die Umkehrung, jedoch nicht für unendliche. Wir
werden sehen, daß in der $\equiv$ -Äquivalenzklasse einer L-Struktur $\mathcal{A}$
mit unendlicher Trägermenge L-Strukturen beliebig großer Mächtigkeit liegen. (Man beachte, daß Isomorphie natürlich gleiche Mächtigkeit der Trägermengen, d.h. der Individuenbereiche, impliziert.)

Die in diesem Teil benutzten mengentheoretischen Begriffe findet
der Leser in jedem Buch über Mengenlehre. Die Kardinalzahl einer
Menge A bezeichnen wir mit card(A) .

2.1 Termmodelle

Es sei $L = (\lambda,\mu,K)$ eine formale Sprache, wie wir sie in Paragraph
1.2 eingeführt haben. Als <u>Mächtigkeit der Sprache</u> L bezeichnet
man die Kardinalzahl

$$\kappa_L := \max(\aleph_0, \; \text{card}(I), \; \text{card}(J), \; \text{card}(K)) \; .$$

Ist $\mathcal{A}$ eine L-Struktur, so verstehen wir unter der <u>Mächtigkeit</u>
<u>von</u> $\mathcal{A}$ die Mächtigkeit der Trägermenge $|\mathcal{A}|$ von $\mathcal{A}$.

Unser Ziel in diesem Paragraphen ist es, den folgenden Satz zu
zeigen:

SATZ 2.1 <u>Besitzt eine Aussagenmenge</u> $\Sigma \subset \mathrm{Aus}(L)$ <u>ein Modell unend-</u>
<u>licher Mächtigkeit, so besitzt sie zu jeder Kardinalzahl</u> $\kappa \geq \kappa_L$
<u>ein Modell der Mächtigkeit</u> κ .

Bevor wir diesen Satz beweisen, wollen wir einige generelle Vorüber-
legungen machen.

Für eine Sprache $L = (\lambda,\mu,K)$ mit den Stellenzahl-Funktionen
$\lambda: I \to \mathbb{N}$ und $\mu: J \to \mathbb{N}$ gilt:

$$\mathrm{card}(\mathrm{Tm}(L)) = \max(\aleph_0, \mathrm{card}(J), \mathrm{card}(K))$$
$$\mathrm{card}(\mathrm{Aus}(L)) = \mathrm{card}(\mathrm{Fml}(L)) = \kappa_L$$

Dies folgt aus der bekannten Tatsache, daß die Menge aller endlichen
Folgen mit Werten in einer unendlichen Menge M die gleiche Mächtigkeit wie M besitzt. Im ersten Fall nehmen wir die Menge

$$M = \mathrm{Vbl} \cup \{f_j \mid j \in J\} \cup \{c_k \mid k \in K\} \cup \{),(\} ,$$

deren Mächtigkeit gerade $\max(\aleph_0, \mathrm{card}(J), \mathrm{card}(K))$ ist. Da
einerseits jeder Term eine endliche Folge aus M ist und andererseits jedes v_n, jedes c_k und jedes $f_j(v_0,\ldots,v_0)$ für $j \in J$ ein
Term ist, erhalten wir die behauptete Gleichheit für $\mathrm{card}(\mathrm{Tm}(L))$.
Im zweiten Falle nehmen wir für M die Menge

$$\mathrm{Tm}(L) \cup \{R_i \mid i \in I\} \cup \{\neg \wedge \forall \doteq),(\}$$

deren Mächtigkeit gerade κ_L ist. Einerseits gilt $\mathrm{Aus}(L) \subset \mathrm{Fml}(L)$
und jede Formel ist eine endliche Folge von Elementen aus M .

Daraus ergibt sich

$$card(Aus(L)) \leq card(Fml(L)) \leq \kappa_L$$

Andererseits sind $\forall t \doteq t$ und $\forall v_o \, R_i(v_o, \ldots, v_o)$ für $t \in Tm(L)$ und $i \in I$ Aussagen von L , woraus sich die Abschätzung

$$\kappa_L \leq card(Aus(L))$$

ergibt.

Ausgehend von diesen Überlegungen wollen wir jetzt die Mächtigkeit des in Paragraph 1.4 konstruierten Termmodells zu einer Aussagenmenge $\Sigma \subset Aus(L)$ abschätzen. Wir haben also die Mächtigkeit der Menge

$$CT/\approx$$

der Äquivalenzklassen konstanter Terme der Erweiterungssprache L' abzuschätzen. Wegen

$$card(CT/\approx) \leq card(Tm(L')) \leq \kappa_{L'}$$

genügt es $\kappa_{L'}$ zu berechnen, um eine Abschätzung für $card(CT/\approx)$ zu erhalten. Wir erinnern uns daran, daß die Sprache L' die Vereinigung einer aufsteigenden Kette

$$L = L_o \subset L_1 \subset \ldots L_{n-1} \subset L_n \subset$$

war. Gelingt es uns, $\kappa_{L_n} \leq \kappa_L$ für jedes $n \in \mathbb{N}$ zu zeigen, so gilt offenbar $\kappa_{L'} \leq \kappa_L$ und damit $\kappa_{L'} = \kappa_L$. Diese Abschätzung erhalten wir aber mit Induktion über n . Für $n = 0$ ist dies trivial. Gilt sie für $n - 1$, so gilt sie auch für n : Die Sprache L_n entstand nämlich aus L_{n-1} durch Vergrößerung der Indexmenge

K_{n-1} um eine Menge M_n, die gleichmächtig zu einer Teilmenge von Aus(L_{n-1}) ist. Also gilt:

$$\kappa_{L_n} \leq \max(\kappa_{L_{n-1}}, \operatorname{card}(M_n)) \leq \kappa_{L_{n-1}} \leq \kappa_L$$

Wir sind nun in der Lage, den Beweis von Satz 2.1 zu führen.

Beweis: Ausgehend von der Sprache L und einer Kardinalzahl $\kappa \geq \kappa_L$ definieren wir eine Erweiterungssprache L_κ durch

$$I_\kappa = I \;,\quad J_\kappa = J \;,\quad K_\kappa = K \cup \{\nu \mid \nu < \kappa\}\;,$$

wobei wir annehmen, daß die letzte Vereinigung disjunkt ist. Eine L_κ-Struktur ist also eine L-Struktur, zu der noch die Interpretationen der Konstanten c_ν für $\nu < \kappa$ hinzukommen.

In der Sprache L_κ betrachten wir die Aussagenmenge

$$\Sigma_\kappa := \Sigma \cup \{c_\nu \neq c_\mu \mid \nu < \mu < \kappa\}$$

Diese Menge ist widerspruchsfrei nach dem Endlichkeitssatz 1.15: Jede endliche Teilmenge Π von Σ_κ ist nämlich enthalten in einer Menge der Gestalt

$$\Sigma \cup \{c_{\nu_1} \neq c_{\mu_1}, \ldots, c_{\nu_n} \neq c_{\mu_n}\}$$

für gewisse Ordinalzahlen $\nu_i < \mu_i < \kappa$ und $1 \leq i \leq n$. Diese Menge besitzt jedoch ein Modell, da nach Voraussetzung Σ ein unendliches Modell $\mathfrak{A}$ besitzt. Es genügt, zu $\mathfrak{A}$ eine Interpretation der neuen Konstanten c_ν für $\nu < \kappa$ so hinzuzunehmen, daß für $1 \leq i \leq n$ die Konstanten c_{ν_i} und c_{μ_i} verschieden interpretiert werden. Dies ist möglich, da die Trägermenge $|\mathfrak{A}|$ unendlich ist.

Zu Σ_κ nehmen wir jetzt das in 1.4 konstruierte Termmodell $\mathfrak{A}'$, wobei jetzt die Ausgangssprache für die Konstruktion dieses Modelles natürlich die Sprache L_κ ist. $\mathfrak{A}'$ ist also eine L-Struktur mit zusätzlicher Interpretation der Konstanten c_ν für $\nu < \kappa$ und aller im Übergang von L_κ zu L' neu auftretenden Konstanten. Die Restriktion $\mathfrak{B}$ von $\mathfrak{A}'$ auf die Sprache L_κ, die einfach durch Weglassen der Interpretation der zusätzlichen Konstanten entsteht, ist dann offenbar ein Modell von Σ. Wir zeigen, daß $|\mathfrak{B}|$ die Mächtigkeit κ besitzt.

Da $\mathfrak{A}'$ ein Modell von $\{c_\nu \neq c_\mu \mid \nu < \mu < \kappa\}$ ist, liefert die Interpretation

$$c_\nu \longmapsto c_\nu^{\mathfrak{A}'}$$

eine Injektion von $\{c_\nu \mid \nu < \kappa\}$ und damit von $\{\nu \mid \nu < \kappa\}$ in die Trägermenge von $\mathfrak{A}'$, die ja gleichzeitig Trägermenge von $\mathfrak{B}$ ist. Also gilt

$$\kappa \leq \mathrm{card}(|\mathfrak{B}|) \ .$$

Andererseits läßt sich, wie wir vorher gezeigt haben, die Mächtigkeit der Trägermenge des Termmodelles $\mathfrak{A}'$ nach oben durch die Mächtigkeit der Sprache L_κ abschätzen. Also gilt

$$\mathrm{card}(|\mathfrak{B}|) \leq \max(\aleph_0, \mathrm{card}(I), \mathrm{card}(J), \mathrm{card}(K \cup \{\nu \mid \nu < \kappa\}))$$
$$\leq \max(\kappa_L, \kappa) \leq \kappa$$

Hieraus folgt die behauptete Gleichheit $\mathrm{card}(|\mathfrak{B}|) = \kappa$.

q.e.d.

Aus diesem Satz erhalten wir nun sofort, daß in der $\equiv$ - Äquivalenzklasse einer unendlichen L-Struktur $\mathcal{A}$ Strukturen beliebig großer Mächtigkeit liegen. Dazu betrachte man einfach die folgende Menge von L-Aussagen:

$$\mathrm{Th}\,(\mathcal{A}) \ := \ \{\varphi \in \mathrm{Aus}\,(L) \mid \mathcal{A} \models \varphi \,\}$$

$\mathrm{Th}\,(\mathcal{A})$ wurde in 1.6 als die L-<u>Theorie</u> von $\mathcal{A}$ bezeichnet. Jedes Modell von $\mathcal{B}$ von $\mathrm{Th}\,(\mathcal{A})$ ist offensichtlich elementar äquivalent zu $\mathcal{A}$. Aus $\mathcal{A} \models \varphi$ folgt nämlich $\varphi \in \mathrm{Th}\,(\mathcal{A})$ und damit $\mathcal{B} \models \varphi$. Umgekehrt folgt aus $\mathcal{A} \nvDash \varphi$ natürlich $\neg\,\varphi \in \mathrm{Th}\,(\mathcal{A})$ und damit $\mathcal{B} \nvDash \varphi$. Wenden wir also Satz 2.1 auf die Menge $\Sigma = \mathrm{Th}\,(\mathcal{A})$ an, so erhalten wir das

KOROLLAR 2.2 <u>Zu jeder L-Struktur</u> $\mathcal{A}$ <u>unendlicher Mächtigkeit und jeder Kardinalzahl</u> $\kappa \geq \kappa_L$ <u>gibt es eine L-Struktur</u> $\mathcal{B}$ <u>der Mächtigkeit</u> κ , <u>die zu</u> $\mathcal{A}$ <u>elementar äquivalent ist</u>.

Dies hat, wie wir im nächsten Paragraphen sehen werden, zur Folge, daß keine unendliche L-Struktur durch ein Axiomensystem $\Sigma \subset \mathrm{Aus}(L)$ bis auf Isomorphie charakterisiert werden kann.

2.2 Morphismen von Strukturen

Für zwei L-Strukturen $\mathcal{A}$ und $\mathcal{A}'$ nennen wir eine Abbildung $\tau:|\mathcal{A}| \to |\mathcal{A}'|$ einen L-<u>Isomorphismus</u>, wenn sie folgenden Bedingungen genügt:

(I_1) $\tau:|\mathcal{A}| \to |\mathcal{A}'|$ ist bijektiv ,

(I_2) $\tau(f_j^{\mathcal{A}}(a_1,\ldots,a_{\mu(j)})) = f_j^{\mathcal{A}'}(\tau(a_1),\ldots,\tau(a_{\mu(j)}))$ für alle

    $j \in J$ und alle $a_1,\ldots,a_{\mu(j)} \in |\mathcal{A}|$,

(I_3) $R_i^{\mathcal{A}}(a_1,\ldots,a_{\lambda(i)})$ gdw $R_i^{\mathcal{A}'}(\tau(a_1),\ldots,\tau(a_{\lambda(i)}))$ für alle

    $i \in I$ und alle $a_1,\ldots,a_{\lambda(i)} \in |\mathcal{A}|$,

(I_4) $\tau(c_k^{\mathcal{A}}) = c_k^{\mathcal{A}'}$ für alle $k \in K$.

Sind alle diese Bedingungen erfüllt, so schreiben wir dafür auch kurz

$$\tau : \mathcal{A} \leftrightarrow \mathcal{A}'$$

Erfüllt die Abbildung $\tau:|\mathcal{A}| \to |\mathcal{A}'|$ die Bedingungen $(I_2),(I_3)$ und (I_4), ist aber nur injektiv, so sprechen wir von einem <u>Monomorphismus</u> oder einer <u>Einbettung</u> und schreiben

$$\tau : \mathcal{A} \rightarrowtail \mathcal{A}' \quad .$$

Gibt es zwischen $\mathcal{A}$ und $\mathcal{A}'$ einen Isomorphismus, so nennen wir $\mathcal{A}$ und $\mathcal{A}'$ <u>isomorph</u> und schreiben

$$\mathcal{A} \simeq \mathcal{A}' \quad .$$

Gibt es eine Einbettung von $\mathcal{A}$ in $\mathcal{A}'$, so heißt $\mathcal{A}$ <u>einbettbar</u> in $\mathcal{A}'$ und wir schreiben

$$\mathcal{O} \hookrightarrow \mathcal{O}' \ .$$

Ein Isomorphismus von $\mathcal{O}$ mit sich selbst heißt wie üblich

__Automorphismus__.

Wir bemerken noch für später, daß man die Bedingungen (I_2) und

(I_4) in eine Form analog zu (I_3) bringen kann, nämlich:

$(I_2')\quad f_j^{\mathcal{O}}(a_1,\ldots,a_{\mu(j)}) = d \quad$ impliziert $\quad f_j^{\mathcal{O}'}(\tau(a_1),\ldots,\tau(a_{\mu(j)})) = \tau(d)$

$\qquad\qquad$ für alle $j \in J$ und $a_1,\ldots,a_{\mu(j)}, d \in |\mathcal{O}|$,

$(I_4')\quad c_k^{\mathcal{O}} = d \quad$ impliziert $\quad c_k^{\mathcal{O}'} = \tau(d) \quad$ für alle $k \in K$ und $d \in |\mathcal{O}|$.

Die Gleichwertigkeit mit (I_2) bzw. (I_4) ist unmittelbar klar. Daß

hierbei nicht wie in (I_3) eine Äquivalenz, sondern eine Implikation

schon ausreichend ist, liegt daran, daß d z.B. in (I_2') durch

die Argumente $a_1,\ldots,a_{\mu(j)}$ schon eindeutig festgelegt ist.

__SATZ 2.3__ __Es seien__ $\mathcal{O}$ __und__ $\mathcal{O}'$ L-__Strukturen und__ $\tau : \mathcal{O} \leftrightarrow \mathcal{O}'$ __ein__

__Isomorphismus. Dann gilt für jede L-Formel__ φ __und jede Belegung__

h __in__ $\mathcal{O}$:

$$\mathcal{O} \vDash \varphi \ [h] \qquad \text{gdw} \qquad \mathcal{O}' \vDash \varphi \ [\tau \circ h]$$

__Insbesondere sind__ $\mathcal{O}$ __und__ $\mathcal{O}'$ __elementar äquivalent.__

__Beweis:__ Da h eine Belegung in $\mathcal{O}$ ist, wird $\tau \circ h$ zu einer

Belegung in $\mathcal{O}'$. Wir setzen $h' = \tau \circ h$. Für Terme $t \in \mathrm{Tm}(L)$

erhalten wir dann

$$\tau(t^{\mathcal{O}}[h]) = t^{\mathcal{O}'}[h']$$

durch Induktion über ihren Aufbau: Für Konstanten c_k ist dies gerade die Bedingung (I_4) . Für Variablen x ist es trivial wegen

$$\tau(x^{\mathfrak{A}}[h]) = \tau(h(x)) = h'(x) = x^{\mathfrak{A}'}[h']$$

Für Terme $f_j(t_1,\ldots,t_{\mu(j)})$ folgt es mit der Induktionsvoraussetzung und (I_2) :

$$\begin{aligned}
\tau(f_j(t_1,\ldots,t_{\mu(j)})^{\mathfrak{A}}[h]) &= \tau(f_j^{\mathfrak{A}}(t_1^{\mathfrak{A}}[h],\ldots,t_{\mu(j)}^{\mathfrak{A}}[h])) \\
&= f_j^{\mathfrak{A}'}(\tau(t_1^{\mathfrak{A}}[h]),\ldots,\tau(t_{\mu(j)}^{\mathfrak{A}}[h])) \\
&= f_j^{\mathfrak{A}'}(t_1^{\mathfrak{A}'}[h'],\ldots,t_{\mu(j)}^{\mathfrak{A}'}[h']) \\
&= f_j(t_1,\ldots,t_{\mu(j)})^{\mathfrak{A}'}[h']
\end{aligned}$$

Damit können wir jetzt die Äquivalenz

$$\mathfrak{A} \models \varphi\,[h] \quad \text{gdw} \quad \mathfrak{A}' \models \varphi\,[h']$$

durch Induktion über den Aufbau der Formel φ zeigen.

Für die Primformel $t_1 \doteq t_2$ erhalten wir wegen der Injektivität von τ :

$$\begin{aligned}
\mathfrak{A} \models t_1 \doteq t_2\,[h] \quad &\text{gdw} \quad t_1^{\mathfrak{A}}[h] = t_2^{\mathfrak{A}}[h] \\
&\text{gdw} \quad \tau(t_1^{\mathfrak{A}}[h]) = \tau(t_2^{\mathfrak{A}}[h]) \\
&\text{gdw} \quad t_1^{\mathfrak{A}'}[h'] = t_2^{\mathfrak{A}'}[h'] \\
&\text{gdw} \quad \mathfrak{A}' \models t_1 \doteq t_2\,[h']
\end{aligned}$$

Für die Primformel $R_i(t_1,\ldots,t_{\lambda(i)})$ folgt wegen (I_3) :

$$\begin{aligned}
\mathfrak{A} \models R_i(t_1,\ldots,t_{\lambda(i)})\,[h] \quad &\text{gdw} \quad R_i^{\mathfrak{A}}(t_1^{\mathfrak{A}}[h],\ldots,t_{\lambda(i)}^{\mathfrak{A}}[h]) \\
&\text{gdw} \quad R_i^{\mathfrak{A}'}(\tau(t_1^{\mathfrak{A}}[h]),\ldots,\tau(t_{\lambda(i)}^{\mathfrak{A}}[h])) \\
&\text{gdw} \quad R_i^{\mathfrak{A}'}(t_1^{\mathfrak{A}'}[h'],\ldots,t_{\lambda(i)}^{\mathfrak{A}'}[h']) \\
&\text{gdw} \quad \mathfrak{A}' \models R_i(t_1,\ldots,t_{\lambda(i)})\,[h']
\end{aligned}$$

Für die Formel $\neg\,\psi$ folgt mit Induktionsvoraussetzung:

$$\mathcal{A} \vDash \neg\,\psi\ [h] \quad \text{gdw} \quad \mathcal{A} \nvDash \psi\ [h]$$
$$\text{gdw} \quad \mathcal{A}' \nvDash \psi\ [h']$$
$$\text{gdw} \quad \mathcal{A}' \vDash \neg\,\psi\ [h']$$

Für die Formel $(\psi_1 \wedge \psi_2)$ folgt analog mit der Induktionsvoraussetzung:

$$\mathcal{A} \vDash (\psi_1 \wedge \psi_2)\ [h] \quad \text{gdw} \quad (\mathcal{A} \vDash \psi_1\ [h]\ \text{und}\ \mathcal{A} \vDash \psi_2\ [h])$$
$$\text{gdw} \quad (\mathcal{A}' \vDash \psi_1\ [h']\ \text{und}\ \mathcal{A}' \vDash \psi_2\ [h'])$$
$$\text{gdw} \quad (\mathcal{A}' \vDash (\psi_1 \wedge \psi_2)\ [h'])$$

Im Falle der Formel $\forall x\,\psi$ erhalten wir durch Anwendung der Induktionsvoraussetzung auf die Formel ψ und die Belegungen $h\binom{x}{a}$ für $a \in |\mathcal{A}|$ mit Hilfe der Surjektivität von τ :

$$\mathcal{A} \vDash \forall x\psi\ [h] \quad \text{gdw} \quad \mathcal{A} \vDash \psi\ [h\binom{x}{a}]\ \text{ für alle }\ a \in |\mathcal{A}|$$
$$\text{gdw} \quad \mathcal{A}' \vDash \psi\ [\tau \circ (h\binom{x}{a}))]\ \text{ für alle }\ a \in |\mathcal{A}|$$
$$\text{gdw} \quad \mathcal{A}' \vDash \psi\ [h'\binom{x}{\tau(a)})]\ \text{ für alle }\ a \in |\mathcal{A}|$$
$$\text{gdw} \quad \mathcal{A}' \vDash \psi\ [h'\binom{x}{a'})]\ \text{ für alle }\ a' \in |\mathcal{A}'|$$
$$\text{gdw} \quad \mathcal{A}' \vDash \forall x\,\psi\ [h']$$

Wegen der Surjektivität von τ durchläuft $a' = \tau(a)$ nämlich ganz $|\mathcal{A}'|$, falls a die Trägermenge $|\mathcal{A}|$ durchläuft.

Die Behauptung $\mathcal{A} \equiv \mathcal{A}'$ erhält man nun, wenn man die soeben bewiesene Äquivalenz auf L-Aussagen anwendet.

q.e.d.

Damit haben wir also für L-Strukturen $\mathcal{A}$ and $\mathcal{A}'$ bewiesen:

$$\mathcal{A} \simeq \mathcal{A}' \quad \text{impliziert} \quad \mathcal{A} \equiv \mathcal{A}'$$

Wann die Umkehrung dieser Implikation gilt, wird uns Satz 2.5

sagen. Zuvor wollen wir jedoch noch eine Bemerkung zum Beweis

von Satz 2.3 machen.

Bemerkung 2.4: <u>Ist die Abbildung</u> $\tau : |\mathcal{A}| \rightarrow |\mathcal{A}'|$ <u>ein Monomorphismus</u>

<u>von</u> $\mathcal{A}$ <u>in</u> $\mathcal{A}'$, <u>so gilt für alle quantorenfreien Formeln</u> φ <u>und</u>

<u>alle Belegungen</u> h in $\mathcal{A}$:

$$\mathcal{A} \models \varphi \ [h] \quad \underline{\text{gdw}} \quad \mathcal{A}' \models \varphi \ [\tau \circ h]$$

<u>Gilt umgekehrt diese Äquivalenz für quantorenfreie Formeln, so</u>

<u>ist</u> τ <u>ein Monomorphismus.</u>

<u>Beweis</u>: Da im Beweis von Satz 2.3 die Surjektivität von τ nur

im Falle einer Allformel $\forall x \, \psi$ benutzt wurde, ist klar, daß obige

Äquivalenz für alle Formeln gilt, bei deren Aufbau kein Quantor

$\forall x$ benutzt wurde. Dies sind gerade die quantorenfreien Formeln.

Setzt man umgekehrt obige Äquivalenz voraus und wendet man sie für

passende Belegungen h   auf die quantorenfreien Formeln

$$R_i(v_1,\ldots,v_{\lambda(i)}) \qquad \text{für} \ \ i \in I$$
$$f_j(v_1,\ldots,v_{\mu(j)}) \doteq v_0 \qquad \text{für} \ \ j \in J$$
$$c_k \doteq v_0 \qquad \text{für} \ \ k \in K$$

an, so erhält man der Reihe nach die Bedingungen (I_3) , (I_2') und

(I_4'). Anwendung der Äquivalenz auf die Formel

$$v_0 \neq v_1$$

ergibt schließlich die Injektivität von τ .

$$q.e.d.$$

SATZ 2.5 <u>Die L-Strukturen</u> $\mathfrak{A}$ <u>endlicher Mächtigkeit und nur diese</u>
<u>lassen sich bis auf L-Isomorphie 'charakterisieren', d.h. es gibt</u>
<u>eine Menge</u> $\Sigma \subset$ Aus(L), <u>so daß für</u> L-<u>Strukturen</u> $\mathfrak{A}'$ <u>gilt</u>:

$$\mathfrak{A}' \vDash \Sigma \qquad \underline{\text{gdw}} \qquad \mathfrak{A}' \simeq \mathfrak{A}$$

<u>Beweis</u>: Gibt es eine Menge $\Sigma \subset$ Aus(L) mit

$$\mathfrak{A}' \vDash \Sigma \qquad \text{gdw} \qquad \mathfrak{A}' \simeq \mathfrak{A}$$

für alle L-Strukturen $\mathfrak{A}'$, so gilt insbesondere $\Sigma \subset$ Th($\mathfrak{A}$) .
Damit können wir uns gleich auf den Fall $\Sigma =$ Th($\mathfrak{A}$) beschränken.

Wie wir in Korollar 2.2 gesehen haben, gibt es zu jedem unendlichen
$\mathfrak{A}$ ein elementar äquivalentes $\mathfrak{A}'$ mit einer Mächtigkeit
$\kappa >$ card($|\mathfrak{A}|$) . Also gilt zwar $\mathfrak{A}' \vDash$ Th($\mathfrak{A}$) , jedoch nicht $\mathfrak{A} \simeq \mathfrak{A}'$.

Für endliche L-Strukturen $\mathfrak{A}$, d.h. für L-Strukturen $\mathfrak{A}$ mit
endlicher Trägermenge $|\mathfrak{A}|$ behandeln wir zuerst den Fall, daß
die <u>Indexmengen</u> I, J, K ebenfalls <u>endlich</u> sind. In diesem Falle
werden wir eine einzige Aussage $\alpha \in$ Th($\mathfrak{A}$) finden, so daß für
L-Strukturen $\mathfrak{A}'$ gilt:

$$\mathfrak{A}' \vDash \alpha \qquad \text{impliziert} \qquad \mathfrak{A} \simeq \mathfrak{A}' .$$

α wird die Konjunktion von endlich vielen L-Aussagen sein, die
alle in $\mathfrak{A}$ gelten. Als erstes Konjunktionsglied wollen wir eine
Aussage nehmen, die sicherstellt, daß $|\mathfrak{A}'|$ höchstens so viele

Elemente besitzt wie $|\mathcal{U}|$. Hat $|\mathcal{U}|$ gerade n Elemente, so verwenden wir dafür die Anzahlaussage

$$\alpha_{\leq n} := \exists\, v_1,\ldots,v_n \;\; \forall v_o(v_o \doteq v_1 \vee \ldots \vee v_o \doteq v_n)$$

Gilt $\alpha_{\leq n}$ in $\mathcal{U}'$, so hat $|\mathcal{U}'|$ offenbar höchstens n Elemente. Seien jetzt $a_1,\ldots,a_n$ die Elemente von $|\mathcal{U}|$. Für eine Belegung h in $\mathcal{U}$ mit $h(v_i) = a_i$ für $1 \leq i \leq n$ betrachten wir die Menge Φ aller Formeln, die zum einen bei der Belegung h in $\mathcal{U}$ gelten und zum anderen von einem der folgenden fünf Typen sind:

$$x_o \neq x_1$$
$$R_i(x_1,\ldots,x_{\lambda(i)}) \qquad \text{mit} \qquad i \in I$$
$$\neg\, R_i(x_1,\ldots,x_{\lambda(i)}) \qquad \text{mit} \qquad i \in I$$
$$f_j(x_1,\ldots,x_{\mu(j)}) \doteq x_o \;\text{mit} \qquad j \in J$$
$$c_k \doteq x_o \qquad\qquad\qquad \text{mit} \qquad k \in K$$

und $x_o, x_1,\ldots \in \{v_1,\ldots,v_n\}$. Man überzeugt sich leicht davon, daß Φ eine endliche Menge ist. Es sei $\bigwedge \Phi$ die Konjunktion aller Formeln aus Φ . Die gesuchte Aussage ist dann

$$\alpha := (\alpha_{\leq n} \wedge \exists\, v_1,\ldots,v_n \bigwedge \Phi)$$

Gilt α in $\mathcal{U}'$, so hat erstens $|\mathcal{U}'|$ höchstens n Elemente und zweitens gibt es eine Belegung h' in $\mathcal{U}'$ mit $\mathcal{U}' \models \varphi\,[h']$ für alle $\varphi \in \Phi$. Setzen wir jetzt $\tau(a_i) = h'(v_i)$ für $1 \leq i \leq n$, so erhalten wir eine Abbildung

$$\tau : |\mathcal{U}| \to |\mathcal{U}'| \; ,$$

so daß für alle Formeln φ von einem der obigen fünf Typen gilt:

$$\mathfrak{A} \models \varphi \, [h] \qquad \text{impliziert} \qquad \mathfrak{A}' \models \varphi \, [\tau \circ h] \, ,$$

da auf den freien Variablen von φ die Belegungen h' und $\tau \circ h$ übereinstimmen. Die Gültigkeit dieser Implikation hat aber gerade die Injektivität von τ und die Bedingungen (I_3), (I_2') und (I_4') zur Folge. Also ist τ ein Monomorphismus von $\mathfrak{A}$ in $\mathfrak{A}'$ und, da $\mathfrak{A}'$ höchstens n Elemente hat, sogar ein Isomorphismus.

Wir kehren jetzt zum Fall beliebiger Indexmengen I, J und K zurück und nehmen an, $\mathfrak{A}'$ sei ein Modell von $\mathrm{Th}(\mathfrak{A})$. Wegen $\alpha_{\leq n} \in \mathrm{Th}(\mathfrak{A})$ hat $|\mathfrak{A}'|$ dann höchstens n Elemente. Also kann es nur endlich viele Abbildungen $\tau : |\mathfrak{A}| \to |\mathfrak{A}'|$ geben. Diese seien etwa $\tau_1, \ldots, \tau_m$. Wir nehmen an, keine dieser Abbildungen sei ein Isomorphismus. Ist τ_ν kein Isomorphismus, so ist τ_ν nicht injektiv oder es gibt einen Index $j \in J$ oder $i \in I$ oder $k \in K$, so daß eine der Bedingungen in $(I_2),(I_3)$ oder (I_4) für τ_ν nicht erfüllt ist. Zu jedem injektiven τ_ν für $1 \leq \nu \leq m$ fixieren wir einen solchen 'Stör-index'. Insgesamt fixieren wir also höchstens m solcher Störindizes; sie liegen in gewissen endlichen Teilmengen I_1 von I, J_1 von J und K_1 von K . Diese Teilmengen definieren eine Teilsprache L_1 von L . Es seien $\mathfrak{A}_1$ und $\mathfrak{A}_1'$ die Einschränkungen der L-Strukturen $\mathfrak{A}$ und $\mathfrak{A}'$ auf die Sprache L_1 (sie entstehen einfach durch Weglassen der Interpretationen von R_i für $i \in I \smallsetminus I_1$, von f_j für $j \in J \smallsetminus J_1$ und von c_k für $k \in K \smallsetminus K_1$). Nach dem oben bewiesenen Spezialfall gibt es nun einen Isomorphismus $\tau : \mathfrak{A}_1 \leftrightarrow \mathfrak{A}_1'$. Da $\mathfrak{A}_1$ und $\mathfrak{A}_1'$ die gleiche Trägermenge wie $\mathfrak{A}$ bzw. $\mathfrak{A}'$ haben, muß τ mit einer der Abbildungen τ_ν übereinstimmen. Dann kann aber τ kein Isomorphismus von $\mathfrak{A}_1$ und $\mathfrak{A}_1'$ sein, da in I_1, J_1 oder K_1 der zu τ_ν gehörige

Störindex liegt. Dieser Widerspruch zeigt, daß eine der Abbildungen $\tau_1,\ldots,\tau_m$ doch ein Isomorphismus von $\mathcal{O}$ und $\mathcal{O}'$ sein muß.

$$q.e.d.$$

Wir wollen nun noch eine suggestive Schreibweise für $\mathcal{O} \models \varphi[h]$ einführen, die von der Tatsache (Lemma 1.10) Gebrauch macht, daß die Gültigkeit einer Formel φ in $\mathcal{O}$ nur von der Belegung der freien Variablen von φ abhängt. Ist $Fr(\varphi) \subset \{v_o,\ldots,v_n\}$ und sind $a_o,\ldots,a_n \in |\mathcal{O}|$, so wollen wir einfach

$$\mathcal{O} \models \varphi[a_o,\ldots,a_n]$$

für $\mathcal{O} \models \varphi[h]$ schreiben, wobei h irgendeine Belegung in $\mathcal{O}$ mit $a_\nu = h(v_\nu)$ für $0 \leq \nu \leq n$ ist. Für $\mathcal{O} \models \varphi[h(\tfrac{x}{a})]$ schreiben wir dann auch

$$\mathcal{O} \models \varphi[a_o,\ldots,a_n,(\tfrac{x}{a})] \ .$$

Unter Benutzung dieser Schreibweise läßt sich die Aussage von Satz 2.3 dann folgendermaßen ausdrücken: Für jede L-Formel φ mit $Fr(\varphi) \subset \{v_o,\ldots,v_n\}$ und alle $a_o,\ldots,a_n \in |\mathcal{O}|$ gilt

$$\mathcal{O} \models \varphi[a_o,\ldots,a_n] \quad \text{gdw} \quad \mathcal{O}' \models \varphi[\tau(a_o),\ldots,\tau(a_n)] \ .$$

2.3 Substrukturen

In diesem Paragraphen werden wir eine 'relative' Konstruktionsmethode kennenlernen, die auf Löwenheim und Skolem zurückgeht.
Sie erlaubt es, von einer unendlichen L-Struktur $\mathcal{A}$ ausgehend,
eine sogenannte elementare Substruktur $\mathcal{B}$ zu konstruieren, die
gewissen Nebenbedingungen genügt. $\mathcal{B}$ wird insbesondere elementar
äquivalent zu $\mathcal{A}$ sein. Doch zunächst zu den Definitionen von
'Substruktur' und 'elementarer Substruktur'!

Eine L-Struktur $\mathcal{B}$ heißt <u>Substruktur</u> einer L-Struktur $\mathcal{A}$, falls
$|\mathcal{B}| \subset |\mathcal{A}|$ und die Identitätsfunktion $\mathrm{id}:|\mathcal{B}| \to |\mathcal{A}|$ eine Einbettung
ist. Dies bedeutet, daß für $a_1, \ldots \in |\mathcal{B}|$ gilt:

$$f_j^{\mathcal{B}}(a_1, \ldots) = f_j^{\mathcal{A}}(a_1, \ldots) \qquad \text{für} \quad j \in J$$

$$R_i^{\mathcal{B}}(a_1, \ldots) \ \text{gdw}\ R_i^{\mathcal{A}}(a_1, \ldots) \qquad \text{für} \quad i \in I$$

$$c_k^{\mathcal{B}} = c_k^{\mathcal{A}} \qquad \text{für} \quad k \in K$$

Ist $\mathcal{B}$ Substruktur von $\mathcal{A}$, so heißt $\mathcal{A}$ auch <u>Erweiterungsstruktur</u>
von $\mathcal{B}$; wir schreiben dafür $\mathcal{B} \subset \mathcal{A}$.

Für eine Substruktur $\mathcal{B}$ von $\mathcal{A}$ besitzt die Teilmenge $B = |\mathcal{B}|$
von $\mathcal{A}$ die folgenden beiden Eigenschaften:

(i)   B ist abgeschlossen unter den Funktionen $f_j^{\mathcal{A}}$, d.h. für
$a_1, \ldots, a_{\mu(j)} \in B$ ist auch $f_j^{\mathcal{A}}(a_1, \ldots, a_{\mu(j)}) \in B$,

(ii) die Konstanteninterpretationen $c_k^{\mathcal{A}}$ liegen in B .

Erfüllt eine Teilmenge B von $|\mathcal{A}|$ diese beiden Bedingungen, so
ist die L-Struktur

$$\mathcal{B} := <B; (R_i^{\mathcal{A}}|_B)_{i \in I} ; (f_j^{\mathcal{A}}|_B)_{j \in J} ; (c_k^{\mathcal{A}})_{k \in K}>$$

offenbar eine Substruktur von $\mathcal{A}$, die <u>durch</u> B <u>definierte</u> Sub-
struktur. Dabei sind $R_i^{\mathcal{A}}|_B$ und $f_j^{\mathcal{A}}|_B$ die Einschränkungen der
Relationen $R_i^{\mathcal{A}}$ und Funktionen $f_j^{\mathcal{A}}$ auf B .

Betrachten wir kurz ein Beispiel. Es sei

$$\mathcal{A} = < \mathbb{R} ; +, \cdot, - ; 0,1 > ,$$

wobei $+, \cdot$ und $-$ als 2-stellige Operationen auf $\mathbb{R}$ verstanden
werden. 0 und 1 haben ihre übliche Bedeutung. Die Teilmenge der
ganzen Zahlen $\mathbb{Z}$ definiert dann nach obigen Verfahren eine Substruktur von $\mathcal{A}$. Die Menge der natürlichen Zahlen $\mathbb{N}$ definiert
keine Substruktur, da sie nicht unter der Subtraktion abgeschlossen
ist. Die Menge $2\mathbb{Z}$ der geraden ganzen Zahlen definiert ebenfalls
keine Substruktur, da sie die Zahl 1 nicht enthält.

Eine Substruktur $\mathcal{B}$ von $\mathcal{A}$ heißt <u>elementare Substruktur</u>, falls
für alle L-Formeln φ und alle Belegungen h in $\mathcal{B}$ gilt:

$$\mathcal{B} \models \varphi [h] \quad \text{gdw} \quad \mathcal{A} \models \varphi [h] \quad .$$

Ist $\mathcal{B}$ elementare Substruktur von $\mathcal{A}$, so schreiben wir dafür
$\mathcal{B} \prec \mathcal{A}$. Offensichtlich gilt

$$\mathcal{B} \prec \mathcal{A} \quad \text{impliziert} \quad \mathcal{B} \equiv \mathcal{A}$$

Hiervon gilt nicht die Umkehrung, wie folgendes Beispiel lehrt.
Es sei $\mathbb{N}^+ = \mathbb{N} \setminus \{0\}$. Dann gilt

$$<\mathbb{N}^+ ; \leq > \subset <\mathbb{N} ; \leq > \quad ,$$

wobei die Relation $\leq$ jeweils auf dem entsprechenden Bereich zu verstehen ist. Weiter gilt

$$< \mathbb{N}^+ \, ; \, \leq \, > \; \simeq \; < \mathbb{N} \, ; \, \leq \, > \quad ,$$

wobei der Isomorphismus durch $a \mapsto a - 1$ vermittelt wird. Also gilt nach Satz 2.3

$$< \mathbb{N}^+ \, ; \, \leq \, > \; \equiv \; < \mathbb{N} \, ; \, \leq \, > \quad .$$

Die Substruktur $< \mathbb{N}^+ \, ; \, \leq \, >$ von $< \mathbb{N} \, ; \, \leq \, >$ ist jedoch keine elementare Substruktur, da die Formel $\forall v_1 \; v_0 \leq v_1$ bei einer Belegung h in $\mathcal{B}$ mit $h(v_0) = 1$ zwar in $< \mathbb{N}^+ \, ; \, \leq \, >$ gilt, jedoch nicht in $< \mathbb{N} \, ; \, \leq \, >$.

Aus dem folgenden hinreichenden Kriterium für elementare Substrukturbeziehung erhält man leicht die Richtigkeit von

$$< \mathbb{Q} \, ; \, < \, > \; \prec \; < \mathbb{R} \, ; \, < \, > \, .$$

LEMMA 2.6 <u>Es sei</u> $\mathcal{B}$ <u>eine Substruktur von</u> $\mathcal{A}$. <u>Gibt es zu je</u> <u>endlich vielen Elementen</u> $a_1, \ldots, a_m \in |\mathcal{B}|$ <u>und zu jedem</u> $a \in |\mathcal{A}|$ <u>einen Automorphismus</u> τ <u>von</u> $\mathcal{A}$ <u>mit</u> $\tau(a_i) = a_i$ <u>für</u> $1 \leq i \leq m$ <u>und</u> $\tau(a) \in |\mathcal{B}|$, <u>so ist</u> $\mathcal{B}$ <u>elementare Substruktur von</u> $\mathcal{A}$.

<u>Beweis</u>: Wir zeigen durch Induktion über den Formelaufbau für alle Formeln φ und alle Belegungen h in $\mathcal{B}$:

$$\mathcal{B} \vDash \varphi \, [h] \qquad \text{gdw} \qquad \mathcal{A} \vDash \varphi \, [h] \, .$$

Dieser Nachweis ist völlig analog zu dem im Beweis von Satz 2.3 durchgeführten, wenn man dort $\tau = \text{id}$ setzt. Der einzige Induktionsschritt, der hier anders verläuft, ist der, in dem wir annehmen,

φ sei von der Gestalt $\forall x\psi$. Den Nachweis der obigen Äquivalenz

zerlegen wir in zwei Teile:

1. Falls $\mathcal{A} \models \forall x\psi$ [h], so haben wir $\mathcal{A} \models \psi$ [h$(_a^x)$] für alle $a \in |\mathcal{A}|$.
   Für alle $a \in |\mathcal{B}|$ ist dann h$(_a^x)$ eine Belegung in $\mathcal{B}$, was nach
   Induktionsvoraussetzung zu $\mathcal{B} \models \psi$ [h$(_a^x)$] führt. Nach Definition
   der Gültigkeit haben wir also schließlich $\mathcal{B} \models \forall x\psi$ [h] .

2. Falls $\mathcal{A} \not\models \forall x\psi$ [h] ,   so gibt es ein $a \in |\mathcal{A}|$ mit
   $\mathcal{A} \not\models \psi$ [h$(_a^x)$] . Die freien Variablen von $\forall x\psi$ seien genau
   $x_1,\ldots,x_n$. Wir wählen einen Automorphismus τ von $\mathcal{A}$ mit
   $\tau(h(x_i)) = h(x_i)$ für $1 \le i \le n$ und $\tau(h(_a^x)(x)) = \tau(a) \in |\mathcal{B}|$.
   Wendet man Satz 2.3 auf den Automorphismus τ von $\mathcal{A}$ an, so
   erhalten wir $\mathcal{A} \not\models \psi$ [$\tau \circ$ h$(_a^x)$] aus der Voraussetzung $\mathcal{A} \not\models \psi$ [h$(_a^x)$].
   Da $\tau \circ$ h und h nach Konstruktion auf den freien Variablen
   von $\forall x\psi$ übereinstimmen, stimmen $\tau \circ$ h$(_a^x)$ = $(\tau \circ$ h$)(_{\tau(a)}^x)$ und
   h$(_{\tau(a)}^x)$ auf den freien Variablen von ψ überein. Mit Lemma 1.10
   erhalten wir also $\mathcal{A} \not\models \psi$ [h$(_{\tau(a)}^x)$]. Die Induktionsvoraussetzung
   ergibt dann $\mathcal{B} \not\models \psi$ [h$(_{\tau(a)}^x)$], was schließlich zu $\mathcal{B} \not\models \forall x\psi$ [h]
   führt.

q.e.d.

So wie sich der Substrukturbegriff als Spezialfall des Einbettungs-
begriffes verstehen läßt, so kann man auch den Begriff der elementaren Substruktur als Spezialfall des allgemeineren Begriffes einer
elementaren Einbettung verstehen. Eine Einbettung $\tau : \mathcal{A} \to \mathcal{A}'$ von
L-Strukturen heißt <u>elementare Einbettung</u>, falls für jede Formel φ
und jede Belegung h in $\mathcal{A}$ gilt:

$$\mathcal{A} \models \varphi \, [h] \qquad \text{gdw} \qquad \mathcal{A}' \models \varphi \, [\tau \circ h] \; .$$

Auf L-Aussagen angewandt folgt daraus insbesondere $\mathcal{A} \equiv \mathcal{A}'$.

Wir kommen nun zu der schon angekündigten Konstruktionsmethode von Löwenheim und Skolem.

SATZ 2.7 <u>Es sei</u> $\mathcal{A}$ <u>eine L-Struktur unendlicher Mächtigkeit und</u> B_0 <u>eine Teilmenge von</u> $|\mathcal{A}|$. <u>Dann gibt es eine elementare Sub-struktur</u> $\mathcal{B}$ <u>von</u> $\mathcal{A}$ <u>mit</u> $B_0 \subset |\mathcal{B}|$ <u>und</u> $\mathrm{card}(|\mathcal{B}|) \leq \max(\kappa_L, \mathrm{card}(B_0))$. <u>Ist zusätzlich</u> $\kappa_L \leq \mathrm{card}(B_0)$, <u>so folgt</u> $\mathrm{card}(|\mathcal{B}|) = \mathrm{card}(B_0)$.

<u>Beweis</u>: Hält man sich den Beweis von Lemma 2.6 vor Augen, so wird klar, daß man die Trägermenge B von $|\mathcal{B}|$ so zu konstruieren hat, daß sie erstens eine Substruktur von $\mathcal{A}$ definiert und sich zweitens zu jeder 'Existenzbehauptung' in $\mathcal{A}$ (mit Parametern aus B) ein Bei-spiel in B findet. Dies wird durch die folgende Konstruktion garantiert.

Zu jeder Existenzformel $\varphi = \exists x \psi$ mit n_φ als höchstem Index einer freien Variablen von φ (ist φ eine Aussage, so setzen wir $n_\varphi = -1$) definieren wir eine $n_\varphi + 1$-stellige Funktion g_φ auf $A = |\mathcal{A}|$ folgendermaßen: Sind $a_0, \ldots, a_{n_\varphi}$ aus A und ist h eine Belegung mit $h(v_\nu) = a_\nu$ für $0 \leq \nu \leq n_\varphi$, so sei

$$g_\varphi(a_0, \ldots, a_{n_\varphi}) \text{ ein } a \in A \text{ mit } \mathcal{A} \models \psi \, [h(\tfrac{x}{a})] \; ,$$

falls es ein solches a gibt, d.h. falls $\mathcal{A} \models \exists x \psi \, [h]$. Anderen-falls sei

$$g_\varphi(a_0, \ldots, a_{n_\varphi}) = d_0 \; ,$$

wobei d_o ein (für alle Existenzformeln) fest gewähltes Element aus A ist. Dann definieren wir

$$B = \bigcup_{m \in \mathbb{N}} B_m \quad ,$$

wobei wir setzen:

$$B_{m+1} = B_m \cup \bigcup_\varphi g_\varphi(B_m^{n_\varphi + 1}) \quad .$$

Die Vereinigung läuft dabei über alle Existenzformeln φ . $D^{n_\varphi + 1}$ bedeutet wie üblich das $n_\varphi + 1$-fache cartesische Produkt von D; für $n_\varphi = -1$ ist $D^o = \emptyset$. (Eine nullstellige Funktion von D in D ist wie üblich einfach ein Element von D).

Die so konstruierte Teilmenge B definiert eine Substruktur von $\mathfrak{A}$. Dazu ist zu zeigen, daß alle $c_k^{\mathfrak{A}}$ in B liegen und B unter allen Funktionen f_j abgeschlossen ist. Für $k \in K$ wählen wir die Existenzformel $\varphi := \exists v_o\, v_o \doteq c_k$. Es gibt ein $a \in A$ mit $\mathfrak{A} \vDash v_o \doteq c_k\, [h(\begin{smallmatrix} v_o \\ a \end{smallmatrix})]$ für jede Belegung h , nämlich $a = c_k^{\mathfrak{A}}$. Also ist die nullstellige Funktion g_φ gleich einem solchen a . Da es jedoch nur ein solches a gibt, gilt $g_\varphi = c_k^{\mathfrak{A}}$. Damit haben wir

$$c_k^{\mathfrak{A}} = g_\varphi \in B_1 \subset B \quad .$$

Für $j \in J$ wählen wir die Existenzformel $\varphi :=$ $\exists v_{\mu(j)}\, v_{\mu(j)} \doteq f_j(v_o, \ldots, v_{\mu(j)-1})$. Die Stellenzahl der Funktion g_φ ist dann $n_\varphi + 1 = \mu(j)$. Sind $a_o, \ldots, a_{n_\varphi} \in B$, etwa $a_o, \ldots, a_{n_\varphi} \in B_m$, so ist nach Konstruktion

$$a_{\mu(j)} = g_\varphi(a_o, \ldots, a_{n_\varphi}) \in B_{m+1} \subset B \quad .$$

Dabei ist $a_{\mu(j)}$ ein Element a aus A mit
$\mathfrak{A} \models v_{\mu(j)} \doteq f_j(v_0,\ldots,v_{\mu(j)-1})[h(\overset{v_{\mu(j)}}{a})]$, wobei h eine Belegung
mit $h(v_\nu) = a_\nu$ für $0 \leq \nu \leq \mu(j)-1$ ist. Es gibt jedoch genau
ein solches a, nämlich $f_j^{\mathfrak{A}}(a_0,\ldots,a_{\mu(j)-1})$. Also folgt

$$f_j^{\mathfrak{A}}(a_0,\ldots,a_{\mu(j)-1}) = g_\varphi(a_0,\ldots,a_{n_\varphi}) \in B .$$

Den Nachweis dafür, daß die durch B definierte Substruktur $\mathfrak{B}$
eine elementare Substruktur $\mathfrak{A}$ ist, führen wir wieder durch
Induktion über den Formelaufbau, analog zum Beweis von Lemma 2.6.
Dabei bleibt nur zu zeigen, daß im Falle einer Allformel $\forall x \, \psi$,
ihre Ungültigkeit (für eine Belegung h in $\mathfrak{B}$) sich von $\mathfrak{A}$ nach $\mathfrak{B}$
überträgt. Sei also $\mathfrak{A} \not\models \forall x \psi \, [h]$. Dann haben wir $\mathfrak{A} \models \varphi \, [h]$ für
die Existenzformel $\varphi = \exists x \, \neg \psi$. Sind etwa

$$h(v_0),\ldots,h(v_{n_\varphi}) \in B_m ,$$

so ist nach Konstruktion

$$a = g_\varphi(h(v_0),\ldots,h(v_{n_\varphi})) \in B_{m+1}$$

ein Element aus B mit $\mathfrak{A} \models \neg \psi \, [h(\overset{x}{a})]$. Da nun $h(\overset{x}{a})$ wieder
eine Belegung in $\mathfrak{B}$ ist, folgt nach Induktionsvoraussetzung
$\mathfrak{B} \models \neg \psi \, [h(\overset{x}{a})]$, also insbesondere $\mathfrak{B} \models \exists x \, \neg \psi \, [h]$. Damit ist
der Nachweis von $\mathfrak{B} \not\models \forall x \psi \, [h]$ erbracht.

Es bleibt die Kardinalität von $\mathfrak{B}$ abzuschätzen. Wir zeigen
$\mathrm{card}(B_m) \leq \max(\kappa_L, \, \mathrm{card}(B_0)) = \kappa$; dann folgt die Behauptung mit
den üblichen Kardinalitätsabschätzungen. Für B_0 ist dies klar.
Nehmen wir an, obige Abschätzung gelte für B_n . Dann folgt

$$\mathrm{card}(B_{m+1}) \leq \max(\kappa, \, \mathrm{card}(Fml(L))) = \kappa .$$

da jedes Vereinigungsglied $g_\varphi(B_m^{n_\varphi+1})$ sowie B_m eine Kardinalität $\leq \kappa$ hat und die Vereinigung mit einer Teilmenge von $Fml(L)$ indiziert ist.

$$q.e.d.$$

Vergleicht man diese Konstruktion etwa mit der Konstruktion des algebraischen Abschlusses eines Körpers F innerhalb eines Oberkörpers L von F , so erkennt man leicht die Ähnlichkeit. Im Körperfalle wird durch Hinzunahme von Wurzeln von Polynomen mit Koeffizienten in F sichergestellt, daß gewisse Existenzaussagen, die in L gelten, auch in dem Abschluß von F in L gelten, nämlich diejenigen Aussagen, die gerade die Existenz einer Wurzel behaupten. Im Falle der Konstruktion in Satz 2.7 werden entsprechend alle Existenzaussagen berücksichtigt.

KOROLLAR 2.8 <u>Es sei</u> $\kappa_L = \aleph_0$, <u>d.h.</u> L <u>ist eine abzählbare Sprache. Dann besitzt jede</u> L-<u>Struktur</u> $\mathfrak{A}$ <u>unendlicher Mächtigkeit eine abzählbare elementare Substruktur</u> $\mathfrak{B}$.

<u>Beweis:</u> Wir wählen $B_0 = \emptyset$ in Satz 2.7. Dann folgt $\mathrm{card}(|\mathfrak{B}|) \leq \aleph_0$. $|\mathfrak{B}|$ kann jedoch nicht endlich sein, da sonst in $\mathfrak{B}$ eine Anzahlaussage $\alpha_{\leq n}$ (vgl. Beweis von Satz 2.5) gelten würde, die natürlich in $\mathfrak{A}$ nicht gilt.

$$q.e.d.$$

2.4 Elementare Erweiterungen und Ketten

Es seien $\mathfrak{A}$ und $\mathfrak{B}$ L-Strukturen. $\mathfrak{B}$ heißt <u>elementare Erweiterung</u> von $\mathfrak{A}$, falls $\mathfrak{A}$ elementare Substruktur von $\mathfrak{B}$ ist. Diese nicht weiter tiefsinnige Definition soll uns als Überleitung zu einer weiteren 'relativen' Konstruktion dienen: Ausgehend von einer L-struktur $\mathfrak{A}$ werden wir elementare Erweiterungen konstruieren. Es wird sich als nützlich erweisen, erst einmal Konstantenerweite-rungen einer Sprache L etwas systematischer zu behandeln.

Gegeben sei die Sprache $L = (\lambda, \mu, K)$. Eine <u>Konstantenerweiterung</u> von L soll wie bisher eine Sprache $L' = (\lambda, \mu, K')$ sein, wobei $K' = K \cup \underline{K}$ und $K \cap \underline{K} = \emptyset$ ist. Die Menge $\underline{K}$ fungiert als Index-menge für 'neue' Konstanten. Eine L'-Struktur $\mathfrak{A}'$ ist eine L-Struktur $\mathfrak{A}$ zusammen mit einer Interpretation

$$\sigma : \underline{K} \to |\mathfrak{A}|$$

der neuen Konstanten. Es ist $c_k^{\mathfrak{A}'} = \sigma(k)$ für $k \in \underline{K}$. Wir schrei-ben dafür auch

$$\mathfrak{A}' = (\mathfrak{A}, \sigma)$$

und nennen $\mathfrak{A}$ die <u>Restriktion</u> von $\mathfrak{A}'$ auf L .

Das nächste Lemma wird sich im folgenden als sehr nützlich erweisen:

LEMMA 2.9 <u>Es seien</u> $\mathfrak{A}' = (\mathfrak{A}, \sigma)$ <u>eine L'-Struktur und</u> φ <u>eine</u> L-<u>Formel mit</u> $Fr(\varphi) \subset \{v_0, \ldots, v_n\}$. <u>Dann gilt für alle</u> $k_0, \ldots, k_n \in \underline{K}$ <u>und alle Belegungen</u> h <u>in</u> $\mathfrak{A}$ <u>mit</u> $h(v_\nu) = \sigma(k_\nu)$ <u>für</u> $0 \leq \nu \leq n$:

$$\mathfrak{A} \vDash \varphi[h] \quad \text{gdw} \quad (\mathfrak{A}, \sigma) \vDash \varphi(v_0/c_{k_0}, \ldots, v_n/c_{k_n})$$

<u>Beweis</u>: Dieses Lemma beweist man durch iterierte Anwendung von Lemma 1.12: Für v_0 erhalten wir wegen $h(v_0) = c_{k_0}^{\mathcal{A}'}[h]$ zuerst

$$\mathcal{A}' \models \varphi\,[h] \quad \text{gdw} \quad \mathcal{A}' \models \varphi(v_0/c_{k_0})\,[h].$$

Durch Iteration erhalten wir schließlich

$$\mathcal{A}' \models \varphi\,[h] \quad \text{gdw} \quad \mathcal{A}' \models \varphi(v_0/c_{k_0},\ldots,v_n/c_{k_n})\,[h].$$

Dies ist jedoch gleichwertig mit der Behauptung des Lemmas, da einerseits φ eine L-Formel und andererseits $\varphi(v_0/c_{k_0},\ldots,v_n/c_{k_n})$ eine L'-Aussage ist.

q.e.d.

Ein besonders nützlicher Spezialfall einer Konstantenerweiterung L' von L liegt vor, wenn diese in Abhängigkeit einer vorgegebenen L-Struktur $\mathcal{A}$ folgendermaßen konstruiert wird: Es sei A' eine Teilmenge von $|\mathcal{A}|$. Wir nehmen an, es sei $K \cap |\mathcal{A}| = \emptyset$ und setzen $\underline{K} = A'$. In diesem Falle schreiben wir $\underline{a} := c_a$ für $a \in \underline{K}$. Die kanonische Interpretation der neuen Konstanten $\underline{a}$ in $\mathcal{A}$ wird dann gerade a selbst sein, d.h. wir verwenden $\underline{a}$ als Namen für a . Die kanonische L'-Struktur zu $\mathcal{A}$ ist dann

$$(\mathcal{A},A') := (\mathcal{A},\mathrm{id}_{A'}) .$$

Um die Abhängigkeit dieser Konstantenerweiterung von A' deutlich zu machen, schreiben wir in diesem Falle auch L(A') für L' . Ist $A' = |\mathcal{A}|$, so besitzt jedes Element $a \in |\mathcal{A}|$ mindestens den Namen $\underline{a}$ in der Sprache $L(|\mathcal{A}|)$. In diesem Falle schreiben wir für $L(|\mathcal{A}|)$ auch kurz $L(\mathcal{A})$. Die Aussage von Lemma 2.9 schreibt sich nun so:

$$\mathcal{A} \models \varphi[a_0,\ldots,a_n] \quad \text{gdw} \quad (\mathcal{A},|\mathcal{A}|) \models \varphi(v_0/\underline{a}_0,\ldots,v_n/\underline{a}_n) .$$

Ist $\mathcal{A}$ eine L-Struktur, so bezeichnet man als <u>Diagramm von</u> $\mathcal{A}$ die Menge $D(\mathcal{A})$, bestehend aus denjenigen $L(\mathcal{A})$-Primaussagen und negierten $L(\mathcal{A})$-Primaussagen, die in $(\mathcal{A},|\mathcal{A}|)$ gelten. Das Diagramm von $\mathcal{A}$ ist also eine Teilmenge der vor Korollar 2.2 eingeführten Theorie von $(\mathcal{A},|\mathcal{A}|)$, die gerade aus allen $L(\mathcal{A})$-Aussagen bestand, die in $(\mathcal{A},|\mathcal{A}|)$ gelten.

LEMMA 2.10   <u>Es sei</u> $\mathcal{A}$ <u>eine L-Struktur und</u> $(\mathcal{B},\sigma)$ <u>eine</u> $L(\mathcal{A})$-<u>Struktur. Ist</u> $(\mathcal{B},\sigma)$ <u>ein Modell von</u> $D(\mathcal{A})$, <u>so ist</u> σ <u>eine Einbettung von</u> $\mathcal{A}$ <u>in</u> $\mathcal{B}$. <u>Ist</u> $(\mathcal{B},\sigma)$ <u>ein Modell von</u> $Th((\mathcal{A},|\mathcal{A}|))$, <u>so ist</u> σ <u>eine elementare Einbettung von</u> $\mathcal{A}$ <u>in</u> $\mathcal{B}$.

<u>Beweis</u>: Nach Definition einer Einbettung in Paragraph 2.2 ist zu zeigen, daß die Abbildung $\sigma: |\mathcal{A}| \to |\mathcal{B}|$ die Bedingungen (I_2'), (I_3) und (I_4') erfüllt und zudem injektiv ist.

Der Nachweis der Injektivität von σ ergibt sich so: Sind $a_1, a_2 \in |\mathcal{A}|$ ungleich, so gehört die Aussage $\underline{a_1} \neq \underline{a_2}$ zum Diagramm $D(\mathcal{A})$. Da $(\mathcal{B},\sigma)$ ein Modell von $D(\mathcal{A})$ ist, haben wir

$$(\mathcal{B},\sigma) \vDash \underline{a_1} \neq \underline{a_2} \ .$$

Beachtet man, daß die Interpretation von $\underline{a_i}$ in $(\mathcal{B},\sigma)$ gerade $\sigma(a_i)$ ist so folgt $\sigma(a_1) \neq \sigma(a_2)$.

Die Nachweise von (I_2') und (I_4') gehen nun völlig analog, indem wir die Aussagen $f_j(\underline{a_1},\ldots,\underline{a_{\mu(j)}}) \doteq \underline{d}$ bzw. $c_k \doteq \underline{d}$ betrachten. Im Falle von (I_3) verwenden wir die Aussage $R_i(\underline{a_1},\ldots,\underline{a_{\lambda(i)}})$, falls $R_i^{\mathcal{A}}(a_1,\ldots,a_{\lambda(i)})$, oder die Aussage $\neg R_i(\underline{a_1},\ldots,\underline{a_{\lambda(i)}})$ andernfalls. Insgesamt erhalten wir dann

$$R_i^{\mathcal{O\!l}}(a_1,\ldots,a_{\lambda(i)}) \qquad \text{gdw} \qquad R_i^{\mathcal{L}}(\sigma(a_1),\ldots,\sigma(a_{\lambda(i)}))$$

Also ist $\sigma : |\mathcal{O\!l}| \to |\mathcal{L}|$ ein Monomorphismus, falls $(\mathcal{L},\sigma)$ ein Modell von $D(\mathcal{O\!l})$ ist.

Ist $(\mathcal{L},\sigma)$ ein Modell von $Th(\mathcal{O\!l},|\mathcal{O\!l}|))$, so insbesondere von $D(\mathcal{O\!l})$. Also ist σ wieder ein Monomorphismus. Um nachzuweisen, daß σ sogar eine elementare Einbettung von $\mathcal{O\!l}$ in $\mathcal{L}$ ist, betrachten wir eine L-Formel φ mit $Fr(\varphi) \subset \{v_o,\ldots,v_n\}$ und eine Belegung h in $\mathcal{O\!l}$. Wir haben dann

$$\mathcal{O\!l} \models \varphi\,[h] \qquad \text{gdw} \qquad \mathcal{L} \models \varphi\,[\sigma o h]$$

zu zeigen. Es genügt dabei der Nachweis von

$$\mathcal{O\!l} \models \varphi\,[h] \qquad \text{impliziert} \qquad \mathcal{L} \models \varphi\,[\sigma o h] \ ,$$

da wir die gleiche Überlegung auch für $\neg\,\varphi$ durchführen können, was uns schließlich die Umkehrung obiger Implikation liefert.

Wir setzen $a_\nu = h(v_\nu)$ für $0 \leq \nu \leq n$. Nach Lemma 2.9 erhalten wir aus $\mathcal{O\!l} \models \varphi\,[h]$ dann $(\mathcal{O\!l},|\mathcal{O\!l}|) \models \varphi(v_o/\underline{a_o},\ldots,v_n/\underline{a_n})$. Also ist die Aussage $\varphi(v_o/\underline{a_o},\ldots,v_n/\underline{a_n})$ ein Element von $Th(\mathcal{O\!l},|\mathcal{O\!l}|))$ und gilt damit in $(\mathcal{L},\sigma)$. Wenden wir nun Lemma 2.9 auf die Belegung $\sigma o h$ in $\mathcal{L}$ an, so erhalten wir wegen $(\sigma o h)(v_\nu) = \sigma(a_\nu)$ schließlich $\mathcal{L} \models \varphi\,[\sigma o h]$.

q.e.d.

Ist nun $\mathcal{O\!l}$ eine L-Struktur unendlicher Mächtigkeit, so können wir Satz 2.1 auf die $L(\mathcal{O\!l})$-Aussagenmenge $\Sigma = Th((\mathcal{O\!l},|\mathcal{O\!l}|))$ anwenden und erhalten damit Modelle $(\mathcal{L},\sigma)$ von Σ mit der Mächtigkeit κ , wobei κ eine vorgegebene Kardinalzahl $\geq \kappa_{L(\mathcal{O\!l})} = \max(\kappa_L,card(|\mathcal{O\!l}|))$

ist. Nach Lemma 2.10 ist σ eine elementare Einbettung von $\mathcal{A}$ in $\mathcal{B}$.

Identifizieren wir $\mathcal{A}$ mit seinem σ-Bild in $\mathcal{B}$, so haben wir damit

bewiesen:

SATZ 2.11 __Es sei__ $\mathcal{A}$ __eine L-Struktur unendlicher Mächtigkeit. Dann__

__existiert zu jeder Kardinalzahl__ $\kappa \geq \max(\kappa_L, \mathrm{card}(|\mathcal{A}|))$ __eine elemen-__

__tare Erweiterung__ $\mathcal{B}$ __von__ $\mathcal{A}$ __mit der Mächtigkeit__ κ .

Neben dieser Folgerung aus dem zweiten Teil von Lemma 2.10 möchten

wir noch zwei für die Praxis wichtige Folgerungen aus Lemma 2.10

festhalten. Zuerst eine Folgerung aus dem zweiten Teil:

KOROLLAR 2.12 __Es seien__ $\mathcal{A}$ __und__ $\mathcal{B}$ __L-Strukturen und__ $\tau:\mathcal{A} \to \mathcal{B}$ __eine__

__Einbettung. Die Einbettung__ τ __ist genau dann elementar, falls__

$(\mathcal{A}, \mathrm{id}_{|\mathcal{A}|}) \equiv (\mathcal{B}, \tau)$. __Insbesondere ist__ $\mathcal{A} \prec \mathcal{B}$ __genau dann, wenn__

$(\mathcal{A}, |\mathcal{A}|) \equiv (\mathcal{B}, |\mathcal{A}|)$.

__Beweis:__ Im zweiten Teil von Lemma 2.10 haben wir gerade für $\sigma = \tau$

gezeigt, daß τ eine elementare Einbettung ist, falls $(\mathcal{B}, \tau)$ ein

Modell von $\mathrm{Th}(\mathcal{A}, |\mathcal{A}|)$ ist. Letzteres ist jedoch mit $(\mathcal{A}, \mathrm{id}_{|\mathcal{A}|}) \equiv (\mathcal{B}, \tau)$

äquivalent.

Sei jetzt umgekehrt τ eine elementare Einbettung und φ' eine $L(\mathcal{A})$-

Aussage. Wir können uns φ durch Einsetzung von Konstanten $a_o, \ldots, a_n$

für die Variablen $v_o, \ldots, v_n$ aus einer L-Formel φ entstanden denken,

also

$$\varphi' = \varphi(v_o/a_o, \ldots, v_n/a_n) \ .$$

Selbstverständlich verwenden wir dabei nur Variablen v_i, die sonst

nicht in φ' vorkommen, um die Einsetzung unproblematisch zu gestal-

ten. Haben wir nun $(\mathcal{A}, \mathrm{id}_{|\mathcal{A}|}) \models \varphi'$, so folgt mit Lemma 2.9 $\mathcal{A} \models \varphi[h]$

für jede Belegung h mit $h(v_i) = a_i$. Da nach Voraussetzung die Ein-

bettung τ elementar sein soll, haben wir dann $\mathcal{B} \models \varphi[\tau \circ h]$ und

wieder mit Lemma 2.9 schließlich $(\mathcal{B}, \tau) \models \varphi'$. Da dies für alle

L$(\mathcal{O}l)$-Aussagen φ' gilt, erhalten wir

$$(\mathcal{O}l, \mathrm{id}_{|\mathcal{O}l|}) \equiv (\mathcal{B}, \tau) \; .$$
                                                        q.e.d.

Als nächstes ziehen wir eine Folgerung aus dem ersten Teil von
Lemma 2.10. Dazu führen wir kurz die von einer Teilmenge A'
einer L-Struktur $\mathcal{O}l$ erzeugte Substruktur ein.

Eine leichte Überlegung zeigt, daß der Durchschnitt beliebig vieler
Substrukturen von $\mathcal{O}l$ wieder eine Substruktur von $\mathcal{O}l$ ist. Dabei
ist die Trägermenge eines solchen Durchschnittes gerade als der
Durchschnitt der Trägermengen aller beteiligten Substrukturen definiert. Auf diesem Durchschnitt (der Trägermengen) betrachten wir
dann die gemeinsamen Einschränkungen aller Relationen und Funktionen (unter denen er selbstverständlich abgeschlossen ist). Die
Konstanteninterpretationen $c_k^{\mathcal{O}l}$ liegen in allen Substrukturen von
$\mathcal{O}l$, also auch im Durchschnitt. Ist $\emptyset \neq A' \subset |\mathcal{O}l|$, so definieren
wir als die von A' <u>erzeugte Substruktur von</u> $\mathcal{O}l$ den Durchschnitt
aller Substrukturen von $\mathcal{O}l$, deren Trägermenge A' umfaßt. Eine
<u>endlich erzeugte Substruktur</u> von $\mathcal{O}l$ ist eine von einer endlichen
Teilmenge A' von $|\mathcal{O}l|$ erzeugte Substruktur.

Als Korollar zum ersten Teil von Lemma 2.10 erhalten wir dann:

KOROLLAR 2.13 <u>Es sei</u> $\mathcal{O}l$ <u>eine L-Struktur und</u> $\Sigma \subset$ Aus(L) . <u>Ist</u>
<u>jede endlich erzeugte Substruktur von</u> $\mathcal{O}l$ <u>in ein Modell von</u> Σ
<u>einbettbar, so ist auch</u> $\mathcal{O}l$ <u>in ein Modell von</u> Σ <u>einbettbar.</u>

<u>Beweis</u>: Nach Lemma 2.10 genügt es zu zeigen, daß die L$(\mathcal{O}l)$-Aus-
sagenmenge $\Sigma \cup D(\mathcal{O}l)$ ein Modell $(\mathcal{B},\sigma)$ besitzt. Dann ist erstens
$\mathcal{B}$ ein Modell von Σ und zweitens $\mathcal{O}l$ in $\mathcal{B}$ einbettbar. Nach
dem Endlichkeitssatz 1.15 genügt es nun wiederum zu zeigen, daß
jede endliche Teilmenge Π von $\Sigma \cup D(\mathcal{O}l)$ ein Modell besitzt.

Eine solche Menge Π kann nur endlich viele Diagrammaussagen $\delta_1,\ldots,\delta_n \in D(\mathcal{O})$ enthalten. Seien die in den δ_i vorkommenden bzgl. L neuen Konstanten $\underline{a}_1,\ldots,\underline{a}_m$. Dann ist die von $A' = \{a_1,\ldots,a_m\}$ erzeugte Substruktur von $\mathcal{O}$ ein Modell von $\{\delta_1,\ldots,\delta_n\}$. Nach Voraussetzung gibt es ein Modell $\mathcal{L}$ von Σ und eine Einbettung der von A' erzeugten Substruktur in $\mathcal{L}$. Nach Identifikation ist also $\mathcal{L}$ ein Modell von $\Sigma \cup \{\delta_1,\ldots,\delta_n\}$ und damit insbesondere von Π .

$$q.e.d.$$

Eine weitere Konstruktionsmöglichkeit für elementare Erweiterungen, von der wir im nächsten Paragraphen ausführlich Gebrauch machen werden, ist mit dem Begriff einer elementaren Kette von L-Strukturen verbunden. Wir nennen eine Folge $(\mathcal{O}_n)_{n \in \mathbb{N}}$ von L-Strukturen eine <u>elementare Kette</u>, falls $\mathcal{O}_{n+1}$ elementare Erweiterung von $\mathcal{O}_n$ für jedes $n \in \mathbb{N}$ ist. Wir werden zeigen, daß dann die noch zu definierende Vereinigungsstruktur $\bigcup_{n \in \mathbb{N}} \mathcal{O}_n$ elementare Erweiterung von jedem $\mathcal{O}_n$ ist. In Verallgemeinerung dieser Situation werden wir jedoch nicht nur Ketten der Länge ω , dem Ordnungstyp der natürlichen Zahlen, sondern der Länge α betrachten, wobei α eine beliebige Ordinalzahl ist.

Eine Folge $(\mathcal{O}_\nu)_{\nu < \alpha}$ von L-Strukturen nennen wir eine <u>α-Kette</u>, falls $\mathcal{O}_\nu \subset \mathcal{O}_\mu$ für $\nu < \mu < \alpha$ gilt. Als <u>Vereinigungsstruktur</u> der Kette $(\mathcal{O}_\nu)_{\nu < \alpha}$ definieren wir die L-Struktur $\mathcal{O}$ folgendermaßen: Wir setzen $|\mathcal{O}| = \bigcup_{\nu < \alpha} |\mathcal{O}_\nu|$ und für $i \in I$, $j \in J$, $k \in K$ und alle $a_1,\ldots \in |\mathcal{O}_\nu|$ definieren wir:

$$R_i^{\mathcal{A}}(a_1,\dots,a_{\lambda(i)}) \quad \text{gdw} \quad R_i^{\mathcal{A}_\nu}(a_1,\dots,a_{\lambda(i)})$$

$$f_j^{\mathcal{A}}(a_1,\dots,a_{\mu(j)}) = f_j^{\mathcal{A}_\nu}(a_1,\dots,a_{\mu(j)})$$

$$c_k^{\mathcal{A}} = c_k^{\mathcal{A}_\nu} \ .$$

Wegen $\mathcal{A}_\nu \subset \mathcal{A}_\mu$ für $\nu < \mu$ und $\mu < \alpha$ ist dies tatsächlich

eine korrekte Definition, d.h. unabhängig von dem Index ν ,

für den alle $a_1,\dots$ in $|\mathcal{A}_\nu|$ liegen. Für die Vereinigungs-

struktur $\mathcal{A}$ schreiben wir auch

$$\bigcup_{\nu < \alpha} \mathcal{A}_\nu$$

Man beachte, daß für den Fall einer Nachfolgerordinalzahl

$\alpha = \beta + 1$ gilt:

$$\bigcup_{\nu < \alpha} \mathcal{A}_\nu = \mathcal{A}_\beta \ ;$$

d.h. in diesem Falle ist die Vereinigung gerade identisch mit

dem maximalen Glied der Kette.

SATZ 2.14 <u>Es sei</u> α <u>eine Ordinalzahl und</u> $(\mathcal{A}_\nu)_{\nu<\alpha}$ <u>eine</u> α-<u>Kette</u>

<u>von L-Strukturen. Für</u> $\beta + 1 < \alpha$ <u>gelte</u> $\mathcal{A}_\beta \prec \mathcal{A}_{\beta-1}$ <u>und für</u>

<u>Limesordinalzahlen</u> $\lambda < \alpha$ <u>sei</u> $\mathcal{A}_\lambda = \bigcup_{\nu<\lambda} \mathcal{A}_\nu$. <u>Dann ist die</u>

<u>Vereinigungsstruktur</u> $\mathcal{A} = \bigcup_{\nu<\alpha} \mathcal{A}_\nu$ <u>eine elementare Erweiterung</u>

<u>von</u> $\mathcal{A}_\mu$ <u>für jedes</u> $\mu < \alpha$. <u>Insbesondere gilt</u> $\mathcal{A}_0 \prec \mathcal{A}$.

Man beachte, daß für den Fall einer ω-Kette $(\mathcal{A}_n)_{n\in\mathbb{N}}$ die

Voraussetzung für den Limesfall leer ist. Es bleibt die Bedingung

$\mathcal{A}_n \prec \mathcal{A}_{n+1}$.

<u>Beweis</u>: Wir führen einen ordinalen Induktionsbeweis über die Länge α der Kette. Es sind drei Fälle zu unterscheiden.

$\underline{\alpha = 0}$: In diesem Fall sind sowohl die Kette als auch die Behauptung leer.

$\underline{\alpha = \beta + 1}$: Hier hat die Kette $(\mathfrak{A}_\nu)_{\nu < \beta}$ kürzere Länge und erfüllt immer noch die Voraussetzungen des Satzes. Nach Induktionsvoraussetzung gilt also $\mathfrak{A}_\mu \prec \bigcup_{\nu < \beta} \mathfrak{A}_\nu$ für alle $\mu < \beta$. Es bleibt $\bigcup_{\nu < \beta} \mathfrak{A}_\nu \prec \mathfrak{A}_\beta$ zu zeigen, da dann wegen der Transitivität der elementaren Substrukturbeziehung auch $\mathfrak{A}_\mu \prec \mathfrak{A}_\beta$ gilt. Ist β eine Limeszahl, so ist nach Voraussetzung $\bigcup_{\nu < \beta} \mathfrak{A}_\nu = \mathfrak{A}_\beta$. Ist $\beta = \gamma + 1$, so ist $\bigcup_{\nu < \beta} \mathfrak{A}_\nu = \mathfrak{A}_\gamma$ und wegen $\gamma + 1 < \alpha$ gilt nach Voraussetzung $\mathfrak{A}_\gamma \prec \mathfrak{A}_{\gamma+1} = \mathfrak{A}_\beta$.

$\underline{\alpha \text{ ist Limeszahl}}$: Nach Induktionsvoraussetzung haben wir hier $\mathfrak{A}_\mu \prec \mathfrak{A}_\nu$ für $\mu < \nu < \alpha$. Wir haben zu zeigen $\mathfrak{A}_\mu \prec \mathfrak{A}$ für $\mu < \alpha$. Dies weisen wir nach, indem wir durch Induktion über den Aufbau der Formel φ für alle $\mu < \alpha$ und alle Belegungen h in $\mathfrak{A}_\mu$ die Äquivalenz

$$\mathfrak{A}_\mu \models \varphi \ [h] \qquad \text{gdw} \qquad \mathfrak{A} \models \varphi \ [h]$$

zeigen. Wie schon in entsprechenden Beweisen in Paragraph 2.3 ist diese Induktion reine Routine bis auf den Fall der Übertragung der Ungültigkeit einer Formel $\forall x \, \psi$ von $\mathfrak{A}$ auf $\mathfrak{A}_\mu$ bei der Belegung h . Es sei also $\mathfrak{A} \not\models \forall x \, \psi \ [h]$. Dann gibt es ein $a \in |\mathfrak{A}|$ mit $\mathfrak{A} \not\models \psi \ [h(\tfrac{x}{a})]$. Es seien $Fr(\psi) \subset \{v_0, \ldots, v_n\}$ und $a_i = h(v_i)$ für $0 \leq i \leq n$. Da $|\mathfrak{A}|$ eine Vereinigung ist, liegen $a,a_o,\ldots,a_n$ schon in einem Vereinigungsglied $|\mathcal{U}_\nu|$,

wobei wir o.B.d.A. $\mu < \nu$ voraussetzen können. Für die einfachere

Formel ψ und die Belegung $h(^x_a)$ in $\mathcal{U}_\nu$ folgt nun nach Induk-

tionsvoraussetzung $\mathcal{U}_\nu \nvDash \psi [h(^x_a)]$. Insbesondere ergibt dies

$\mathcal{U}_\nu \nvDash \forall x\, \psi [h]$. Wegen $\mathcal{U}_\mu \prec \mathcal{U}_\nu$ erhalten wir dann schließlich

$\mathcal{U}_\mu \nvDash \forall x\, \psi [h]$.

q.e.d.

Eine α-Kette, die die Voraussetzungen von Satz 2.14 erfüllt,

nennen wir eine <u>elementare</u> α-Kette. Ist eine α-Kette nicht

elementar, so überträgt sich die Gültigkeit von Aussagen in den

Kettengliedern im allgemeinen nicht auf die Vereinigung. Für

besonders einfache Aussagen ist dies allerdings richtig.

<u>Bemerkung</u> 2.15 <u>Es sei</u> α <u>eine Ordinalzahl und</u> $(\mathcal{U}_\nu)_{\nu<\alpha}$ <u>eine</u>

α-<u>Kette von L-Strukturen. Gilt eine</u> $\forall\exists$-<u>Aussage</u> φ <u>in jedem Ket-</u>

<u>tenglied</u> $\mathcal{U}_\nu$, <u>so auch in der Vereinigung</u> $\bigcup_{\nu<\alpha} \mathcal{U}_\nu = \mathcal{U}$.

Dabei verstehen wir unter einer $\forall\exists$-Aussage eine Aussage der Gestalt

$\forall x_1,\ldots,x_n\, \exists y_1,\ldots,y_m\, \psi$, wobei ψ quantorenfrei ist.

<u>Beweis:</u> Sei φ von der angegebenen Gestalt. Weiter seien h eine

Belegung in $\bigcup_{\nu<\alpha} \mathcal{U}_\nu$ und $a_1,\ldots,a_n \in \bigcup_{\nu<\alpha} |\mathcal{U}_\nu|$, also $a_1,\ldots,a_n \in |\mathcal{U}_\nu|$

für ein bestimmtes $\nu < \alpha$. Es sei h' eine Belegung in $\mathcal{U}_\nu$ mit

$h'(x_i) = a_i$ für $1 \leq i \leq n$. Nach Voraussetzung haben wir

$\mathcal{U}_\nu \vDash \exists y_1,\ldots,y_m\, \psi [h']$. Also gibt es $d_1,\ldots,d_m \in |\mathcal{U}_\nu|$ mit

$$\mathcal{U}_\nu \vDash \psi [h'(^{y_1}_{d_1})\ldots(^{y_m}_{d_m})] \ \ .$$

Da ψ quantorenfrei ist, können wir dabei ν durch α ersetzen

und erhalten damit $\mathcal{U} \vDash \exists y_1,\ldots,y_m\, \psi [h']$. Nach 1.10 ist dies gleichwertig mit

$$\mathcal{A} \models \exists y_1, \ldots, y_m \, \psi \, [h \binom{x_1}{a_1} \ldots \binom{x_n}{a_n}] \; .$$

Da $a_1, \ldots, a_n$ beliebig in $\bigcup_{\nu < \alpha} |\mathcal{A}_\nu|$ gewählt wurden, erhalten wir schließlich

$$\mathcal{A} \models \forall x_1, \ldots, x_n \, \exists y_1, \ldots, y_m \, \psi \, [h] \; .$$

$$\text{q.e.d.}$$

Zur Abgrenzung der in Bemerkung 2.15 gemachten Aussage betrachten wir das folgende Beispiel. Es sei

$$\mathcal{A}_n = < \frac{1}{n!} \mathbb{Z}, <_n >$$

Dabei sei für $n \in \mathbb{N}$:

$$\frac{1}{n!} \mathbb{Z} = \{ \frac{m}{n!} \mid m \in \mathbb{Z} \}$$

und $<_n$ die Einschränkung der Anordnung von $\mathbb{Q}$ auf diese Menge. Es ist klar, daß $(\mathcal{A}_n)_{n<\omega}$ eine ω-Kette ist. In jedem Kettenglied $\mathcal{A}_n$ gilt die $\exists\forall$-Aussage

$$\exists x \forall y \, (0 < x \land (y < 0 \lor x = y \lor x < y)) \; .$$

In $\frac{1}{n!} \mathbb{Z}$ ist nämlich $\frac{1}{n!}$ kleinstes positives Element. Diese Aussage gilt jedoch in

$$\bigcup_{n<\omega} \mathcal{A}_n = <\mathbb{Q} \; ; \; <^{\mathbb{Q}} >$$

offenbar nicht mehr.

2.5 Saturierte Strukturen

Wir wollen in diesem Paragraphen einen für die Modelltheorie
fundamentalen Begriff einführen - den Begriff der saturierten
Struktur. Die Existenz (und im gewissen Sinne Eindeutigkeit)
von elementaren, saturierten Erweiterungen gegebener unendlicher
Strukturen ist für die Untersuchung von Theorien sehr hilfreich.
Wir werden zwar in den Untersuchungen von Kapitel III saturierte
Strukturen nur sehr wenig verwenden (die Einfachheit der betrachteten Theorien macht dies nicht erforderlich), wir wollen
aber auf ihre Nützlichkeit bei der Untersuchung etwa der bewerteten Körper besonders hinweisen (siehe Kapitel 4). Am Ende
dieses Paragraphen wollen wir einige Beispiele saturierter
Strukturen besprechen.

Es sei $\mathcal{A}$ eine L-Struktur, wobei wie immer $L = (\lambda, \mu, K)$ eine
gegebene Sprache sein soll. Die Mächtigkeit von L bezeichnen
wir wieder mit κ_L (siehe 2.1). Wie in 2.4 beschrieben, erweitern wir L durch Hinzunahme von Konstanten $\underline{a}$ für $a \in A'$,
wobei A' eine Teilmenge von $A = |\mathcal{A}|$ ist. Die entstehende
Sprache hatten wir mit $L(A')$ bezeichnet. Ist Φ eine Menge
von Formeln, so soll die Schreibweise $\Phi(v_o)$ andeuten, daß
$Fr(\varphi) \subset \{v_o\}$ ist für alle $\varphi \in \Phi$. Eine $L(A')$-Formelmenge
$\Phi(v_o)$ nennen wir einen (<u>elementaren</u>) <u>Typ von</u> $\mathcal{A}$, genauer von
$(\mathcal{A}, A')$, falls es eine elementare Erweiterung $\mathcal{A}_1$ von $\mathcal{A}$ und
ein $a \in A_1 = |\mathcal{A}_1|$ mit $(\mathcal{A}_1, A_1) \vDash \Phi(\underline{a})$ (d.h. $(\mathcal{A}_1, A_1) \vDash \varphi(\underline{a})$ für
alle $\varphi \in \Phi$) gibt. Wir sagen dann $\Phi(v_o)$ sei in $(\mathcal{A}_1, A_1)$ durch a
<u>realisiert</u> oder <u>erfüllt</u>.

Von jetzt an wollen wir für $\psi(x_1/c_1,\ldots,x_n/c_n)$ immer kurz $\psi(c_1,\ldots,c_n)$ schreiben, wenn klar ist, welche Variablen durch die angegebenen Konstanten ersetzt werden.

LEMMA 2.16 <u>Eine</u> $L(A)$-<u>Formelmenge</u> $\Phi(v_0)$ <u>ist genau dann ein Typ</u> <u>von</u> $\mathfrak{A}$, <u>wenn jede endliche Teilmenge</u> $\{\varphi_1,\ldots,\varphi_n\}$ <u>von</u> $\Phi(v_0)$ <u>in</u> $(\mathfrak{A},A)$ <u>realisierbar ist, d.h.</u> $(\mathfrak{A},A) \models \exists v_0 (\varphi_1 \wedge\ldots\wedge \varphi_n)$.

<u>Beweis:</u> Ist $\Phi(v_0)$ ein Typ von $\mathfrak{A}$ und etwa $\mathfrak{A} \prec \mathfrak{A}_1$ mit $(\mathfrak{A}_1,A_1) \models \Phi(\underline{a})$ für ein $a \in A_1$, so gilt natürlich auch $(\mathfrak{A}_1,A) \models \exists v_0(\varphi_1 \wedge\ldots\wedge \varphi_n)$ und damit $(\mathfrak{A},A) \models \exists v_0(\varphi_1 \wedge\ldots\wedge \varphi_n)$ für alle $\varphi_1,\ldots,\varphi_n \in \Phi$.

Sei umgekehrt jede endliche Teilmenge von $\Phi(v_0)$ in $(\mathfrak{A},A)$ realisierbar. Wir betrachten dann die Aussagenmenge

$$\Sigma = \mathrm{Th}(\mathfrak{A},A) \cup \Phi(c) \ ,$$

wobei c eine neue Konstante ist. Ein Modell von Σ liefert nach Lemma 2.10 offenbar eine elementare Erweiterung $\mathfrak{A}_1$ von $\mathfrak{A}$ und eine Interpretation $a = c^{\mathfrak{A}_1}$ von c , so daß wir damit $(\mathfrak{A}_1,A \cup \{a\}) \models \Phi(c)$ erhalten. Dies impliziert trivialerweise $(\mathfrak{A}_1,A_1) \models \Phi(\underline{a})$.

Nach dem Kompaktheitssatz (1.15) genügt es nun zu zeigen, daß jede endliche Teilmenge von Σ ein Modell besitzt. Eine solche endliche Teilmenge ist aber enthalten in einer Menge der Gestalt

$$\mathrm{Th}(\mathfrak{A},A) \cup \{\varphi_1(c),\ldots,\varphi_n(c)\}$$

für gewisse $\varphi_1,\ldots,\varphi_n \in \Phi(c)$. Wegen $(\mathfrak{A},A) \models \exists v_n(\varphi_1 \wedge\ldots\wedge \varphi_n)$ besitzt aber jede solche Teilmenge von $\Phi(v_0)$ ein Modell.

q.e.d.

Auch wenn jede endliche Teilmenge eines Typs $\Phi(v_0)$ von $\mathcal{O}$ in $(\mathcal{O},A)$ erfüllbar ist, so muß dies im allgemeinen für $\Phi(v_0)$ selbst nicht gelten. Das einfachste Gegenbeispiel ist wohl das folgende. Es sei $\mathcal{O}$ eine unendliche Struktur und $\Phi(v_0) = \{v_0 \neq \underline{a} \mid a \in A\}$. Wegen der Unendlichkeit von A ist jede endliche Teilmenge von $\Phi(v_0)$ in $(\mathcal{O},A)$ erfüllbar, jedoch $\Phi(v_0)$ selbst nicht.

In einer 'saturierten' Struktur $\mathcal{O}$ werden wir so viele Typen von $\mathcal{O}$ realisieren wie nur möglich. Für eine unendliche Kardinalzahl κ nennen wir eine L-Struktur $\mathcal{O}$ κ-<u>saturiert</u>, falls in $(\mathcal{O},A)$ jeder Typ $\Phi(v_0)$ von $(\mathcal{O},A')$ mit $\text{card}(A') < \kappa$ realisiert werden kann. Nach dieser Definition ist eine endliche Struktur $\mathcal{O}$ immer κ-saturiert. Für unendliches A erhalten wir aus der κ-Saturiertheit sofort $\kappa \leq \text{card}(A)$. Anderenfalls mißte der Typ $\{v_0 \neq \underline{a} \mid a \in A\}$ in $(\mathcal{O},A)$ realisierbar sein. Eine weitere Konsequenz ist, daß jede κ-saturierte Struktur $\mathcal{O}$ auch κ'-saturiert ist für jede unendliche Kardinalzahl $\kappa' \leq \kappa$. Weiter ist der Begriff der κ-Saturiertheit offenbar invariant unter Erweiterungen mit weniger als κ-vielen Konstanten. Dies ist klar, da Typen von $\mathcal{O}$ Formelmengen der Sprache $L(A)$ sind. Neue Konstanten lassen sich also immer äquivalent durch Konstanten $\underline{a}$ der Sprache $L(A)$ ersetzen. (Man beachte, daß ein Element $a \in A$ außer mit $\underline{a}$ natürlich noch mit weiteren Konstanten 'bezeichnet' werden kann.)

Wir werden nun zeigen, daß es zu jeder unendlichen Struktur immer hinreichend saturierte elementare Erweiterungen gibt. Wir erinnern dabei daran, daß wir zu einer Kardinalzahl κ ihren Nachfolger mit κ^+ bezeichnet hatten und daß deswegen $\kappa^+ \leq 2^\kappa$ gilt.

EXISTENZSATZ 2.17 <u>Zu jeder Kardinalzahl</u> $\kappa \geq \kappa_L$ <u>und jeder</u> <u>unendlichen L-Struktur</u> $\mathcal{O}$ <u>mit</u> card(A) $\leq 2^\kappa$ <u>gibt es eine</u> κ^+<u>-saturierte elementare Erweiterung</u> $\mathcal{O}^*$ <u>mit</u> card(A*) $\leq 2^\kappa$

<u>Beweis</u>: Wir konstruieren eine elementare κ^+-Kette $(\mathcal{O}_\nu)_{\nu<\kappa^+}$ mit $\mathcal{O}_0 = \mathcal{O}$ und den Eigenschaften

(1) card$(A_\nu) \leq 2^\kappa$ für alle $\nu < \kappa^+$,

(2) $\mathcal{O}_{\nu+1}$ realisiert alle Typen $\Phi(v_0)$ von $\mathcal{O}_\nu$ mit
     card$(\Phi) \leq \kappa$ für $\nu < \kappa^+$.

Die Vereinigung dieser Kette sei $\mathcal{O}^* = \mathcal{O}_{\kappa^+}$. Nach Satz 2.14 ist $\mathcal{O}^*$ eine elementare Erweiterung von $\mathcal{O}$. Weiter folgt aus (1):

$$\text{card}(A^*) = \text{card}\left(\bigcup_{\nu<\kappa^+} A_\nu\right) \leq \max(\kappa^+, 2^\kappa) = 2^\kappa .$$

Schließlich ist $\mathcal{O}^*$ κ^+-saturiert. Ist nämlich $\Phi(v_0)$ ein Typ von $(\mathcal{O}^*, A')$ mit card$(A') \leq \kappa$, so folgt aus der Regularität der Nachfolgerkardinalzahl κ^+ , daß $A' \subset A_\nu$ für ein $\nu < \kappa^+$ gelten muß. Aus der Tatsache $\mathcal{O}_\nu \prec \mathcal{O}^*$ folgt dann, daß $\Phi(v_0)$ ein Typ von $\mathcal{O}_\nu$ ist. Nach (2) realisiert dann wegen

$$\text{card}(\Phi) \leq \max(\kappa_L, \text{card}(A') \leq \kappa$$

ein Element $a \in A_{\nu+1}$ diesen Typ in $\mathcal{O}_{\nu+1}$, d.h. $\Phi(\underline{a})$ gilt in $(\mathcal{O}_{\nu+1}, A_{\nu+1})$. Dies impliziert aber wegen $\mathcal{O}_{\nu+1} \prec \mathcal{O}^*$ wieder $(\mathcal{O}^*, A^*) \vDash \Phi(\underline{a})$. Es bleibt also, die elementare κ^+-Kette $(\mathcal{O}_\nu)_{\nu<\kappa^+}$ mit (1) und (2) zu konstruieren.

Wir beginnen mit $\mathcal{O}_0 = \mathcal{O}$ und setzen im Limesfall $\mathcal{O}_\lambda = \bigcup_{\nu<\lambda} \mathcal{O}_\nu$. Der Nachfolgerfall $\mathcal{O}_{\nu+1}$ wird aus $\mathcal{O}_\nu$ selbst als die Ver-

einigung einer elementaren Kette gewonnen. Wir indizieren dazu
alle Typen $\Phi(v_0)$ von $\mathcal{O}_\nu$ mit $card(\Phi) \leq \kappa$ durch Ordinalzahlen
$< 2^\kappa$; wir erhalten $(\Phi_\mu)_{\mu<2^\kappa}$. Dies ist möglich, da $card(Fml\ L(A_\nu))$
$\leq 2^\kappa$ ist und damit die Menge der Teilmengen von $Fml\ L(A_\nu)$ der
Mächtigkeit $\leq \kappa$ durch die Mächtigkeit der Menge der Abbildungen
von κ in $Fml\ L(A_\nu)$ abgeschätzt werden kann. Es gilt:

$$card(Fml\ L(A_\nu)^\kappa) \leq (2^\kappa)^\kappa = 2^{\kappa\cdot\kappa} = 2^\kappa \ .$$

Wir setzen nun

$$\mathcal{O}_{\nu+1} = \bigcup_{\mu<2^\kappa} \mathcal{O}_\nu^{(\mu)}$$

wobei wir die Folge $\mathcal{O}_\nu^{(\mu)}$ folgendermaßen festlegen:

$$\mathcal{O}_\nu^{(0)} = \mathcal{O}_\nu$$

$$\mathcal{O}_\nu^{(\lambda)} = \bigcup_{\mu<\lambda} \mathcal{O}_\nu^{(\mu)} \quad \text{für Limeszahlen} \quad \lambda < 2^\kappa \ .$$

$\mathcal{O}_\nu^{(\mu+1)}$ = eine elementare Erweiterung $\mathcal{B}$ von $\mathcal{O}_\nu^{(\mu)}$,

$\qquad\qquad$ die $\Phi_\mu(v_0)$ realisiert mit $card(B) \leq 2^\kappa$.

Die Existenz einer solchen elementaren Erweiterung $\mathcal{B}$ folgt
sofort aus der Definition eines Typs von $\mathcal{O}_\nu^{(\mu)}$ zusammen mit
Satz 2.7 .

Wegen Satz 2.14 ist nun $\mathcal{O}_{\nu+1}$ eine elmentaren Erweiterung von
$\mathcal{O}_\nu$. Die Bedingung (2) ist offensichtlich erfüllt, denn für
einen Typ $\Phi(v_0)$ von $\mathcal{O}_\nu$ mit $card(\Phi) \leq \kappa$ gibt es ein $\mu < 2^\kappa$
mit $\Phi = \Phi_\mu$. Nach Konstruktion gibt es dann ein $a \in A_\nu^{(\mu+1)}$,
das Φ in $\mathcal{O}_\nu^{(\mu+1)}$ realisiert. Wegen $\mathcal{O}_\nu^{(\mu+1)} \prec \mathcal{O}_{\nu+1}$ gilt dann
aber auch $\Phi(\underline{a})$ in $(\mathcal{O}_{\nu+1},A_{\nu+1})$. Bedingung (1) folgt aus

$$card(A_{\nu+1}) = card(\bigcup_{\mu<2^\kappa} A_\nu^{(\mu)}) \leq \max(2^\kappa,2^\kappa) = 2^\kappa \ .$$

$$\text{q.e.d.}$$

Wir wollen eine unendliche L-Struktur $\mathcal{A}$ __saturiert__ nennen,
wenn sie card($|\mathcal{A}|$)-saturiert ist. Setzt man die 'allgemeine
Kontinuumshypothese' $2^\kappa = \kappa^+$ für unendliche Kardinalzahlen κ
voraus, so besagt Satz 2.17, daß es zu einer unendlichen Struktur
$\mathcal{A}$ in jeder Nachfolgermächtigkeit κ^+ mit

$$\max(\kappa_L^+ \, , \, \text{card}(|\mathcal{A}|)) \leq \kappa^+$$

eine elementare saturierte Erweiterung der Mächtigkeit κ^+ gibt.
Diese Struktur ist, wie der übernächste Satz zeigen wird, bis
auf Isomorphie eindeutig bestimmt.

Dem Isomorphiesatz wollen wir zur Erleichterung des Verständnisses
seines Beweises einen Einbettungssatz voranstellen.

EINBETTUNGSSATZ 2.18 __Es seien__ $\mathcal{A}$ __und__ $\mathcal{A}'$ __L-Strukturen.__ $\mathcal{A}'$ __sei__
κ-__saturiert, wobei__ κ __eine unendliche Kardinalzahl__ $\geq$ card($|\mathcal{A}|$)
__ist. Gilt dann jede__ $\exists$-__Aussage, die in__ $\mathcal{A}$ __gilt, auch in__ $\mathcal{A}'$,
__so läßt sich__ $\mathcal{A}$ __in__ $\mathcal{A}'$ __einbetten.__

Dabei verstehen wir unter einer __existentiellen__ oder $\exists$-__Aussage__
eine L-Aussage der Form $\exists x_1, \ldots, x_n \, \delta$ mit quantorenfreiem δ .[*]
Für die Behauptung, daß sich für jede $\exists$-Aussage ihre Gültigkeit
von $\mathcal{A}$ nach $\mathcal{A}'$ überträgt, schreiben wir auch kurz

$$\mathcal{A} \xrightarrow{\ \exists\ } \mathcal{A}'$$

Diese Schreibweise benützen wir analog in Spracherweiterungen
von L .

__Beweis:__ Es sei $\alpha = \text{card}(A)$, wobei $A = |\mathcal{A}|$ ist. Wir wählen
eine bijektive ordinale Indizierung $(a_\nu)_{\nu < \alpha}$ für alle Elemente

---

[*] Der Fall $n = 0$ erfaßt dabei quantorenfreie Aussagen.

von A und konstruieren eine ordinale Folge $(a_\nu')_{\nu < \alpha}$ von

Elementen von A', so daß

$$(*) \qquad\qquad (\mathcal{U}, (a_\nu)_{\nu < \alpha}) \xrightarrow{\;\exists\;} (\mathcal{U}', (a_\nu')_{\nu < \alpha})$$

sein wird. Die Sprache L_α dieser Erweiterung ist gerade eine

Erweiterung um Konstanten c_ν für $\nu < \alpha$, wobei wir annehmen

wollen, daß $K \cap \{\nu \mid \nu < \alpha\} = \emptyset$ ist. Im Verlaufe des Beweises

werden wir analog Konstantenerweiterungen L_β von L für alle

$\beta \leq \alpha$ betrachten.

Nach Lemma 2.10 folgt nun aus (*) sofort die Einbettbarkeit von

$\mathcal{U}$ in $\mathcal{U}'$. Wegen dieser Implikation ist nämlich $(\mathcal{U}', (a_\nu')_{\nu < \alpha})$ ein

Modell von $D(\mathcal{U})$. Man hat dabei lediglich zu beachten, daß

unsere Konstanten diesmal nicht mit $a \in A$ indiziert wurden,

sondern mit dem ordinalen Index ν von $a = a_\nu$.

Die Folge $(a_\nu')_{\nu < \alpha}$ werden wir so konstruieren, daß für alle $\beta < \alpha$

schon gilt:

$$(*)_\beta \qquad\qquad (\mathcal{U}, (a_\nu)_{\nu \leq \beta}) \xrightarrow{\;\exists\;} (\mathcal{U}', (a_\nu')_{\nu \leq \beta}) \; .$$

Hieraus folgt dann sofort (*) . Für endliche Kardinalzahlen α

ist dies sofort klar. Ist α eine unendliche Kardinalzahl,

so ist α eine Limesordinalzahl. Da in einer $\exists$-Aussage φ

der Sprache L_α nur endlich viele Konstanten c_ν vorkommen

können, ist φ deswegen schon eine $\exists$-Aussage einer Sprache L_β

mit $\beta < \alpha$. Also erhalten wir aus der Voraussetzung $(\mathcal{U}, (a_\nu)_{\nu < \alpha}) \vDash \varphi$

mit $(*)_\beta$ sofort $(\mathcal{U}', (a_\nu')_{\nu < \alpha}) \vDash \varphi$. Dieses Argument gilt nicht

nur für die Limeszahl α , sondern natürlich für jede Limeszahl

$\lambda \leq \alpha$.

Nun zur Definition der Folge $(a'_\nu)_{\nu<\alpha}$. Es sei $\gamma < \alpha$. Wir nehmen an, die Folge (a'_ν) sei schon für alle $\beta < \gamma$ so definiert, daß $(*)_\beta$ gilt. Wir haben dann zu a_γ ein $a'_\gamma \in A'$ so zu finden, daß $(*)_\gamma$ gilt.

Es sei $\exists\Delta(v_0)$ die Menge aller $\exists$-Formeln φ der Sprache L_γ mit $Fr(\varphi) \subseteq \{v_0\}$ und $(\mathfrak{A},(a_\nu)_{\nu\leq\gamma}) \models \varphi(c_\gamma)$. Selbstverständlich ist $\Phi(v_0) = \exists\Delta(v_0)$ ein Typ von $(\mathfrak{A},(a_\nu)_{\nu<\gamma})$. Für jede Teilmenge $\{\varphi_1,\ldots,\varphi_n\}$ von $\Phi(v_0)$ haben wir

$$(\mathfrak{A},(a_\nu)_{\nu<\gamma}) \models \exists v_0(\varphi_1 \wedge\ldots\wedge \varphi_n).$$

Es sei β das Maximum der Indizes von Konstanten c_ν, die in $\exists v_0(\varphi_1 \wedge\ldots\wedge \varphi_n)$ vorkommen. Es ist offenbar $\beta < \gamma$ und damit $\exists v_0(\varphi_1 \wedge\ldots\wedge \varphi_n)$ eine $\exists$-Aussage der Sprache $L_{\beta+1}$. Nach Voraussetzung haben wir damit auch

$$(\mathfrak{A}',(a'_\nu)_{\nu<\gamma}) \models \exists v_0(\varphi_1 \wedge\ldots\wedge \varphi_n).$$

Also ist $\Phi(v_0)$ auch ein Typ von $(\mathfrak{A}',(a'_\nu)_{\nu<\gamma})$. Aus der κ-Saturiertheit von $\mathfrak{A}'$ erhalten wir, wie schon bei der Definition der Saturiertheit erwähnt, die κ-Saturiertheit von $(\mathfrak{A}',(a'_\nu)_{\nu<\gamma})$. Wegen $card(\gamma) < \alpha \leq \kappa$ wird $\Phi(v_0)$ also in dieser Struktur realisiert, d.h. es gibt ein $a'_\gamma \in A'$ mit $(\mathfrak{A}',(a'_\nu)_{\nu\leq\gamma}) \models \Phi(c_\gamma)$. Damit ist aber gerade $(*)_\gamma$ gezeigt. Ist nämlich die $\exists$-Aussage φ von der Gestalt $\exists x_1,\ldots,x_n \delta$ mit quantorenfreien δ, so können wir immer o.B.d.A. $v_0 \notin \{x_1,\ldots,x_n\}$ annehmen und erhalten damit $\varphi = \varphi(c_\gamma/v_0)(v_0/c_\gamma)$.

q.e.d.

Bevor wir zum Isomorphiesatz kommen, wollen wir noch einige
Folgerungen aus dem Bisherigen ziehen. Dabei nennen wir eine
L-Substruktur $\mathfrak{A}$ von $\mathfrak{A}'$ <u>in</u> $\mathfrak{A}'$ <u>existentiell abgeschlossen</u>,
falls jede $\exists$-Aussage der Sprache $L(A)$, die in $\mathfrak{A}'$ gilt,
schon in $\mathfrak{A}$ gilt.

KOROLLAR 2.19 <u>Die</u> L-<u>Struktur</u> $\mathfrak{A}$ <u>mit Trägermenge</u> A <u>sei</u>
<u>gemeinsame Substruktur von den</u> L-<u>Strukturen</u> $\mathfrak{A}*$ <u>und</u> $\mathfrak{A}'$.

(1) <u>Ist</u> $\mathfrak{A}'$ κ-<u>saturiert mit</u> $\kappa >$ card($|\mathfrak{A}*|$) <u>und</u>

   (a): $\mathfrak{A}$ <u>in</u> $\mathfrak{A}*$ <u>existentiell abgeschlossen, oder</u>

   (b): <u>jede endlich erzeugte</u> $L(A)$-<u>Substruktur von</u> $\mathfrak{A}*$ <u>in</u> $\mathfrak{A}'$
      einbettbar,

   <u>so ist</u> $\mathfrak{A}*$ <u>als</u> $L(A)$-<u>Struktur in</u> $\mathfrak{A}'$ <u>einbettbar</u>.

(2) <u>Ist</u> $\mathfrak{A}*$ <u>als</u> $L(A)$-<u>Struktur in</u> $\mathfrak{A}'$ <u>einbettbar und gilt</u>
   $\mathfrak{A} \prec \mathfrak{A}'$, <u>so ist</u> $\mathfrak{A}$ <u>in</u> $\mathfrak{A}*$ <u>existentiell abgeschlossen</u>.

<u>Beweis</u>: (1) Nach Satz 2.18 ist $(\mathfrak{A}*,A) \xrightarrow{\exists} (\mathfrak{A}',A)$ zu zeigen.
Man beachte, daß wegen card(A) $\leq$ card(A*) $< \kappa$ die Struktur
$(\mathfrak{A}',A)$ immer noch κ-saturiert ist. Es sei nun φ eine $\exists$-
Aussage von $L(A)$ mit $(\mathfrak{A}*,A) \models \varphi$. Ist $\mathfrak{A}$ existentiell
abgeschlossen in $\mathfrak{A}*$, so folgt $(\mathfrak{A},A) \models \varphi$ und wegen des
existentiellen Charakters von φ schließlich $(\mathfrak{A}',A) \models \varphi$.

In diesem Fall sind wir fertig.

Wir nehmen jetzt die Einbettbarkeit endlich erzeugter $L(A)$-Substrukturen von $\mathfrak{A}*$ in $\mathfrak{A}'$ an. Ist φ etwa von der Gestalt $\exists x_1,\ldots,x_n \delta$ mit quantorenfreiem δ , so folgt aus $(\mathfrak{A}*,A) \models \varphi$ die Existenz von Elementen $a_1^*,\ldots,a_n^* \in A^* = |\mathfrak{A}*|$ mit $(\mathfrak{A}*,A^*) \models \delta(a_1^*,\ldots,a_n^*)$. Sei $\mathcal{B}$ die von $A \cup \{a_1^*,\ldots,a_n^*\}$ erzeugte Substruktur von $\mathfrak{A}*$. Es gilt $\mathfrak{A} \subset \mathcal{B} \subset \mathfrak{A}*$ und $\mathcal{B}$ ist eine endlich erzeugte $L(A)$-Substruktur von $\mathfrak{A}*$. Nach Voraussetzung gibt es eine Einbettung $\tau:\mathcal{B} \to \mathfrak{A}'$ mit $\tau(a) = a$ für alle $a \in A$. Nach Bemerkung 2.4 und Lemma 2.9 gilt dann $(\mathfrak{A}',A) \models \delta(\tau(a_1^*),\ldots,\tau(a_n^*))$, also insbesondere

$$(\mathfrak{A}',A) \models \exists x_1,\ldots,x_n \delta .$$

(2) Ist φ eine existentielle $L(A)$-Aussage mit $(\mathfrak{A}*,A) \models \varphi$, so folgt analog wie in (1) aus der $L(A)$-Einbettbarkeit von $\mathfrak{A}*$ in $\mathfrak{A}'$ natürlich $(\mathfrak{A}',A) \models \varphi$. Wegen $\mathfrak{A} \prec \mathfrak{A}'$ ergibt dies aber $(\mathfrak{A},A) \models \varphi$.

q.e.d.

Das nächste Korollar ergibt sich sofort aus dem Beweis des Einbettungssatzes 2.18 mit Lemma 2.10 , wenn man dort für $\Phi(v_0)$ nicht die Menge aller $\exists$-Formeln, sondern alle Formeln φ der Sprache L_γ mit $Fr(\varphi) \subset \{v_0\}$ und $(\mathfrak{A},(a_\nu)_{\nu<\gamma}) \models \varphi(c_\gamma)$ nimmt.

KOROLLAR 2.20 <u>Es seien</u> $\mathfrak{A}$ <u>und</u> $\mathfrak{A}'$ L-<u>Strukturen</u>. $\mathfrak{A}'$ <u>sei</u>

κ-<u>saturiert, wobei</u> κ <u>eine unendliche Kardinalzahl</u>

$\geq$ card($|\mathfrak{A}|$) <u>ist. Sind dann</u> $\mathfrak{A}$ <u>und</u> $\mathfrak{A}'$ <u>elementar äquivalent,</u>

<u>so läßt sich</u> $\mathfrak{A}$ <u>elementar in</u> $\mathfrak{A}'$ <u>einbetten.</u>

Nun kommen wir zu dem wichtigen

ISOMORPHIESATZ 2.21   <u>Es seien</u> $\mathfrak{A}$ <u>und</u> $\mathfrak{A}'$ <u>unendliche</u>

<u>saturierte L-Strukturen gleicher Mächtigkeit</u> κ . <u>Dann sind</u>

$\mathfrak{A}$ <u>und</u> $\mathfrak{A}'$ <u>isomorph genau dann, wenn sie elementar äquivalent</u>

<u>sind.</u>

<u>Beweis</u>: Aus der Isomorphie von $\mathfrak{A}$ und $\mathfrak{A}'$ folgt nach Satz 2.3

sofort ihre elementare Äquivalenz. Seien also jetzt $\mathfrak{A}$ und $\mathfrak{A}'$

elementar äquivalent. Wir werden bijektive, ordinale Indizierungen

$(a_\nu)_{\nu<\kappa}$ und $(a_\nu')_{\nu<\kappa}$ aller Elemente von $A = |\mathfrak{A}|$ bzw. $A' = |\mathfrak{A}'|$

so konstruieren, daß

$$(+) \qquad (\mathfrak{A},(a_\nu)_{\nu<\kappa}) \equiv (\mathfrak{A}',(a_\nu')_{\nu<\kappa})$$

in der Sprache L_κ mit Konstanten c_ν für $\nu < \kappa$ gilt. (Wieder

nehmen wir o.B.d.A. $K \cap \{\nu\,|\,\nu<\kappa\} = \emptyset$ an). Die Abbildung $\tau(a_\nu) = a_\nu'$

definiert dann nach Lemma 2.10 eine Einbettung von $\mathfrak{A}$ in $\mathfrak{A}'$,

die offensichtlich surjektiv ist, d.h. τ ist ein Isomorphismus

von $\mathfrak{A}$ und $\mathfrak{A}'$. Dies folgt wieder wie im Beweis von Satz 2.18,

da $\mathfrak{A}'$ wegen (+) ein Modell von $D(\mathfrak{A})$ ist. Wir werden deshalb den

Beweis des Einbettungssatzes 2.18 so abändern, daß sich (+) ergibt.

Wir beginnen mit bijektiven ordinalen Indizierungen $(b_\nu)_{\nu<\kappa}$ und $(b_\nu')_{\nu<\kappa}$ von $\mathcal{A}$ bzw. $\mathcal{A}'$. Aus diesen Indizierungen konstruieren wir die Indizierungen $(a_\nu)_{\nu<\kappa}$ und $(a_\nu')_{\nu<\kappa}$, so daß

$$(+)_\beta \qquad (\mathcal{A},(a_\nu)_{\nu\leq\beta}) \equiv (\mathcal{A}',(a_\nu')_{\nu\leq\beta})$$

für alle $\beta < \kappa$ gelten wird. Hieraus folgt sofort (+). Da nämlich κ als unendliche Kardinalzahl eine Limesordinalzahl ist und jede L_κ-Aussage φ nur endlich viele Konstanten c_ν mit $\nu < \kappa$ enthalten kann, ist φ schon ein L_β-Aussage für ein $\beta < \kappa$.

Die Folgen $(a_\nu)_{\nu<\kappa}$ und $(a_\nu')_{\nu<\kappa}$ werden wir so definieren, daß schließlich jedes b_ν und jedes b_ν' in diesen Folgen vorkommt. Um dies zu erreichen, werden wir zwischen den Strukturen $\mathcal{A}$ und $\mathcal{A}'$ 'hin und her' wechseln (vgl. Satz 3.8(1)). Dabei benützen wir die Tatsache, daß jede Ordinalzahl γ eindeutig in der Gestalt

$$\gamma = \lambda + m$$

dargestellt werden kann, wobei $\lambda = 0$ oder eine Limesordinalzahl und $m \in \mathbb{N}$ ist.

Sei nun $\gamma < \kappa$ und die Folgen (a_ν) und (a_ν') seien schon für $\nu < \gamma$ so definiert, daß für alle $\beta < \gamma$ die Beziehung $(+)_\beta$ gilt. Wir werden dann a_γ und a_γ' so definieren, daß $(+)_\gamma$ gilt. Die Ordinalzahl γ habe die Darstellung $\gamma = \lambda + m$ wie oben beschrieben.

<u>1. Fall</u>: m ist gerade, d.h. $m = 2n$.

In diesem Fall sei a_γ dasjenige Element b_ν aus der Menge

$$\{ b_\nu \mid \nu < \kappa \} \smallsetminus \{ a_\nu \mid \nu < \gamma \}$$

mit kleinstem Index ν . Um a_γ' zu definieren, betrachten wir
den Typ von a_γ in $(\mathcal{A}, (a_\nu)_{\nu \leq \gamma})$, d.h. die Formelmenge $\Phi(v_0)$
der Sprache L_γ für die

$$(\mathcal{A}, (a_\nu)_{\nu \leq \gamma}) \models \Phi(c_\gamma)$$

gilt. Sind dann $\varphi_1, \ldots, \varphi_r \in \Phi(v_0)$, so gilt $(\mathcal{A}, (a_\nu)_{\nu < \gamma}) \models$
$\exists v_0(\varphi_1 \wedge \ldots \wedge \varphi_r)$. Sei β das Maximum der Indizes der Konstanten
c_ν in $(\varphi_1 \wedge \ldots \wedge \varphi_r)$. Wegen $\beta < \gamma$ gilt $(+)_\beta$ und damit
$(\mathcal{A}', (a_\nu')_{\nu < \gamma}) \models \exists v_0(\varphi_1 \wedge \ldots \wedge \varphi_r)$. Also ist $\Phi(v_0)$ ein Typ von
$(\mathcal{A}', (a_\nu')_{\nu < \gamma})$. Aus der κ-Saturiertheit von $\mathcal{A}'$ und $\mathrm{card}(\gamma) < \kappa$
folgt dann, daß es ein $b_\mu' \in A'$ gibt, das $\Phi(v_0)$ in $(\mathcal{A}', (a_\nu')_{\nu < \gamma})$
realisiert. Sei a_γ' ein solches b_μ mit kleinstem Index.
Dann gilt offenbar

$$(\mathcal{A}', (a_\nu')_{\nu \leq \gamma}) \models \Phi(c_\gamma) \ .$$

Hieraus folgt $(+)_\gamma$. Ist nämlich φ eine $L_{\gamma+1}$ Aussage, so
findet man leicht durch eventuelle Umbenennung gebundener Vari-
ablen eine $L_{\gamma+1}$-Aussage φ', so daß φ und φ' logisch äquivalent sind und c_γ in φ' nirgends im Wirkungsbereich eines
Quantors $\exists v_0$ liegt. Wir können also o.B.d.A. annehmen, daß
$\varphi = \varphi(c_\gamma/v_0)(v_0/c_\gamma)$ ist. Aus $(\mathcal{A}, (a_\nu)_{\nu \leq \gamma}) \models \varphi$ folgt dann
$\varphi(c_\gamma/v_0) \in \Phi(v_0)$ und dies impliziert $(\mathcal{A}', (a_\nu')_{\nu \leq \gamma}) \models \varphi$.

2. Fall: m ist ungerade, d.h. $m = 2n + 1$
In diesem Falle sei a_γ' dasjenige Element b_ν' aus der Menge
$$\{ b_\nu' \mid \nu < \kappa \} \smallsetminus \{ a_\nu' \mid \nu < \gamma \}$$

mit kleinstem   Index. Wir definieren nun a_γ völlig analog
zum 1. Fall und erhalten wieder

$$(\mathcal{O}, (a_\nu)_{\nu \leq \gamma}) \equiv (\mathcal{O}', (a'_\nu)_{\nu \leq \gamma}) .$$

Man ersieht jetzt sofort aus dem alternierenden Charakter der
Definitionen der Folge $(a_\nu)_{\nu < \kappa}$ und $(a'_\nu)_{\nu < \kappa}$, daß im 1. Fall
für den kleinsten Index ν mit $b_\nu \notin \{a_\nu | \nu < \gamma\}$ offenbar
$\nu \geq \lambda + n$ gelten muß. Analog gilt im 2. Fall für den kleinsten
Index ν mit $b' \notin \{a' | \nu < \gamma\}$ ebenfalls $\nu \geq \lambda + n$. Also
werden schließlich alle b_ν und b'_ν erfaßt.

q.e.d.

Abschließend wollen wir in diesem Paragraphen noch einige Beispiele
saturierter Strukturen betrachten.

Sei $\mathcal{O} = \langle A; <^{\mathcal{O}} \rangle$ eine dichte lineare Ordnung ohne Extrema, d.h.
ein Modell der Axiome O_1 bis O_5 aus § 1.6. Für $<^{\mathcal{O}}$ werden wir
ebenfalls $<$ schreiben. $\mathcal{O}$ sei κ-saturiert, wobei $\kappa = \aleph_\alpha$
sein soll. In diesem Falle hat $\mathcal{O}$ den von Hausdorff eingeführten
Ordnungstyp η_α , d.h. sind B und C Teilmengen von A mit
B < C (dies soll b < c für alle $b \in B$ und $c \in C$ bedeuten)
und einer Mächtigkeit $< \aleph_\alpha$, so gibt es ein $a \in A$ mit

$$b < a < c \quad \text{für alle} \quad b \in B , c \in C .$$

Um dies einzusehen, betrachten wir die Formelmenge

$$\Phi(v_0) = \{\underline{b} < v_0 \mid b \in B\} \cup \{v_0 < \underline{c} \mid c \in C\} .$$

Da $\mathcal{O} = \langle A; < \rangle$ eine dichte Ordnung ohne Extrema ist, läßt sich

offensichtlich jede endliche Teilmenge von Φ in $\mathfrak{A}$ realisieren.
Wegen $\text{card}(\Phi) < \aleph_\alpha = \kappa$ wird also Φ selbst in $\mathfrak{A}$ realisiert.
Ein realisierendes Element $a \in A$ erfüllt dann gerade $b < a < c$
für alle $b \in B$ und $c \in C$. (Es sei darauf hingewiesen, daß sowohl B als auch C leer sein dürfen.)

Der Ordnungstyp η_0 ist offensichtlich gerade der Typ von dichten
Ordnungen ohne Extrema. Der Ordnungstyp η_1 hingegen läßt sich
schon nicht mehr so leicht durch Beispiele veranschaulichen: Die
Ordnungen von $\mathbb{Q}$ bzw. $\mathbb{R}$ haben nur den Typ η_0 .

In Kapitel IV werden wir sehen, daß eine lineare Ordnung $\mathfrak{A} = {<}A;< {>}$
vom Ordnungstyp η_α immer schon $\aleph_\alpha$-saturiert ist. Analoges werden wir dort für divisible, angeordnete abelsche Gruppen und reell
abgeschlossene Körper feststellen. Ist etwa $\mathfrak{A} = {<}A;\ <^{\mathfrak{A}};\ +^{\mathfrak{A}};\ 0^{\mathfrak{A}}{>}$
eine divisible, angeordnete abelsche Gruppe (vgl. §1.6), so impli-
ziert die $\aleph_\alpha$-Saturiertheit von $\mathfrak{A}$ wie oben den Ordnungstyp η_α
von ${<}A;\ <^{\mathfrak{A}}{>}$. Wie wir sehen werden, ist dies jedoch auch schon
hinreichend für die $\aleph_\alpha$-Saturiertheit von $\mathfrak{A}$. Ebenso werden
wir sehen, daß ein reell abgeschlossener Körper $\mathfrak{A} =$
${<}A;\ <^{\mathfrak{A}};\ +^{\mathfrak{A}};\ \cdot^{\mathfrak{A}};\ 0^{\mathfrak{A}};\ 1^{\mathfrak{A}}{>}$ (vgl. § 1.6) genau dann $\aleph_\alpha$-saturiert
ist, falls ${<}A;\ <^{\mathfrak{A}}{>}$ den Ordnungstypus η_α hat.

Die eben gemachten Feststellungen sind (wovon sich der Leser
leicht überzeugen wird) direkte Konsequenzen aus der Tatsache,
daß die genannten Theorien 'Elimination von Quantoren' erlauben
(vgl. 3.4).

2.6 Ultraprodukte

In diesem Paragraphen werden wir eine sehr algebraisch anmutende
Konstruktion einer L-Struktur aus einer oder mehreren gegebenen
L-Strukturen einführen. Diese Methode wird es uns insbesondere
erlauben, aus Modellen der endlichen Teilmengen einer L-Aussagenmenge Σ ein Modell von Σ selbst 'zusammenzuschweißen'. Hier-
durch erhalten wir einen Beweis für den Kompaktheitssatz 1.15,
der nicht auf den Vollständigkeitssatz zurückgreift.

Zur Vorbereitung müssen wir den Begriff eines Ultrafilters auf
einer Menge einführen. Es sei S eine nicht-leere Menge und $P(S)$
die Potenzmenge, d.h. $P(S) = \{A \mid A \subset S\}$. Eine nicht-leere Teilmenge F von $P(S)$ heißt ein <u>Filter</u> auf S , falls

> (1) $\emptyset \notin F$
>
> (2) $U,V \in F$ impliziert $U \cap V \in F$
>
> (3) $U \in F$, $U \subset A \subset S$ impliziert $A \in F$

Beispiele für Filter bilden die Menge aller koendlichen Teilmengen
A von S (d.h. $S \smallsetminus A$ ist endlich; wobei S als unendlich vorausgesetzt wird) oder für jedes $a \in S$ die Menge

$$H(a) = \{A \subset S \mid a \in A\} .$$

Der Filter $H(a)$ hat zusätzlich noch die Eigenschaft

> (4) $A \subset S$, $A \notin F$ impliziert $S \smallsetminus A \in F$.

Ein Filter auf S , der (4) erfüllt, heißt <u>Ultrafilter</u> auf S .
Filter der Gestalt $H(a)$ heißen <u>Hauptultrafilter</u>. Man überlegt

sich leicht, daß ein Filter F , der eine endliche Menge enthält,

notwendigerweise ein Hauptultrafilter ist. Ist S unendlich,

so ist der Filter der koendlichen Teilmenge von S offensioht-

lich kein Ultrafilter. Es gilt jedoch das folgende Lemma:

LEMMA 2.22 __Es sei__ F_O __ein durchschnittsabgeschlossenes System__

__nicht-leerer Teilmengen von__ S . __Dann gibt es immer einen Ultra-__

__filter__ D __auf__ S __mit__ $F_O \subset D$.

__Beweis:__ Es sei $D \subset P(S)$ eine maximale, durchschnittsabgeschlos-

sene Erweiterung von F_O , die $\emptyset$ nicht als Element enthält.

Die Existenz eines solchen Systems D gewährleistet das Zorn-

sche Lemma. Wir zeigen, daß D ein Ultrafilter auf S ist.

Bildet man die Menge

$$F(D) = \{A \subset S \mid \text{es gibt } U \in D \text{ mit } U \subset A\},$$

so sieht man sofort, daß F(D) eine D umfassende, durchschnitts-

abgeschlossene Menge nicht-leerer Teilmengen von S ist. Wegen

der Maximalität von D muß also D = F(D) sein, d.h. D ist

ein Filter auf S . Es sei nun $A \subset S$ nicht-leer und $A \notin D$.

Wir setzen dann $B = S \smallsetminus A$ und bilden die Menge

$$D \cup \{U \cap B \mid U \in D\} ,$$

die offensichtlich durchschnittsabgeschlossen ist. Wäre

$U \cap B = \emptyset$ für ein $U \in D$, so wäre $U \subset A = S \smallsetminus B$, was aber

$A \notin D$ widerspricht. Wegen der Maximalität von D muß obige

Menge also wieder gleich D sein. Dann gilt wegen $S \in D$

insbesondere

$$S \smallsetminus A = B = S \cap B \in D .$$

Damit haben wir gezeigt, daß D ein Ultrafilter auf S ist.

$$q.e.d.$$

Es sei nun ein nicht-leeres System $\mathcal{O}\!\!\mathit{l}^{(s)}$ von L-Strukturen für $s \in S$ gegeben. Weiterhin sei ein Ultrafilter D auf S gegeben. Wir werden dann das <u>Ultraprodukt der</u> $\mathcal{O}\!\!\mathit{l}^{(s)}$ <u>nach</u> D definieren. Dies wird wiederum eine L-Struktur sein. Es sei dazu

$$\mathcal{O}\!\!\mathit{l}^{(s)} = \langle A^{(s)} ; (R_i^{(s)})_{i \in I} ; (b_j^{(s)})_{i \in J} ; (d_k^{(s)})_{k \in K} \rangle$$

Wir betrachten die Menge der Folgen indiziert mit $s \in S$

$$\prod_{s \in S} A^{(s)} = \{ (a^{(s)})_{s \in S} \mid a^{(s)} \in A^{(s)} \text{ für alle } s \in S \}.$$

Zwei Folgen $(a_1^{(s)})_{s \in S}$ und $(a_2^{(s)})_{s \in S}$ wollen wir (bzgl. D) <u>äquivalent</u> nennen, falls sie auf einer Teilmenge aus D übereinstimmen, d.h. wir setzen

$$(a_1^{(s)})_{s \in S} \;\widetilde{D}\; (a_2^{(s)})_{s \in S} \quad \text{gdw} \quad \{ s \mid a_1^{(s)} = a_2^{(s)} \} \in D \; .$$

Dies ist eine Äquivalenzrelation auf $\prod\limits_{s \in S} A^{(s)}$, d.h. es gilt

(i) $(a_1^{(s)}) \sim (a_1^{(s)})$

(ii) $(a_1^{(s)}) \sim (a_2^{(s)})$ impliziert $(a_2^{(s)}) \sim (a_1^{(s)})$

(iii) $(a_1^{(s)}) \sim (a_2^{(s)})$ und $(a_2^{(s)}) \sim (a_3^{(s)})$ implizieren $(a_1^{(s)}) \sim (a_3^{(s)})$

Dabei folgt (i) aus $S \in D$, (ii) ist trivial und (iii) ergibt sich so:

$$\{ s \mid a_1^{(s)} = a_2^{(s)} \} \cap \{ s \mid a_2^{(s)} = a_3^{(s)} \} \subset \{ s \mid a_1^{(s)} = a_3^{(s)} \} \; .$$

Da beide Mengen der linken Seite in D liegen, liegt ihr Durchschnitt und damit auch die Menge auf der rechten Seite in D .

So wie wir im Anschreiben der Eigenschaften (i)-(iii) für

Folgen $(a^{(s)})_{s \in S}$ kurz $(a^{(s)})$ geschrieben haben, werden wir

auch im folgenden verfahren. Auch werden wir meistens den Bezug

auf D in der Äquivalenzrelation $\underset{D}{\sim}$ fortlassen.

Wir definieren jetzt die Trägermenge A als die Menge der

Äquivalenzklassen von $\underset{s \in S}{\Pi} A^{(s)}$ nach $\underset{D}{\sim}$, d.h.

$$A = \{ \overline{(a^{(s)})} \mid (a^{(s)}) \in \underset{s \in S}{\Pi} A^{(s)} \} \, ,$$

wobei

$$\overline{(a^{(s)})} = \{ (a_1^{(s)}) \mid (a_1^{(s)}) \sim (a^{(s)}) \}$$

ist. Auf A werden wir für $i \in I$ die Relationen R_i , für

$j \in J$ die Funktion $\oint_j$ und für $k \in K$ die Konstanten d_k

so definieren, daß wir die L-Struktur

$$\mathcal{O} = \, < A \; ; \; (R_i)_{i \in I} \; ; \; (\oint_j)_{j \in J} \; ; \; (d_k)_{k \in K} >$$

bilden können. $\mathcal{O}$ heißt dann das <u>Ultraprodukt der</u> $\mathcal{O}^{(s)}$ <u>nach</u>

dem Ultrafilter D . Wir schreiben dafür auch

$$\mathcal{O} = \underset{s \in S}{\Pi} \mathcal{O}^{(s)}/D \, .$$

Die Relationen R_i werden folgendermaßen definiert: Für Äquiva-

lenzklassen $\overline{(a_1^{(s)})}, \ldots, \overline{(a_{\lambda(i)}^{(s)})}$ setzen wir

$$R_i(\overline{(a_1^{(s)})}, \ldots, \overline{(a_{\lambda(i)}^{(s)})}) \text{ gdw } \{s \mid R_i^{(s)}(a_1^{(s)}, \ldots, a_{\lambda(i)}^{(s)})\} \in D \, .$$

Diese Definition macht von Vertretern der Äquivalenzklassen

Gebrauch. Es ist also zu zeigen, daß für eine andere Wahl von

Vertretern die Relation sich nicht ändert. Seien also

$$(b_1^{(s)}) \sim (a_1^{(s)}), \ldots, (b_{\lambda(i)}^{(s)}) \sim (a_{\lambda(i)}^{(s)}) \; . \; \text{Dann gilt}$$

$$\{s \mid b_\nu^{(s)} = a_\nu^{(s)}\} \in D \qquad \text{für alle} \quad 1 \leq \nu \leq \lambda(i) \; .$$

Hieraus erhält man

$$U = \bigcap_{1 \leq \nu \leq \lambda(i)} \{s \mid b_\nu^{(s)} = a_\nu^{(s)}\} \in D \; .$$

Gilt nun $R_i((\overline{a_1^{(s)}}), \ldots, (\overline{a_{\lambda(i)}^{(s)}}))$, so haben wir
$\{s \mid R_i^{(s)}(a_1^{(s)}, \ldots, a_{\lambda(i)}^{(s)})\} \in D$ und wegen

$$\{s \mid R_i^{(s)}(a_1^{(s)}, \ldots, a_{\lambda(i)}^{(s)})\} \cap U \subset \{s \mid R_i^{(s)}(b_1^{(s)}, \ldots, b_{\lambda(i)}^{(s)})\}$$

folgt dann auch $\{s \mid R_i^{(s)}(b_1^{(s)}, \ldots, b_{\lambda(i)}^{(s)})\} \in D$, d.h.
$R_i((\overline{b_1^{(s)}}), \ldots, (\overline{b_{\lambda(i)}^{(s)}}))$. Analog zeigt man die Umkehrung.

Die Funktionen ϕ_j definieren wir auf Äquivalenzklassen
$(\overline{a_1^{(s)}}, \ldots, (\overline{a_{\mu(j)}^{(s)}})$ durch

$$\phi_j((\overline{a_1^{(s)}}), \ldots, (\overline{a_{\mu(j)}^{(s)}})) := (\overline{\phi_j^{(s)}(a_1^{(s)}, \ldots, a_{\mu(j)}^{(s)})})$$

Analog gehen wir bei den Konstanten d_k vor:

$$d_k := (\overline{d_k^{(s)}})$$

Im Falle der Funktionen ϕ_j für $j \in J$ ist wieder die Unabhängigkeit der Definition von den gewählten Vertretern zu zeigen. Wir überlassen dies dem Leser.

Der folgende Satz enthält die wichtigste Eigenschaft von Ultraprodukten. In seiner Formulierung benötigen wir den Begriff einer 'Folgenbelegung'. Es seien $h^{(s)}$ für $s \in S$ Belegungen der Variablen in $\mathfrak{a}^{(s)}$. Dann definieren wir

$$\overline{(h^{(s)})} : Vbl \to A$$

durch $\overline{(h^{(s)})}(v_\nu) := \overline{(h^{(s)}(v_\nu))}$. Ist $a = (a^{(s)})$ ein Element

von A , so gilt, wie man leicht nachprüft,

$$\overline{(h^{(s)})}\binom{x}{a} = \overline{(h^{(s)}\binom{x}{a^{(s)}})}$$

Es gilt nun der folgende Satz von Łoś:

SATZ 2.23 Es sei $\mathcal{O}\!\ell$ das Ultraprodukt der L-Strukturen $\mathcal{O}\!\ell^{(s)}$

mit $s \in S$ nach dem Ultrafilter D . Dann gilt für jede L-

Formel φ und jede Folgenbelegung $\overline{(h^{(s)})}$ in $\mathcal{O}\!\ell$

$$\mathcal{O}\!\ell \models \varphi[\overline{(h^{(s)})}] \quad gdw \quad \{s \mid \mathcal{O}\!\ell^{(s)} \models \varphi[h^{(s)}]\} \in D .$$

Beweis: Wir beweisen die behauptete Äquivalenz durch Induktion

über den Aufbau von φ .

Ist φ eine Primformel, so ergibt sich die Äquivalenz gerade

als Definition der Gleichheit der Äquivalenzklassen bzw. der

Relationen R_i für $i \in I$. Zu beachten ist jedoch die Identität

$$t^{\mathcal{O}\!\ell}[\overline{(h^{(s)})}] = \overline{(t^{\mathcal{O}\!\ell^{(s)}}[h^{(s)}])} ,$$

die man zuerst routinemäßig über den Aufbau der Terme nachweist.

Ist φ von der Gestalt $\neg\varphi_1$, so ist

$$\mathcal{O}\!\ell \models \neg\varphi_1[\overline{(h^{(s)})}] \quad gdw \quad \mathcal{O}\!\ell \not\models \varphi_1[\overline{(h^{(s)})}]$$

$$gdw \quad \{s \mid \mathcal{O}\!\ell^{(s)} \models \varphi_1[h^{(s)}]\} \notin D$$

$$gdw \quad S \smallsetminus \{s \mid \mathcal{O}\!\ell^{(s)} \models \varphi_1[h^{(s)}]\} \in D$$

$$gdw \quad \{s \mid \mathcal{O}\!\ell^{(s)} \not\models \varphi_1[h^{(s)}]\} \in D$$

$$gdw \quad \{s \mid \mathcal{O}\!\ell^{(s)} \models \neg\varphi_1[h^{(s)}]\} \in D$$

Hierbei haben wir neben der Induktionsvoraussetzung die Ultra-
filtereigenschaften (4) und (1) benützt.

Ist φ von der Gestalt $(\varphi_1 \wedge \varphi_2)$, so ist $\mathcal{A} \models \varphi[\,\overline{(h^{(s)})}\,]$

$\qquad$ gdw $\quad (\mathcal{A} \models \varphi_1[\,\overline{(h^{(s)})}\,]$ und $\mathcal{A} \models \varphi_2[\,\overline{(h^{(s)})}\,])$

$\qquad$ gdw $(\{s \mid \mathcal{A}^{(s)} \models \varphi_1[h^{(s)}]\} \in D$ und $\{s \mid \mathcal{A}^{(s)} \models \varphi_2[h^{(s)}]\} \in D)$

$\qquad$ gdw $\{s \mid \mathcal{A}^{(s)} \models \varphi_1[h^{(s)}]\} \cap \{s \mid \mathcal{A}^{(s)} \models \varphi_2[h^{(s)}]\} \in D$

$\qquad$ gdw $\{s \mid \mathcal{A}^{(s)} \models (\varphi_1 \wedge \varphi_2)[h^{(s)}]\} \in D$.

Hierbei haben wir neben der Induktionsvoraussetzung die Filtereigenschaften (2) und (3) benützt.

Ist φ von der Gestalt $\forall x \varphi_1$, so ist $\mathcal{A} \models \varphi[\,\overline{(h^{(s)})}\,]$

$\qquad$ gdw $\mathcal{A} \models \varphi_1[\,\overline{(h^{(s)})}\,(\tfrac{x}{a})\,]$ $\qquad\qquad$ für alle $a \in A$

$\qquad$ gdw $\mathcal{A} \models \varphi_1[\,\overline{(h^{(s)}(\tfrac{x}{a^{(s)}}))}\,]$ $\qquad\qquad$ für alle $(a^{(s)}) \in \prod_{s \in S} A^{(s)}$

$\qquad$ gdw $\{s \mid \mathcal{A}^{(s)} \models \varphi_1[h^{(s)}(\tfrac{x}{a^{(s)}})]\} \in D$ für alle $(a^{(s)}) \in \prod_{s \in S} A^{(s)}$.

$\qquad$ gdw $\{s \mid \mathcal{A}^{(s)} \models \varphi_1[h^{(s)}(\tfrac{x}{a^{(s)}})]$ für alle $a^{(s)} \in A^{(s)}\} \in D$

$\qquad$ gdw $\{s \mid \mathcal{A}^{(s)} \models \forall x \varphi_1[h^{(s)}]\} \in D$

Hierbei ist die vorletzte Äquivalenz noch zu begründen. Wir
setzen dazu

$$U = \{s \mid \mathcal{A}^{(s)} \models \varphi_1[h^{(s)}(\tfrac{x}{a^{(s)}})]\ \text{ für alle } a^{(s)} \in A^{(s)}\}\ .$$

Für jede Folge $(b^{(s)}) \in \prod_{s \in S} A^{(s)}$ gilt dann

$$U \subset \{s \mid \mathcal{A}^{(s)} \models \varphi_1[h^{(s)}(\tfrac{x}{b^{(s)}})]\}\ .$$

Damit folgt die Richtung "$\Leftarrow$" aus der Filtereigenschaft (3).

Um "$\Rightarrow$" zu zeigen, nehmen wir $U \notin D$ an. Dann folgt $S \smallsetminus U \in D$,

d.h.

$$V = \{s \mid \mathcal{A}^{(s)} \nvDash \varphi_1[h^{(s)}(\underset{a^{(s)}}{x})] \quad \text{für ein} \quad a^{(s)} \in A^{(s)}\} \in D \ .$$

Wir definieren nun eine Auswahlfolge $(b^{(s)})$ durch

$$b^{(s)} = \begin{cases} \text{ein } a^{(s)} \text{ mit } \mathcal{A}^{(s)} \nvDash \varphi_1[h^{(s)}(\underset{a^{(s)}}{x})], & \text{falls } s \in V \\ \text{ein } a^{(s)} \in A^{(s)} & , \text{ sonst.} \end{cases}$$

Es gilt dann

$$V \subset \{s \mid \mathcal{A}^{(s)} \nvDash \varphi_1[h^{(s)}(\underset{b^{(s)}}{x})]\} \ .$$

Wegen $V \in D$ liegt auch die rechte Menge in D , d.h.

$$\{s \mid \mathcal{A}^{(s)} \vDash \varphi_1[h^{(s)}(\underset{b^{(s)}}{x})]\} \notin D \ .$$

Dies widerspricht aber der Voraussetzung. Damit ist der Beweis

der Äquivalenz abgeschlossen.

q.e.d.

Wir betrachten nun den Spezialfall, bei dem alle $\mathcal{A}^{(s)}$ untereinander gleich sind; etwa $\mathcal{A}^{(s)} = \mathcal{B}$ für alle $s \in S$. In diesem
Falle nennt man

$$\mathcal{A} = \prod_{s \in S} \mathcal{B}/_D =: \mathcal{B}^S/_D$$

eine <u>Ultrapotenz von</u> $\mathcal{B}$ <u>nach</u> D .

KOROLLAR 2.24 <u>Es sei</u> $\mathcal{B}$ <u>eine L-Struktur und</u> D <u>ein Ultrafilter</u>
<u>auf</u> S . <u>Dann definiert die Abbildung</u> $\tau(b) = (\overline{b})_{s \in S}$ <u>für</u> $b \in |\mathcal{B}|$
<u>eine elementare Einbettung von</u> $\mathcal{B}$ <u>in die Ultrapotenz</u> $\mathcal{A} = \mathcal{B}^S/_D$.

<u>Beweis</u>: Es sei h eine Belegung in $\mathscr{B}$. Aus h bilden wir die Folgenbelegung $\overline{h}$ in die Ultrapotenz $\mathcal{O}$, indem wir setzen

$$\overline{h}(x) = (\overline{h(x)})_{s \in S} = \tau(h(x)) \ .$$

Für jede L-Formel φ und jede Belegung h in $\mathscr{B}$ gilt dann nach Satz 2.23

$$\mathcal{O} \models \varphi[\overline{h}] \quad \text{gdw} \quad \{s \,|\, \mathscr{B} \models \varphi[h]\} \in D \ .$$

Da die Bedingung $\mathscr{B} \models \varphi[h]$ nicht von s abhängt, kann die Menge $\{s \,|\, \mathscr{B} \models \varphi[h]\}$ nur leer oder gleich S sein. Wegen $\emptyset \notin D$ und $S \in D$ erhalten wir also

$$\{s \,|\, \mathscr{B} \models \varphi[h]\} \in D \quad \text{gdw} \quad \mathscr{B} \models \varphi[h] \ .$$

Insgesamt haben wir damit

$$\mathcal{O} \models \varphi[\tau \circ h] \quad \text{gdw} \quad \mathscr{B} \models \varphi[h] \ .$$

Dies bedeutet aber gerade, daß τ eine elementare Einbettung von $\mathscr{B}$ in $\mathcal{O}$ ist.

q.e.d.

Mit den Ultrapotenzen haben wir eine weitere Methode zur Hand, elementare Erweiterungen zu konstruieren.

Als eine erste Anwendung der Ultraprodukte wollen wir jetzt einen im Vorwort schon erwähnten Beweis des für die Modelltheorie fundamentalen Kompaktheitssatz 1.15 geben, der nicht auf den Vollständigkeitssatz der Logik 1. Stufe zurückgreift. Dazu sei Σ eine Menge von L-Aussagen, von der jede endliche Teilmenge Δ ein Modell besitzt. Wir bilden dann zuerst das System S aller endlichen Teilmengen Δ von Σ . Die Menge S ist bezüglich der mengentheoretischen Inklusion partiell geordnet. Als nächstes

bilden wir das System F_o der (nicht-leeren) Mengen

$$S_\Delta = \{\Delta' \in S \mid \Delta \subset \Delta'\},$$

wobei Δ alle Elemente von S durchläuft. F_o ist durchschnitts-

abgeschlossen, denn

$$S_{\Delta_1} \cap S_{\Delta_2} = S_{\Delta_1 \cup \Delta_2}.$$

Nach Lemma 2.22 existiert ein Ultrafilter D auf S, der F_o

umfaßt. Es gilt dann der

SATZ 2.25 <u>Es sei</u> $\Sigma \subset \text{Aus}(L)$, S <u>das System aller endlichen</u>

<u>Teilmengen</u> Δ <u>von</u> Σ <u>und</u> D <u>ein Ultrafilter auf</u> S, <u>der</u> F_o

<u>umfaßt. Für jedes</u> $\Delta \in S$ <u>sei</u> $\mathcal{O}^{(\Delta)}$ <u>ein Modell von</u> Δ. <u>Dann ist</u>

<u>das Ultraprodukt</u>

$$\mathcal{O} = \prod_{\Delta \in S} \mathcal{O}^{(\Delta)} / D$$

<u>ein Modell von</u> Σ.

<u>Beweis:</u> Es sei $\rho \in \Sigma$. Für alle $\Delta \in S$ mit $\rho \in \Delta$ gilt offenbar

$\mathcal{O}^{(\Delta)} \models \rho$. Also gilt

$$\{\Delta \mid \mathcal{O}^{(\Delta)} \models \rho\} \supset \{\Delta \mid \Delta \supset \{\rho\}\} = S_{\{\rho\}}.$$

Wegen $S_{\{\rho\}} \in F_o \subset D$ folgt dann

$$\{\Delta \mid \mathcal{O}^{(\Delta)} \models \rho\} \in D.$$

Mit Satz 2.23 impliziert dies aber $\mathcal{O} \models \rho$.

q.e.d.

Wir wollen abschließend noch den in der Praxis sehr oft benutzten Fall der Ultrapotenz

$$\mathcal{A} = \mathcal{B}^{\,\mathbb{N}}/_{D}$$

einer unendlichen L-Struktur $\mathcal{B}$ nach einem Ultrafilter D auf den natürlichen Zahlen (oder irgend einer anderen abzählbaren Menge) diskutieren. Es sei zuvor noch bemerkt, daß der Fall einer endlichen Struktur $\mathcal{B}$ uninteressant ist, da wegen der elementaren Äquivalenz von $\mathcal{A}$ und $\mathcal{B}$ beide die gleiche Anzahl von Elementen hätten. Die in Korollar 2.24 angegebene Einbettung τ wäre dann also ein Isomorphismus von $\mathcal{B}$ und $\mathcal{A}$.

Ist D ein Hauptultrafilter auf $\mathbb{N}$, etwa

$$D = \{U \subset \mathbb{N} \mid m \in U\} \ ,$$

für ein gewisses $m \in \mathbb{N}$, so ist $\mathcal{A}$ ebenfalls isomorph zu $\mathcal{B}$. Zwei Folgen $(a^{(n)})_{n \in \mathbb{N}}$ und $(b^{(n)})_{n \in \mathbb{N}}$ von Elementen $|\mathcal{B}|$ sind nämlich nach D offenbar genau dann äquivalent, wenn $a^{(m)} = b^{(m)}$ ist. Die Äquivalenzklassen von Folgen $(a^{(n)})_{n \in \mathbb{N}}$ entsprechen also umkehrbar eindeutig den Elementen von $|\mathcal{B}|$.

Ist D kein Hauptultrafilter, dann kann D keine endliche Teilmenge von $\mathbb{N}$ enthalten, enthält also damit alle koendlichen Teilmengen von $\mathbb{N}$. Da $B = |\mathcal{B}|$ unendlich ist, gibt es eine injektive Folge $(a^{(n)})_{n \in \mathbb{N}}$ von Elementen von B . Die Äquivalenzklasse $a = \overline{(a^{(n)})}_{n \in \mathbb{N}}$ ist ein Element von $\mathcal{A}$, das nicht zum Bild der in Korollar 2.24 beschriebenen Einbettung τ von $\mathcal{B}$ in $\mathcal{A}$ gehört. Ist nämlich $b \in B$, so würde aus $\tau(b) = a$ nach Definition der Äquivalenz von Folgen sofort folgen, daß D die leere Menge oder eine Einermenge enthalten würde, da wegen $\tau(b) = a$

$$\{n \mid b = a^{(n)}\} \in D$$

sein würde. Also ist in diesem Falle die Ultrapotenz $\mathcal{A}$ eine

echte Erweiterung (nach erfolgter Einbettung) von $\mathcal{B}$.

Der folgende Satz bringt Ultraprodukte mit der Saturiertheit in

Verbindung.

SATZ 2.26 <u>Für</u> $s \in \mathbb{N}$ <u>seien</u> $\mathcal{A}^{(s)}$ <u>L-Strukturen, wobei L eine</u>

<u>abzählbare Sprache sein soll</u> (d.h. $\kappa_L = \aleph_0$). <u>Ist</u> D <u>ein Nicht-</u>

<u>Hauptultrafilter auf</u> $\mathbb{N}$, <u>so ist das Ultraprodukt</u>

$$\mathcal{A} = \prod_{s \in \mathbb{N}} \mathcal{A}^{(s)} / D$$

$\aleph_1$<u>-saturiert.</u>

<u>Beweis:</u> Es sei $\Phi(v_0)$ ein Typ von $(\mathcal{A}, A')$ mit $\text{card}(A') < \aleph_1$.
Damit ist die Menge Φ höchstens abzählbar. Es sei $(\varphi_n)_{n \in \mathbb{N}}$ eine
Abzählung der Formeln in Φ (möglicherweise mit Wiederholungen).
Wir bilden die Folge $(\psi_n)_{n \in \mathbb{N}}$, wobei wir

$$\psi_n = (\varphi_0 \wedge \ldots \wedge \varphi_n)$$

setzen. Realisiert ein $a \in A = |\mathcal{A}|$ alle Formeln ψ_n , so offen-
bar auch alle φ_n .

Nach Voraussetzung gibt es zu jedem $n \in \mathbb{N}$ ein Element $a_n \in A$
mit $(\mathcal{A}, A) \models \psi_n(a_n)$. In den Formeln ψ_n kommen Konstanten $\underline{b}$ für
gewisse $b \in A'$ vor. Repräsentieren wir diese Elemente b durch
Folgen $(b^{(s)})_{s \in \mathbb{N}}$ und die Elemente a_n ebenfalls durch Folgen
$(a_n^{(s)})_{s \in \mathbb{N}}$, so erhalten wir (mit Lemma 2.9) aus Satz 2.23 gerade

$$U_n = \{s \in \mathbb{N} \mid (\mathfrak{A}^{(s)}, A^{(s)}) \models \psi_n^{(s)}(\underline{a}_n^{(s)})\} \in D \; ,$$

wobei $\psi_n^{(s)}$ das Ergebnis der Ersetzung der Konstanten $\underline{b}$ durch $\underline{b}^{(s)}$ in ψ_n sein soll. Da D kein Hauptultrafilter ist, gilt auch

$$V_n = U_n \cap \{s \mid s \geq n\} \in D \; .$$

Für die Menge V_n gilt dann

$$V_{n+1} \subset V_n \quad \text{und} \quad \bigcap_{n \in \mathbb{N}} V_n = \emptyset \; .$$

(Ersteres folgt aus der speziellen Wahl der Folge ψ_n).

Wir definieren jetzt $a = \overline{(a^{(s)})}_{s \in \mathbb{N}}$, wobei wir

$$a^{(s)} = \begin{cases} a_n^{(s)} & \text{für } s \in V_n \smallsetminus V_{n+1} \\ c^{(s)} & \text{sonst.} \end{cases}$$

setzen. Dabei ist $c^{(s)}$ ein fest gewähltes Element von $A^{(s)}$. Wir behaupten, daß die Äquivalenzklasse a alle Formeln ψ_n in $\mathfrak{A}$ erfüllt. Nach Satz 2.23 ist dazu

$$W_n = \{s \mid (\mathfrak{A}^{(s)}, A^{(s)}) \models \psi_n^{(s)}(\underline{a}^{(s)})\} \in D$$

zu zeigen. Da für $m \geq n$ jedoch $\psi_n^{(s)}$ von $\psi_m^{(s)}$ impliziert wird, folgt sofort aus der Definition der Folge $(a^{(s)})$, daß

$$V_m \smallsetminus V_{m+1} \subset W_n$$

für jedes $m \geq n$ gilt. Also enthält W_n die Vereinigung aller $V_m \smallsetminus V_{m+1}$ für $m \geq n$, die wegen $\bigcap_{m \in \mathbb{N}} V_m = \emptyset$ gleich V_n ist. Wegen $V_n \in D$ folgt dann $W_n \in D$.

q.e.d.

Übungen zu Kapitel 2

1. Unter Benutzung des Diagrammlemmas 2.10 und des Endlichkeitssatzes 1.15 zeige man, daß sich eine Gruppe G anordnen läßt,
   falls sich jede endlich erzeugte Untergruppe von G anordnen
   läßt. Dabei ist eine Anordnung einer Gruppe G eine lineare
   Ordnung < , die zusätzlich

   $$a < b \rightarrow ac < bc \wedge ca < cb$$

   für alle $a,b,c \in G$ erfüllt.

2. Man zeige, daß die Existenz einer saturierten, divisiblen,
   angeordneten abelschen Gruppe der Mächtigkeit $\aleph_1$ mit der
   'speziellen Kontinuumshypothese' $2^{\aleph_0} = \aleph_1$ äquivalent ist.

3. Die meisten Argumente mit saturierten Strukturen, deren
   Existenz in der Regel die Kontinuumshypothese voraussetzt,
   lassen sich ebenso mit 'speziellen Strukturen' durchführen.
   Dabei heißt eine unendliche Struktur $\mathfrak{A}$ <u>speziell</u>, falls sie
   die Vereinigung einer elementaren Kette $(\mathfrak{A}_\alpha)_{\alpha<\kappa}$ mit
   $\kappa = \mathrm{card}(|\mathfrak{A}|)$ ist, wobei α eine Kardinalzahl und $\mathfrak{A}_\alpha$
   α^+-saturiert ist.

   Man zeige:

   a) <u>Existenz</u>: Zu jeder Kardinalzahl $\kappa > \kappa_L$ mit $\kappa = \sum\limits_{\alpha<\kappa} 2^\alpha$
      und jeder unendlichen Struktur $\mathfrak{A}$ mit $\mathrm{card}(|\mathfrak{A}|) < \kappa$
      gibt es eine elementare, spezielle Erweiterung $\mathfrak{A}^*$ von $\mathfrak{A}$
      mit $\mathrm{card}(|\mathfrak{A}^*|) = \kappa$.

   b) Es gibt beliebig große unendliche Kardinalzahlen κ mit
      $\kappa = \sum\limits_{\alpha<\kappa} 2^\alpha$.

c) <u>Eindeutigkeit</u>: Zwei unendliche spezielle L-Strukturen $\mathcal{A}$
   und $\mathcal{A}'$ gleicher Mächtigkeit κ sind genau dann isomorph,
   wenn sie elementar äquivalent sind.

4. Sei $K^{(s)}$ ($s \in S$) eine Familie von Körpern und $R = \prod_{s \in S} K^{(s)}$
   das direkte Produkt der $K^{(s)}$. Ist D ein Ultrafilter auf S,
   so sei

$$M_D = \{ (a^{(s)})_{s \in S} \in R \mid \{s \mid a^{(s)} = 0\} \in D\} \, .$$

   Man zeige, daß

   a) M_D ein maximales Ideal von R ist,

   b) es zu jedem maximalen Ideal M von R einen Ultrafilter
      D auf S mit $M = M_D$ gibt,

   c) das Ultraprodukt $\prod_{s \in S} K^{(s)}/D$ zum Restklassenkörper R/M_D
      isomorph ist.

5. Man zeige, daß die abelsche Gruppe $\mathbb{Z} = \,<\mathbb{Z}; +^{\mathbb{Z}}; 0^{\mathbb{Z}}>$ nicht
   direkter Summand der Obergruppe $\mathbb{Z}^* = \mathbb{Z}^{\mathbb{N}}/D$ ist, wobei D
   ein Nicht-Hauptultrafilter auf $\mathbb{N}$ ist.
   <u>Hinweis</u>: Unter Beachtung von Satz 2.26 betrachte man den
   Typ, bestehend aus Formeln $\varphi_n(v_0)$, die $v_0 \equiv 1 \bmod n$ für
   $n \geq 2$ ausdrücken.

Kapitel 3 Eigenschaften von Modellklassen

In diesem Kapitel wollen wir Eigenschaften von Modellklassen
studieren. Unter einer Modellklasse verstehen wir dabei die
Klasse aller Modelle eines Axiomensystems Σ .

Zuerst werden wir eine solche Klasse mit einer Topologie ver-
sehen, deren Kompaktheit gerade der Inhalt des Endlichkeitssatzes
(1.15) ist. Danach werden wir mehrere Eigenschaften der Modellklasse eines Axiomensystems Σ einführen, deren Studium u.a.
zum Nachweis der Vollständigkeit (vgl. 1.6) von Σ führen kann.
Für eine Reihe von in 1.6 axiomatisierten Theorien werden wir
dies explizit durchführen.

Die einzuführenden Eigenschaften von Σ bzw. seiner Modellklasse
werden sein: Kategorizität in einer festen Kardinalität, Modellvollständigkeit und Quantorenelimination. Das Studium dieser
Eigenschaften ist nicht nur in der möglichen Anwendbarkeit beim
Nachweis der Vollständigkeit einer Theorie begründet, sondern
rechtfertigt sich auch durch ihre Nützlichkeit in konkreten
mathematischen, insbesondere algebraischen, Theorien. In diesem
Kapitel werden wir lediglich die Theorie der algebraisch abgeschlossenen Körper auf solche Eigenschaften untersuchen - in
Kapitel 4 werden weitere Theorien folgen.

3.1 Kompaktheit und Separation

Wir wollen zuerst die Aussage des Endlichkeitssatzes 1.15 als
die Kompaktheit eines gewissen Raumes interpretieren. Diese Übersetzung ist nicht weiter tiefsinnig, jedoch sehr einprägsam.

Wir betrachten eine Sprache $L = (\lambda, \mu, K)$ und bezeichnen mit Mod_L
die Klasse aller L-Strukturen $\mathcal{O}\!l$. Für eine Teilmenge Σ von
Aus(L) definieren wir

$$\text{Mod}_L(\Sigma) = \{ \mathcal{O}\!l \in \text{Mod}_L \mid \mathcal{O}\!l \models \Sigma \}.$$

Dabei bedeutet die Schreibweise $\mathcal{O}\!l \models \Sigma$ (wie schon in Kapitel II)
nichts anderes als $\mathcal{O}\!l \models \sigma$ für alle $\sigma \in \Sigma$. Die Klasse $\text{Mod}_L(\Sigma)$
ist die Klasse aller Modelle von Σ . Sie wird deshalb auch die
<u>Modellklasse</u> von Σ genannt. Für $\Sigma = \{\sigma\}$ schreiben wir statt
$\text{Mod}_L(\{\sigma\})$ kurz $\text{Mod}_L(\sigma)$. Auch werden wir im folgenden den Index L
immer dann weglassen, wenn klar ist, um welche Sprache L es
sich handelt. Die folgenden Eigenschaften sieht man sofort ein:

$$\text{Mod}(\exists x \ x \neq x) = \emptyset$$
$$\text{Mod}(\forall x \ x \doteq x) = \text{Mod}$$
$$\text{Mod}(\neg\varphi) = \text{Mod} \smallsetminus \text{Mod}(\varphi)$$
$$\text{Mod}(\varphi \wedge \psi) = \text{Mod}(\varphi) \cap \text{Mod}(\psi)$$
$$\text{Mod}(\varphi \vee \psi) = \text{Mod}(\varphi) \cup \text{Mod}(\psi)$$
$$\text{Mod}(\Sigma) = \bigcap_{\sigma \in \Sigma} \text{Mod}(\sigma)$$

Das System der Klassen Mod(φ) mit $\varphi \in$ Aus(L) ist also durchschnittsabgeschlossen und kann daher als Basis einer Topologie auf Mod
dienen. Wir nennen demnach eine Teilklasse von Mod <u>offen</u>, wenn

sie beliebige Vereinigung von Klassen der Gestalt $\mathrm{Mod}(\varphi)$ mit
$\varphi \in \mathrm{Aus}(L)$ ist, d.h. offene Mengen sind von der Gestalt

$$\bigcup_{\varphi \in \Phi} \mathrm{Mod}(\varphi) \ ,$$

wobei Φ eine Teilmenge von $\mathrm{Aus}(L)$ ist. Die abgeschlossenen
Klassen sind dann als Komplemente offener Mengen von der Gestalt

$$\bigcap_{\varphi \in \Phi} \mathrm{Mod}(\neg \varphi) \ ,$$

d.h. sie sind gerade Modellklassen wie wir sie oben eingeführt
haben. (Setze $\Sigma = \{\neg \varphi \mid \varphi \in \Phi\}$.) Abgeschlossene Teilmengen werden
oft auch als <u>elementar</u> oder <u>axiomatisierbar</u> bezeichnet.

Es sei noch bemerkt, daß im Sinne der Mengenlehre Mod_L eine
echte Klasse ist. Die Einführung einer Topologie auf Mod_L mag
also etwas suspekt erscheinen. Wir wollen jedoch diesen Gesichts-
punkt außer Acht lassen. In der Tat läßt sich bei einem mengen-
theoretisch präzisen Vorgehen dieser Defekt leicht beheben. Man
kann sich zum Beispiel bei Mod_L auf diejenigen L-Strukturen beschränken, die in einer vorgegebenen Menge V liegen. Dabei wählt
man das "Universum" V so groß, daß alle interessierenden mengentheoretischen Operationen darin durchgeführt werden können.

Als erste Beobachtung wollen wir festhalten, daß Mod bezüglich
der eben eingeführten Topologie kein Hausdorff-Raum ist. Dies
ersieht man sofort aus der folgenden Umformulierung von $\mathcal{A} \equiv \mathcal{B}$
für L-Strukturen $\mathcal{A}$ und $\mathcal{B}$:

$$(\mathcal{A} \in \mathrm{Mod}(\sigma) \quad \text{gdw} \quad \mathcal{B} \in \mathrm{Mod}(\sigma)) \quad \text{für alle} \ \sigma \in \mathrm{Aus}(L) \ .$$

Ist also $\mathcal{A} \equiv \mathcal{B}$, so liegt mit $\mathcal{A}$ auch $\mathcal{B}$ in jeder offenen Menge Mod(σ), $\mathcal{A}$ kann also nicht von $\mathcal{B}$ getrennt werden. Ein Paar nicht-isomorpher L-Strukturen $\mathcal{A},\mathcal{B}$ mit $\mathcal{A} \equiv \mathcal{B}$ läßt sich jedoch leicht beschaffen: Es sei $\mathcal{A}$ irgendeine unendliche L-Struktur und $\mathcal{B}$, elementar äquivalent zu $\mathcal{A}$, von größerer Mächtigkeit als $\mathcal{A}$ (ein solches existiert nach Korollar 2.2), dann gilt offenbar $\mathcal{A} \ncong \mathcal{B}$ und $\mathcal{A} \equiv \mathcal{B}$.

KOMPAKTHEITSSATZ 3.1 <u>Sei</u> $\Sigma \subset$ Aus(L). <u>Dann gilt für</u> $\text{Mod}_L(\Sigma)$ <u>der</u> <u>'Heine-Borel'sche Überdeckungssatz</u>, d.h. ist $\bigcup_{\varphi \in \Phi}$ Mod(φ) <u>eine Über-</u> <u>deckung von</u> $\text{Mod}_L(\Sigma)$, <u>so gibt es</u> $\varphi_1,\ldots,\varphi_n \in \Phi$ <u>mit</u>

$$\text{Mod}_L(\Sigma) \subset \text{Mod}_L(\varphi_1) \cup \ldots \cup \text{Mod}_L(\varphi_n) .$$

<u>Beweis</u>: Aus der Voraussetzung

$$\bigcap_{\sigma \in \Sigma} \text{Mod}(\sigma) \subset \bigcup_{\varphi \in \Phi} \text{Mod}(\varphi)$$

folgt sofort

$$\bigcap_{\sigma \in \Sigma} \text{Mod}(\sigma) \cap \bigcap_{\varphi \in \Phi} \text{Mod}(\neg \varphi) = \emptyset ,$$

d.h. die Menge $\Sigma \cup \{ \neg \varphi | \varphi \in \Phi \}$ besitzt kein Modell. Nach dem Endlichkeitssatz 1.15 muß es dann schon eine endliche Teilmenge von $\Sigma \cup \{ \neg \varphi | \varphi \in \Phi \}$ geben, die kein Modell besitzt. Insbesondere gibt es also $\varphi_1,\ldots,\varphi_n \in \Phi$, so daß

$$\text{Mod}(\Sigma) \cap \text{Mod}(\neg \varphi_1) \cap \ldots \cap \text{Mod}(\neg \varphi_n) = \emptyset$$

ist. Dies bedeutet aber gerade

$$\text{Mod}(\Sigma) \subset \text{Mod}(\varphi_1) \cup \ldots \cup \text{Mod}(\varphi_n) .$$

q.e.d.

Die oben erwähnte Tatsache, daß der Kompaktheitssatz auch umgekehrt

den Endlichkeitssatz impliziert, sieht man sofort so ein: Falls

$\Sigma \subset \text{Aus}(L)$ kein Modell besitzt, so ist $\bigcap\limits_{\sigma \in \Sigma} \text{Mod}(\sigma) = \emptyset$, also

$\bigcup\limits_{\sigma \in \Sigma} \text{Mod}(\neg\sigma)$ eine Überdeckung von Mod. Nach dem Kompaktheitssatz

gibt es dann $\sigma_1,\ldots,\sigma_n \in \Sigma$, so daß $\text{Mod}(\neg\sigma_1) \cup \ldots \cup \text{Mod}(\neg\sigma_n)$ schon

Mod überdeckt. Also gilt

$$\text{Mod}(\sigma_1) \cap \ldots \cap \text{Mod}(\sigma_n) = \emptyset \ ,$$

d.h. die endliche Teilmenge $\{\sigma_1,\ldots,\sigma_n\}$ von Σ besitzt kein

Modell.

Aus dem Kompaktheitssatz leiten wir nun das nächste Separations-

lemma ab.

SEPARATIONSLEMMA 3.2 <u>Es seien</u> $\Sigma_1,\Sigma_2,\Gamma \subset \text{Aus}(L)$ <u>mit</u> $\text{Mod}_L(\Sigma_i) \neq \emptyset$

<u>für</u> i=1,2 . <u>Zu jedem</u> $\mathcal{O}\!\mathit{l} \in \text{Mod}_L(\Sigma_1)$ <u>und zu jedem</u> $\mathcal{B} \in \text{Mod}_L(\Sigma_2)$ <u>gebe</u>

<u>es ein</u> $\gamma \in \Gamma$ <u>mit</u> $\mathcal{O}\!\mathit{l} \models \gamma$ <u>und</u> $\mathcal{B} \models \neg\gamma$. <u>Dann existiert ein</u> γ^* <u>mit</u>

$$\text{Mod}_L(\Sigma_1) \subset \text{Mod}_L(\gamma^*) \text{ und } \text{Mod}_L(\Sigma_2) \subset \text{Mod}_L(\neg\gamma^*) \ ,$$

<u>wobei</u> γ^* <u>eine endliche Disjunktion von endlichen Konjunktionen</u>

<u>von Elementen von</u> Γ <u>ist</u>.

<u>Beweis</u>: Wir fixieren zuerst ein $\mathcal{O}\!\mathit{l} \in \text{Mod}(\Sigma_1)$ und wählen zu jedem

$\mathcal{B} \in \text{Mod}(\Sigma_2)$ ein $\gamma_{\mathcal{B}}$ mit $\mathcal{O}\!\mathit{l} \in \text{Mod}(\gamma_{\mathcal{B}})$ und $\mathcal{B} \in \text{Mod}(\neg\gamma_{\mathcal{B}})$. Dann

bilden offenbar die Klassen $\text{Mod}(\neg\gamma_{\mathcal{B}})$ eine (offene) Überdeckung

von $\text{Mod}(\Sigma_2)$. Nach dem Kompaktheitssatz gibt es $\mathcal{B}_1,\ldots,\mathcal{B}_m \in$

$\text{Mod}(\Sigma_2)$, so daß

$$\text{Mod}(\neg\gamma_{\mathcal{B}_1}) \cup \ldots \cup \text{Mod}(\neg\gamma_{\mathcal{B}_m}) = \text{Mod}(\neg(\gamma_{\mathcal{B}_1} \wedge \ldots \wedge \gamma_{\mathcal{B}_m}))\ .$$

schon $\mathrm{Mod}(\Sigma_2)$ überdeckt. Setzen wir $\gamma_{\mathfrak{A}} = (\gamma_{\mathfrak{B}_1} \wedge \ldots \wedge \gamma_{\mathfrak{B}_m})$, so gilt damit

$$\mathfrak{A} \in \mathrm{Mod}(\gamma_{\mathfrak{A}}) \quad \text{und} \quad \mathrm{Mod}(\Sigma_2) \subset \mathrm{Mod}(\neg\gamma_{\mathfrak{A}}) \; .$$

Nun überdecken aber andererseits die Klassen $\mathrm{Mod}(\gamma_{\mathfrak{A}})$ mit dieser Eigenschaft offenbar die Klasse $\mathrm{Mod}(\Sigma_1)$. Wiederum reicht eine endliche Teilmenge zur Überdeckung aus, d.h. es gibt $\mathfrak{A}_1,\ldots,\mathfrak{A}_n \in \mathrm{Mod}(\Sigma_1)$, so daß

$$\mathrm{Mod}(\Sigma_1) \subset \mathrm{Mod}(\gamma_{\mathfrak{A}_1}) \cup \ldots \cup \mathrm{Mod}(\gamma_{\mathfrak{A}_n}) = \mathrm{Mod}(\gamma_{\mathfrak{A}_1} \vee \ldots \vee \gamma_{\mathfrak{A}_n}) \; .$$

Es gilt aber zugleich

$$\mathrm{Mod}(\Sigma_2) \subset \mathrm{Mod}(\neg\gamma_{\mathfrak{A}_1}) \cap \ldots \cap \mathrm{Mod}(\neg\gamma_{\mathfrak{A}_n}) = \mathrm{Mod}(\neg(\gamma_{\mathfrak{A}_1} \vee \ldots \vee \gamma_{\mathfrak{A}_n})) \; .$$

Setzen wir also schließlich

$$\gamma^* = (\gamma_{\mathfrak{A}_1} \vee \ldots \vee \gamma_{\mathfrak{A}_n}) \; ,$$

so haben wir den Beweis vollendet.

q.e.d.

Als eine einfache Anwendung charakterisieren wir die endlich axiomatisierbaren Teilklassen von Mod, d.h. Modellklassen von endlichen Mengen $\{\varphi_1,\ldots,\varphi_n\} \subset \mathrm{Aus}(L)$. Wegen der Durchschnittsabgeschlossenheit sind dies gerade die Klassen der Gestalt $\mathrm{Mod}(\varphi)$ für ein $\varphi \in \mathrm{Aus}(L)$.

KOROLLAR 3.3 <u>Eine Teilklasse</u> $\mathrm{Mod}_L(\Sigma)$ <u>von</u> Mod_L <u>ist genau dann endlich axiomatisierbar, wenn auch</u> $\mathrm{Mod}_L \smallsetminus \mathrm{Mod}_L(\Sigma)$ <u>axiomatisierbar ist.</u>

<u>Beweis</u>: Die trivialen Fälle $\mathrm{Mod}(\Sigma) = \mathrm{Mod}$ oder $= \emptyset$ schließen
wir aus. Ist $\mathrm{Mod}(\Sigma) = \mathrm{Mod}(\varphi)$ für ein $\varphi \in \mathrm{Aus}(L)$, so gilt natür-
lich $\mathrm{Mod} \smallsetminus \mathrm{Mod}(\Sigma) = \mathrm{Mod}(\neg\varphi)$. Ist umgekehrt $\mathrm{Mod} \smallsetminus \mathrm{Mod}(\Sigma) =$
$\mathrm{Mod}(\Sigma_2)$ für eine Teilmenge $\Sigma_2 \subset \mathrm{Aus}(L)$, so wenden wir das
Separationslemma auf $\Gamma = \Sigma_1 = \Sigma$ an. Ist $\mathcal{B} \in \mathrm{Mod}(\Sigma_2)$, so ist
$\mathcal{B}$ kein Modell von Σ , also gibt es ein $\gamma \in \Sigma$ mit $\mathcal{B} \vDash \neg\gamma$.
Andererseits gilt natürlich $\mathcal{A} \vDash \gamma$ für alle $\mathcal{A} \in \mathrm{Mod}(\Sigma_1)$. Also
ist die Voraussetzung des Separationslemmas erfüllt, weswegen es
eine Aussage γ^* der Gestalt

$$(\gamma_{11} \wedge \ldots \wedge \gamma_{1m_1}) \vee \ldots \vee (\gamma_{n1} \wedge \ldots \wedge \gamma_{nm_n})$$

mit $\gamma_{ij} \in \Sigma$ gibt, so daß $\mathrm{Mod}(\Sigma) \subset \mathrm{Mod}(\gamma^*)$ und $\mathrm{Mod}(\Sigma_2) \subset$
$\mathrm{Mod}(\neg\gamma^*)$. Letzteres bedeutet aber gerade $\mathrm{Mod}(\gamma^*) \subset \mathrm{Mod}(\Sigma)$.
Also gilt $\mathrm{Mod}(\Sigma) = \mathrm{Mod}(\gamma^*)$.

$$\text{q.e.d.}$$

Wir bemerken noch, daß eine Klasse $\mathrm{Mod}(\Sigma)$, die endlich axiomatisierbar ist, schon mit endlich vielen Axiomen aus Σ axiomatisiert werden kann. Mit den Bezeichnungen des letztes Beweises
gilt nämlich sogar

$$\mathrm{Mod}(\Sigma) = \mathrm{Mod}(\{\gamma_{ij} \mid 1 \leq j \leq m_i , 1 \leq i \leq n\}).$$

Dies prüft man leicht nach.

Das folgende Lemma ist eine für Anwendungen bequeme Konsequenz
des Separationslemmas. Dabei wollen wir eine Verallgemeinerung
einer Schreibweise aus Satz 2.18 benützen.Für L-Strukturen $\mathcal{A},\mathcal{B}$
und $\Gamma \subset \mathrm{Aus}(L)$ soll

$$\mathcal{A} \overset{\Gamma}{\rightsquigarrow} \mathcal{B}$$

bedeuten, daß für alle $\gamma \in \Gamma$ gilt:

$$\mathcal{A} \models \gamma \qquad \text{impliziert} \qquad \mathcal{B} \models \gamma \ .$$

Für $\mathcal{A} \xrightarrow{\{\varphi\}} \mathcal{B}$ schreiben wir kurz $\mathcal{A} \xrightarrow{\varphi} \mathcal{B}$.

LEMMA 3.4 <u>Seien</u> $\Sigma \cup \Gamma \cup \{\varphi\} \subset \text{Aus}(L)$ <u>und</u> γ_0 <u>ein Element von</u> Γ, <u>das</u> <u>in keinem Modell von</u> Σ <u>bzw.</u> γ_1 <u>ein Element von</u> Γ , <u>das in</u> <u>allen Modellen von</u> Σ <u>gilt. Für alle Modelle</u> $\mathcal{A},\mathcal{B}$ <u>von</u> Σ <u>mit</u> $\mathcal{A} \xrightarrow{\Gamma} \mathcal{B}$ <u>gelte außerdem</u> $\mathcal{A} \xrightarrow{\varphi} \mathcal{B}$. <u>Dann existiert eine endliche</u> <u>Disjunktion</u> γ^* <u>von Konjunktionen von Elementen aus</u> Γ , <u>die in</u> <u>allen Modellen von</u> Σ <u>zu</u> φ <u>äquivalent ist,</u> <u>d.h.</u>$\Sigma \vdash (\varphi \leftrightarrow \gamma^*)$.

<u>Beweis:</u> Wir setzen im Separationslemma $\Sigma_1 = \Sigma \cup \{\varphi\}$ und $\Sigma_2 = \Sigma \cup \{\neg \varphi\}$. Ist $\text{Mod}(\Sigma_1) = \emptyset$, so gilt offenbar $\Sigma \vdash (\varphi \leftrightarrow \gamma_0)$; ist $\text{Mod}(\Sigma_2) = \emptyset$, so gilt analog $\Sigma \vdash (\varphi \leftrightarrow \gamma_1)$. Sind jetzt $\mathcal{A} \in \text{Mod}(\Sigma_1)$ und $\mathcal{B} \in \text{Mod}(\Sigma_2)$, so kann $\mathcal{A} \xrightarrow{\varphi} \mathcal{B}$ nicht gelten, also auch $\mathcal{A} \xrightarrow{\Gamma} \mathcal{B}$ nicht. Demnach gibt es ein $\gamma \in \Gamma$ mit $\mathcal{A} \models \gamma$ und $\mathcal{B} \models \neg \gamma$. Nach dem Separationslemma erhalten wir dann eine end- liche Disjunktion γ^* von endlichen Konjunktionen von Elementen von Γ mit $\text{Mod}(\Sigma_1) \subset \text{Mod}(\gamma^*)$ und $\text{Mod}(\Sigma_2) \subset \text{Mod}(\neg \gamma^*)$. Hieraus ergibt sich für $\mathcal{A} \in \text{Mod}(\Sigma)$ einerseits

$$\mathcal{A} \models \varphi \qquad \text{impliziert} \qquad \mathcal{A} \models \gamma^*$$

und andererseits

$$\mathcal{A} \models \neg \varphi \qquad \text{impliziert} \qquad \mathcal{A} \models \neg \gamma^*.$$

Also haben wir für alle $\mathcal{A} \in \text{Mod}(\Sigma)$ auch

$$\mathcal{A} \models (\varphi \leftrightarrow \gamma^*).$$

Nach dem Gödelschen Vollständigkeitssatz 1.11 folgt dann

$\Sigma \vdash (\varphi \leftrightarrow \gamma^*)$.   q.e.d.

Als eine Anwendung von Lemma 3.4 wollen wir den folgenden Satz

zeigen.

SATZ 3.5 <u>Es sei</u> $\Sigma \cup \{\varphi\} \subset$ Aus(L). <u>Für alle</u> $\mathcal{B}, \mathcal{B}_1 \in$ Mod(Σ) <u>mit</u>

$\mathcal{B} \subset \mathcal{B}_1$ <u>gelte</u> $\mathcal{B}_1 \overset{\varphi}{\rightsquigarrow} \mathcal{B}$. <u>Dann gibt es eine quantorenfreie</u> L-<u>Formel</u>

δ <u>mit</u> $\Sigma \vdash (\varphi \leftrightarrow \forall \delta)$.

<u>Beweis:</u> Wir setzen $\Gamma = \{ \forall \delta \mid \delta \in$ Fml(L), δ quantorenfrei $\}$ und

zeigen für $\mathcal{A}, \mathcal{B} \in$ Mod(Σ), daß $\mathcal{A} \overset{\Gamma}{\rightsquigarrow} \mathcal{B}$ immer $\mathcal{A} \overset{\varphi}{\rightsquigarrow} \mathcal{B}$ nach sich

zieht. Zu diesem Zwecke beachten wir, daß die Voraussetzung $\mathcal{A} \overset{\Gamma}{\rightsquigarrow} \mathcal{B}$

umgekehrt gelesen besagt, daß jede $\exists$-Aussage, die in $\mathcal{B}$ gilt,

auch schon in $\mathcal{A}$ gilt. Ist (mit Satz 2.17) $\mathcal{A}'$ eine κ-saturierte

elementare Erweiterung von $\mathcal{A}$, wobei $\kappa \geq$ card($|\mathcal{B}|$) gewählt ist,

so läßt sich nach Satz 2.18 die Struktur $\mathcal{B}$ in $\mathcal{A}'$ einbetten.

Wegen unserer Voraussetzung folgt damit aus $\mathcal{A}' \models \varphi$ sofort $\mathcal{B} \models \varphi$.

Um nun Lemma 3.4 anwenden zu können, beachte man noch, daß sich

für γ_0 die Aussage $\forall v_0 \; v_0 \neq v_0$ und für γ_1 die Aussage

$\forall v_0 \; v_0 \doteq v_0$ verwenden lassen.

Mit Lemma 3.4 folgt dann $\Sigma \vdash (\varphi \leftrightarrow \gamma^*)$, wobei γ^* eine Disjunk-

tion von Konjunktionen aus Γ ist. Man überlegt sich nun leicht,

daß γ^* für die obige Wahl von Γ rein logisch zu einem $\gamma \in \Gamma$

äquivalent ist, d.h. daß $\vdash (\gamma^* \leftrightarrow \gamma)$ gilt. Damit ist der Satz

gezeigt.

                                                       q.e.d.

3.2 Kategorizität

Wir wollen nun beginnen, von einigen Theorien, die wir in 1.6
eingeführt haben, ihre Vollständigkeit zu beweisen. Ein widerspruchsfreies Axiomensystem $\Sigma \subset \mathrm{Aus}(L)$ hatten wir als vollständig
bezeichnet, falls für alle $\sigma \in \mathrm{Aus}(L)$ entweder $\Sigma \vdash \sigma$ oder
$\Sigma \vdash \neg\sigma$ galt. Für eine L-Theorie T bedeutete dies, daß

$$\sigma \in T \quad \text{oder} \quad \neg\sigma \in T .$$

Wir hatten schon in 1.6 (im Abschnitt vor Lemma 1.16) gesehen, daß
die vollständigen L-Theorien T immer von der Gestalt $\mathrm{Th}(\mathcal{O})$ für
eine L-Struktur $\mathcal{O}$ sind. Ein weiteres triviales Kriterium ist

LEMMA 3.6 $\Sigma \subset \mathrm{Aus}(L)$ <u>ist vollständig genau dann, wenn je zwei</u>
<u>Modelle von</u> Σ <u>elementar äquivalent sind.</u>

<u>Beweis:</u> Ist Σ vollständig, also $\mathrm{Ded}(\Sigma) = \mathrm{Th}(\mathcal{O})$ für eine
L-Struktur $\mathcal{O}$, und ist $\mathcal{B}$ ein Modell von Σ, so gilt natürlich
$\mathcal{B} \models \mathrm{Th}(\mathcal{O})$. Hieraus folgt sofort $\mathcal{O} \equiv \mathcal{B}$. Ist $\mathcal{L}$ ein weiteres
Modell von Σ, so folgt analog $\mathcal{O} \equiv \mathcal{L}$, insgesamt also $\mathcal{B} \equiv \mathcal{L}$.

Ist Σ unvollständig, so gibt es ein $\sigma \in \mathrm{Aus}(L)$ mit $\Sigma \nvdash \sigma$ und
$\Sigma \nvdash \neg\sigma$. Nach dem Gödelschen Vollständigkeitssatz 1.11 gibt es
dann Modelle $\mathcal{O}$ und $\mathcal{B}$ von Σ mit $\mathcal{O} \models \neg\sigma$ und $\mathcal{B} \models \sigma$.
Dies widerspricht jedoch der Voraussetzung $\mathcal{O} \equiv \mathcal{B}$.

q.e.d.

Ein sehr einfaches hinreichendes Kriterium für die Vollständigkeit
das sich jedoch nur sehr selten anwenden läßt, ist

VAUGHTS TEST 3.7 <u>Die Menge</u> $\Sigma \subset$ Aus (L) <u>besitze nur unendliche</u>
<u>Modelle und es gebe eine unendliche Kardinalzahl</u> $\kappa \geq \kappa_L$, <u>so</u>
<u>daß je zwei Modelle von</u> Σ <u>mit der Mächtigkeit</u> κ <u>isomorph sind.</u>
<u>Dann ist</u> Σ <u>vollständig.</u>

Beweis: Seien $\mathfrak{A}$ und $\mathfrak{B}$ Modelle von Σ . Nach Korollar 2.2 gibt
es L-Strukturen $\mathfrak{A}_1$ und $\mathfrak{B}_1$ der Mächtigkeit κ mit $\mathfrak{A} \equiv \mathfrak{A}_1$ und
$\mathfrak{B} \equiv \mathfrak{B}_1$. Nach Voraussetzung gilt $\mathfrak{A}_1 \cong \mathfrak{B}_1$. Insgesamt folgt also

$$\mathfrak{A} \equiv \mathfrak{A}_1 \cong \mathfrak{B}_1 \equiv \mathfrak{B}$$

und damit $\mathfrak{A} \equiv \mathfrak{B}$. Mit Lemma 3.6 erhalten wir damit die Vollständigkeit von Σ .

q.e.d.

Diesen Test wollen wir jetzt auf drei Theorien aus 1.6 anwenden.

SATZ 3.8 <u>Die Theorie</u> (1) <u>der dichten linearen Ordnungen ohne</u>
<u>Extrema, die Theorie</u> (2) <u>der divisiblen, torsionsfreien abelschen</u>
<u>Gruppen und die Theorie</u> (3) <u>der algebraisch abgeschlossenen</u>
<u>Körper einer festen Charakteristik sind vollständig.</u>

Beweis: Es ist klar, daß alle diese Theorien keine erdlichen
Modelle besitzen. Die Mächtigkeit κ_L der Sprache ist jedesmal $\aleph_0$.

(1) Es seien $\mathfrak{A}$ = <A;< > und $\mathfrak{A}'$ = <A';<'> zwei dichte lineare
Ordnungen ohne Extrema. Weiterhin seien A und A' abzählbar;
es seien etwa $(b_n)_{n \in \mathbb{N}}$ eine Abzählung von A und $(b'_r)_{n \in \mathbb{N}}$ eine
Abzählung von A'. Wir definieren mit Hilfe des Cantorschen
'Hin- und Her-Verfahrens'[*) einen Isomorphismus τ von $\mathfrak{A}$ und $\mathfrak{A}'$.

[*) Dieses Verfahren hat bei dem Beweis des Isomorphiesatzes 2.21
    Pate gestanden.

Diesen Isomorphismus konstruieren wir Stück für Stück, indem wir neue Abzählungen $(a_n)_{n \in \mathbb{N}}$ von A und $(a_n')_{n \in \mathbb{N}}$ von A' so definieren, daß die Abbildung $\tau(a_n) := a_n'$ automatisch ordnungstreu ist.

Wir nehmen an, wir hätten schon a_n und a_n' für $n < m$ so definiert, daß

$$(*) \qquad a_i < a_j \quad \text{gdw} \quad a_i' < a_j'$$

für $i, j < m$. Es sind dann a_m und a_m' so zu finden, daß die Beziehung $(*)$ für $i, j \leq m$ erhalten bleibt. Außerdem soll die Wahl von a_m und a_m' so getroffen werden, daß schließlich alle b_n bzw. b_n' erfaßt werden. Dies geschieht nun so:

Ist m gerade, also $m = 2m_1$, so sei a_m dasjenige b_n mit kleinstem Index, das nicht in der Menge $\{a_0, \ldots, a_{m-1}\}$ liegt. Da $\mathcal{A}'$ eine dichte Ordnung ohne Extrema ist, läßt sich offensichtlich $a_m' \in A'$ so wählen, daß $(*)$ für $i, j \leq m$ gilt.

Ist m ungerade, also $m = 2m_1 + 1$, so sei a_m' dasjenige b_n' mit kleinstem Index, das nicht in der Menge $\{a_0', \ldots, a_{m-1}'\}$ liegt. Analog zum vorigen Fall läßt sich jetzt $a_m \in A$ so wählen, daß wieder $(*)$ für $i, j \leq m$ gilt.

Aus dem alternierenden Charakter der Definitionen ersieht man, daß für den oben erwähnten minimalen Index n jeweils $m_1 \leq n$ gilt. Also liefert die Zuordnung $\tau(a_m) = a_m'$ schließlich einen Isomorphismus von $\mathcal{A}$ und $\mathcal{A}'$.

(2) Es seien jetzt $\mathcal{A}$ und $\mathcal{A}'$ divisible, torsionsfreie abelsche Gruppen. Jede solche Gruppe ist dann auf kanonische Weise ein

Vektorraum über dem Körper $\mathbb{Q}$. Ist nämlich a $\in$ $|\mathfrak{A}|$ und $\frac{n}{m}$ $\in$ $\mathbb{Q}$,

so definieren wir $\frac{n}{m}$ a folgendermaßen: da $\mathfrak{A}$ divisibel ist,

gibt es ein b $\in$ $|\mathfrak{A}|$ mit m b = a . Wegen der Torsionsfreiheit

ist b eindeutig bestimmt. Aus m b' = a würde nämlich m(b-b')=0

und daraus b = b' folgen. Wir setzen dann $\frac{n}{m}$ a = n b .

Setzt man weiterhin voraus, daß $\mathfrak{A}$ und $\mathfrak{A}'$ von der Mächtigkeit
$\aleph_1$ sind, so folgt, daß sowohl $\mathfrak{A}$ als $\mathfrak{A}'$ eine Basis der Mächtigkeit $\aleph_1$ über $\mathbb{Q}$ haben. Also sind $\mathfrak{A}$ und $\mathfrak{A}'$ als $\mathbb{Q}$-Vektorräume
isomorph. Damit sind sie insbesondere als abelsche Gruppen isomorph.

(3) Schließlich seien $\mathfrak{A}$ und $\mathfrak{A}'$ algebraisch abgeschlossene
Körper gleicher Charakteristik und beide von der Mächtigkeit $\aleph_1$.
Beide besitzen dann eine Transzendenzbasis der Mächtigkeit $\aleph_1$
über ihrem Primkörper. Nach dem wohlbekannten Isomorphiesatz von
Steinitz (siehe [St]) sind $\mathfrak{A}$ und $\mathfrak{A}'$ dann isomorph.

q.e.d.

Wir werden in 3.3 und 3.4 mit anderen Methoden noch einmal den
Fall algebraisch abgeschlossener Körper behandeln. Der Nachweis
der Vollständigkeit dieser Theorie bei fester Charakteristik wird
dann mit wesentlich einfacherem algebraischen Hilfsmittel als
dem Isomorphiesatz von Steinitz, erfolgen. Dieser Iscmorphiesatz
ist jedoch im Hinblick auf ein tiefliegendes Resultat der Modelltheorie, dem 'Satz von Morley', sehr wichtig.

Man nennt eine Theorie T (oder ein Axiomensystem Σ) κ-__kategorisch__,
falls je zwei Modelle von T (bzw. Σ) der Mächtigkeit κ isomorph
sind.

Wir betrachten den Fall einer abzählbaren Sprache L (d.h. $\kappa_L = \aleph_0$) und einer L-Theorie T , die keine endlichen Modelle hat. Dann folgt nach 3.7 aus der κ-Kategorizität die Vollständigkeit von T. Der <u>Satz von Morley</u> besagt nun, daß eine solche Theorie in jeder überabzählbaren Kardinalzahl kategorisch ist, falls sie schon in einer überabzählbaren Kardinalzahl κ kategorisch ist. Danach gibt es für solche Theorien T nur 4 Möglichkeiten:

(1) T ist in jeder Mächtigkeit kategorisch. Ein Beispiel hierfür
    ist die Theorie der unendlichen Mengen. Für die Sprache dieser
    Theorie ist $I = J = K = \emptyset$ und ein Axiomensystem ist etwa
    $\Sigma = \{\alpha_{\geq n} \mid n \in \mathbb{N}\}$, wobei

$$\alpha_{\geq n} := \exists v_1, \ldots, v_n \left(\bigwedge_{i \neq j} v_i \neq v_j \right)$$

eine Anzahlformel ist, die besagt, daß es mindestens n verschiedene Objekte gibt. Die Modelle von Σ sind also gerade
die unendlichen Mengen. Zwei unendliche Mengen gleicher Mächtigkeit sind natürlich isomorph, da die Isomorphie hier nichts
weiter bedeutet als die Existenz einer Bijektion.

(2) T ist $\aleph_0$-kategorisch und nicht $\aleph_1$-kategorisch. Dies ist
    z.B. für die Theorie der dichten linearen Ordnungen ohne Extrema
    der Fall.

(3) T ist $\aleph_1$-kategorisch und nicht $\aleph_0$-kategorisch. Hierfür
    bilden sowohl die Theorie der (nicht-trivialen) divisiblen
    torsionsfreien abelschen Gruppen als auch die Theorie der alge-
    braisch abgeschlossenen Körper einer festen Charakteristik ein
    Beispiel.

(4) T ist weder $\aleph_0$-kategorisch noch $\aleph_1$-kategorisch. Hierfür
    ist die Theorie der divisiblen, angeordneten abelschen Gruppen
    ein Beispiel. Überhaupt ist dies der 'allgemeine' Fall.

Auf den Beweis des Satzes von Morley können wir im Rahmen dieses
Buches nicht eingehen. Die Methoden dieses Beweises führen zu einem
Teil der Modelltheorie, der zur Zeit in voller Blüte steht, der
Stabilitätstheorie. Verglichen mit dem Teil der Modelltheorie,
der sich eher den Untersuchungen konkreter, meist algebraischer
Theorien widmet, würde man die Stabilitätstheorie eher
'abstrakte Modelltheorie' nennen. Der interessierte Leser sei
auf die Bücher von Shelah [Sh] und Poizat [Po] verwiesen.

Zum Abschluß dieses Paragraphen wollen wir noch einige interessante
Folgerungen aus der Vollständigkeit der Theorie der algebraisch
abgeschlossenen Körper fester Charakteristik ziehen. Hierbei
handelt es sich um gewisse Übertragungsprinzipien.

SATZ 3.9 Sei α eine Aussage der Körpersprache, dann gilt
(" a.a." bedeutet immer algebraisch abgeschlossen):

(1) Gilt α in einem a.a. Körper, so gilt α in jedem anderen
    a.a. Körper gleicher Charakteristik.

(2) Gilt α in allen a.a. Körpern von Primzahlcharakteristik,
    so gilt α in allen a.a. Körpern.

(3) Gilt α in allen a.a. Körpern der Charakteristik O , so gilt
    α , mit Ausnahme von endlich vielen Primzahlen, in jedem a.a.
    Körper der Primzahlcharakteristik p .

(4) <u>Ist</u> α <u>von der Gestalt</u> $\forall x_1, \ldots, x_n \exists y_1, \ldots, y_m \delta$ <u>mit quantoren-</u>
<u>freiem</u> δ <u>und gilt</u> α <u>in jedem endlichen Körper, so gilt</u> α
<u>in jedem a.a. Körper.</u>

<u>Beweis:</u>

<u>Zu (1)</u>: Dies ist nichts anderes als die Vollständigkeit der Theorie
der a.a. Körper fester Charakteristik.

<u>Zu (2)</u>: Es genügt nach (1) zu zeigen, daß α in mindestens einem
a.a. Körper der Charakteristik 0 gilt, was nichts anderes als
die Widerspruchsfreiheit der folgenden Aussagenmenge Σ bedeutet:

$$\{\alpha\} \cup \{K_0, \ldots, K_8\} \cup \{AK_n \mid n \geq 1\} \cup \{\neg C_q \mid q \in \mathbb{N}, \ q \ \text{prim}\} \ .$$

Dabei sind K_i, AK_n, C_q die in 1.6 eingeführten Axiome. Eine
endliche Teilmenge Π dieser Aussagenmenge Σ kann nur endlich
viele Charakteristikaussagen $\neg C_q$ enthalten, etwa $\neg C_{q_1}, \ldots, \neg C_{q_n}$.
Ist p eine Primzahl, die größer als $q_1, \ldots, q_m$ ist, so ist offen-
bar der algebraische Abschluß $\widetilde{\mathbb{F}}_p$ des Galois Feldes $\mathbb{F}_p$ mit p
Elementen ein Modell von Π. Da jede endliche Teilmenge von Σ ein
Modell besitzt, erhalten wir mit dem Kompaktheitssatz 1.15 ein
Modell von Σ selbst.

<u>Zu (3)</u>: Die Voraussetzung besagt, daß die Aussagenmenge

$$\{\neg\alpha\} \cup \{K_0, \ldots, K_8\} \cup \{AK_n \mid n \geq 1\} \cup \{\neg C_q \mid q \in \mathbb{N}, q \ \text{prim}\}$$

kein Modell besitzt. Also gibt es wieder mit 1.15 eine endliche
Teilmenge Π, die kein Modell besitzt. Enthält Π genau die
Charakteristikaussagen $\neg C_{q_1}, \ldots, \neg C_{q_m}$, so folgt, daß jeder

a.a. Körper F , der diese Aussagen erfüllt, notwendigerweise $\neg\, \alpha$
verletzt, d.h. falls die Charakteristik von F verschieden von
$q_1,\ldots,q_n$ ist, so muß α in K gelten.

<u>Zu (4)</u>: Es sei p eine Primzahl. Der algebraische Abschluß $\widetilde{\mathbb{F}}_p$ von $\mathbb{F}_p$
ist Vereinigung seiner eindeutig bestimmten endlichen Teilkörper $\mathbb{F}_{p^m}$
(mit genau p^m Elementen). Also ist

$$\widetilde{\mathbb{F}}_p = \bigcup_{m \geq 1} \mathbb{F}_{p^{m!}} \; .$$

Nach Voraussetzung gilt α in allen $\mathbb{F}_{p^{m!}}$, also nach Bemerkung
2.15 auch in $\widetilde{\mathbb{F}}_p$. Mit (1) und (2) folgt dann die Behauptung.

q.e.d.

Aus (4) läßt sich nach J. Ax der folgende Satz der algebraischen
Geometrie leicht beweisen.

SATZ 3.10 <u>Es sei</u> F <u>ein algebraisch abgeschlossener Körper</u>
<u>(z.B. der Körper</u> $\mathbb{C}$ <u>der komplexen Zahlen).</u> M <u>sei eine algebra-</u>
<u>ische Teilmenge des affinen Raumes</u> F^n . <u>Weiter sei</u> f <u>eine Ab-</u>
<u>bildung von</u> M <u>in sich mit der folgenden Eigenschaft: es gibt</u>
<u>algebraische Mengen</u> $M_1,\ldots,M_m$ <u>mit</u> $M = \bigcup_{i=1}^{m} M_i$ <u>und auf jedem</u> M_i
<u>ist</u> f <u>koordinatenweise polynomial, d.h. es gibt</u> $p_{ij} \in F[X_1,\ldots,X_n]$
<u>mit</u> $f(a_1,\ldots,a_n) = (p_{i1}(a_1,\ldots,a_n),\ldots,p_{in}(a_1,\ldots,a_n))$ <u>für alle</u>
$a_1,\ldots,a_n \in M_i$. <u>Ist dann</u> f <u>injektiv, so ist</u> f <u>auch surjektiv.</u>

<u>Beweis</u>: Gelingt es, die Behauptung dieses Satzes als eine $\forall \exists$-
Aussage α zu beschreiben, so ist der Satz nach Satz 3.9 (4)
bewiesen, da α für jeden endlichen Körper richtig ist. (Die
Menge M ist dann ebenfalls endlich und eine Injektion von M
in sich ist natürlich auch surjektiv.)

Zuerst betrachten wir Polynome $q_{i1}, \ldots, q_{ir} \in F[X_1, \ldots, X_n] = F[\overline{X}]$, die die Menge M_i (für $1 \leq i \leq m$) definieren sollen. Dabei können wir die Zahl r für alle M_i gleich groß wählen. (Durch Wiederholungen ist dies immer zu erreichen.) Weiter sei f auf M_i definiert durch $p_{i1}, \ldots, p_{in} \in F[\overline{X}]$. Wir müssen jetzt die Behauptung des Satzes formalisieren. Zur Vereinfachung betrachten wir nur den Fall $m = 1$ und überlassen dem Leser den allgemeinen Fall. Wir nehmen also an, f sei auf M durch die Polynome $p_1, \ldots, p_n$ definiert und M selbst sei durch $q_1, \ldots, q_r$ definiert. Wir müssen dann formalisieren:

"f geht von M in M" $\wedge$ "f injektiv" $\rightarrow$ "f surjektiv" .

Das erste Konjunktionsglied in der Prämisse ergibt sich als:

$$\forall \overline{x} \left(\bigwedge_{j=1}^{r} q_j(\overline{x}) \doteq 0 \rightarrow \bigwedge_{j=1}^{r} q_j(p_1(\overline{x}), \ldots, p_n(\overline{x})) \doteq 0 \right)$$

Das zweite Konjunktionsglied der Prämisse ergibt sich als:

$$\forall \overline{x} \, \forall \overline{y} \left(\bigwedge_{j=1}^{r} (q_j(\overline{x}) \doteq 0 \wedge q_j(\overline{y}) \doteq 0) \wedge \bigwedge_{i=1}^{n} p_i(\overline{x}) \doteq p_i(\overline{y}) \rightarrow \bigwedge_{i=1}^{n} x_i \doteq y_i \right)$$

Die Konklusion ergibt sich als

$$\forall \overline{u} \, \exists \overline{w} \left(\bigwedge_{j=1}^{r} q_j(\overline{u}) \doteq 0 \rightarrow \bigwedge_{j=1}^{r} q_j(\overline{w}) \doteq 0 \wedge \bigwedge_{i=1}^{n} u_i \doteq p_i(\overline{w}) \right) .$$

Insgesamt haben wir also eine Aussage der Gestalt

$$\forall \overline{x} \, \delta_1 \wedge \forall \overline{x} \, \forall \overline{y} \, \delta_2 \rightarrow \forall \overline{u} \, \exists \overline{w} \, \delta_3 ,$$

wobei $\delta_1, \delta_2, \delta_3$ quantorenfrei sind. Rein logisch ist diese Aussage äquivalent zu

$$\forall \bar{u} \; \exists \bar{w} \; \exists \bar{x} \; \exists \bar{y} \; (\delta_1 \wedge \delta_2 \rightarrow \delta_3) \; ,$$

dies ist aber eine $\forall\exists$-Aussage.

Bis jetzt haben wir die Koeffizienten der Polynome p_i und q_j völlig außer Acht gelassen. Dies läßt sich folgendermaßen beheben. Wir denken uns die Koeffizienten durch Variablen v_ν ersetzt, die bisher nicht vorgekommen sind. (Man beachte, daß die $\bar{x},\bar{y},\bar{u},\bar{w}$ in Wirklichkeit auch gewisse Variablen v_μ sind.) Die Anzahl dieser Variablen hängt von dem Grad der Polynome (und von r und n) ab. Das Ergebnis der Ersetzung der Koeffizienten in $\delta_1,\delta_2,\delta_3$ sei $\delta_1',\delta_2',\delta_3'$.

Damit sehen wir schließlich, daß die $\forall\exists$-Aussage

$$\forall \bar{v} \; \forall \bar{u} \; \exists \bar{w} \; \exists \bar{x} \; \exists \bar{y} \; (\delta_1' \wedge \delta_2' \rightarrow \delta_3')$$

die Behauptung des Satzes (für $m=1$)   ausdrückt - jedenfalls für Polynome p_i und q_i unterhalb eines bestimmten Grades. Da derartige Aussagen jedoch für jeden Grad gebildet werden können, ist damit der Satz bewiesen.

q.e.d.

3.3 Modellvollständigkeit

In diesem Abschnitt wollen wir eine Eigenschaft von Theorien -
die Modellvollständigkeit - einführen, mit deren Hilfe wir für
die noch anstehenden drei Theorien, deren Vollständigkeit, die wir
in 1.6 behaupteten, nachweisen könnten. Wir werden dies jedoch
nicht tun, da sich in den nächsten Abschnitten mit einer noch
stärkeren Eigenschaft dieser Theorien - der Quantorenelimination -
ihre Vollständigkeit leichter beweisen läßt. Allgemein gesehen
ist jedoch der Begriff der Modellvollständigkeit,und mehr noch
der damit zusammenhängende Begriff der in einer Klasse existentiell
abgeschlossenen Struktur, von eminenter Bedeutung, insbesondere in
Hinblick auf mögliche Anwendungen.

Eine Menge $\Sigma \subset \mathrm{Aus}(L)$ heißt <u>modellvollständig</u>, falls für jedes
Modell $\mathfrak{A}$ von Σ die $L(\mathfrak{A})$-Aussagenmenge $\Sigma \cup D(\mathfrak{A})$ vollständig
ist. Wir erinnern daran, daß $D(\mathfrak{A})$ das in 2.4 definierte Diagramm
von $\mathfrak{A}$ ist.

LEMMA 3.11 $\Sigma \subset \mathrm{Aus}(L)$ <u>ist modellvollständig genau dann, wenn für</u>
<u>je zwei Modelle</u> $\mathfrak{A},\mathfrak{B}$ <u>von</u> Σ <u>mit</u> $\mathfrak{A} \subset \mathfrak{B}$ <u>immer schon</u> $\mathfrak{A} \prec \mathfrak{B}$ <u>gilt.</u>

<u>Beweis</u>: Sei zuerst Σ modellvollständig. Sind $\mathfrak{A}$ und $\mathfrak{B}$ Modelle
von Σ mit $\mathfrak{A} \subset \mathfrak{B}$, so sind offenbar die $L(\mathfrak{A})$-Strukturen $(\mathfrak{A}, |\mathfrak{A}|)$
und $(\mathfrak{B}, |\mathfrak{A}|)$ beide Modelle von $\Sigma \cup D(\mathfrak{A})$. Also gilt

$$(\mathfrak{A}, |\mathfrak{A}|) \equiv (\mathfrak{B}, |\mathfrak{A}|) \ .$$

Dies hat nach Korollar 2.12 aber $\mathfrak{A} \prec \mathfrak{B}$ zur Folge.

Gelte jetzt umgekehrt immer $\mathcal{A} \prec \mathcal{B}$, falls $\mathcal{A}$ und $\mathcal{B}$ Modelle

von Σ mit $\mathcal{A} \subset \mathcal{B}$ sind. Wir fixieren dann ein Modell $\mathcal{A}$ von Σ

und zeigen die Vollständigkeit von $\Sigma \cup D(\mathcal{A})$. Selbstverständlich

ist $(\mathcal{A}, |\mathcal{A}|)$ ein Modell davon. Wir müssen zeigen, daß jedes weitere

Modell von $\Sigma \cup D(\mathcal{A})$ zu $(\mathcal{A}, |\mathcal{A}|)$ elementar äquivalent ist. Nach

Lemma 2.10 enthält ein solches Modell ein isomorphes Bild von $\mathcal{A}$.

Identifizieren wir $\mathcal{A}$ mit seinem Bild, so können wir annehmen,

daß das betrachtete Modell von der Gestalt $(\mathcal{B}, |\mathcal{A}|)$ ist, wobei eben

$\mathcal{A} \subset \mathcal{B}$ gilt. $\mathcal{B}$ ist ebenso wie $\mathcal{A}$ ein Modell von Σ . Also gilt

nach Voraussetzung $\mathcal{A} \prec \mathcal{B}$. Nach Korollar 2.12 folgt dann aber

$$(\mathcal{A}, |\mathcal{A}|) \equiv (\mathcal{B}, |\mathcal{A}|).$$

q.e.d.

Eine Theorie, die modellvollständig ist, muß nicht vollständig

sein. Zum Beispiel ist, wie wir in Satz 3.14 sehen werden, die

Theorie der algebraisch abgeschlossenen Körper (beliebiger Charak-

teristik) modellvollständig, jedoch nicht vollständig, da sich die

Charakteristik eines Körpers durch die Aussagen C_p (vgl. 1.6)

ausdrücken läßt. Besitzt jedoch ein modellvollständiges Axiomen-

system $\Sigma \subset \text{Aus}(L)$ ein Primmodell, so erhalten wir die Vollständig-

keit von Σ . Dabei heißt eine L-Struktur $\mathcal{P}$ ein __Primmodell__ von

Σ , falls $\mathcal{P}$ ein Modell von Σ ist und isomorph in jedes andere

Modell von Σ eingebettet werden kann.

KOROLLAR 3.12 __Die Menge__ $\Sigma \subset \text{Aus}(L)$ __sei modellvollständig und__

__besitze ein Primmodell__ $\mathcal{P}$. __Dann ist__ Σ __vollständig__.

__Beweis:__ Es seien $\mathcal{A}_1$ und $\mathcal{A}_2$ Modelle von Σ . Wir identifizieren

$\mathcal{P}$ mit seinen Einbettungen in $\mathcal{A}_1$ und $\mathcal{A}_2$. Wegen der Modellvollständigkeit folgt aus $\mathcal{P} \subset \mathcal{O}_i$ (für i=1,2) sofort $\mathcal{P} \prec \mathcal{O}_i$. Insbesondere gilt dann $\mathcal{O}_1 \equiv \mathcal{P} \equiv \mathcal{O}_2$. Nach Lemma 3.6 ist dann Σ vollständig.

q.e.d.

Wir wollen jetzt ein sehr nützliches Kriterium zum Nachweis der Modellvollständigkeit einer Theorie herleiten. Dazu noch einige Definitionen. Eine L-Formel werden wir <u>existentiell</u> oder eine $\exists$-<u>Formel</u> nennen (vgl. hierzu die Definitionen von Korollar 2.19), falls sie von der Gestalt

$$\exists x_1, \ldots, x_n \, \psi$$

mit quantorenfreiem ψ ist. Analog nennen wir eine Formel der Gestalt

$$\forall x_1, \ldots, x_n \, \psi$$

mit quantorenfreiem ψ <u>universell</u> oder eine $\forall$-<u>Formel</u>. Sind $\mathcal{O}$ und $\mathcal{B}$ L-Strukturen mit $\mathcal{O} \subset \mathcal{B}$, so hatten wir vor Korollar 2.19 $\mathcal{O}$ in $\mathcal{B}$ <u>existentiell abgeschlossen</u> genannt, wenn jede $\exists$-Aussage der $L(\mathcal{O})$-Sprache, die in $\mathcal{B}$ gilt, auch in $\mathcal{O}$ gilt. Nach Lemma 2.9 ist dies äquivalent dazu, daß für jede $\exists$-Formel φ der L-Sprache und jede Belegung h in $\mathcal{O}$ gilt:

$$\mathcal{B} \models \varphi[h] \quad \text{impliziert} \quad \mathcal{O} \models \varphi[h].$$

ROBINSONS TEST 3.13 <u>Für</u> $\Sigma \subset \text{Aus}(L)$ <u>sind äquivalent</u>:

(1) Σ <u>ist modellvollständig,</u>

(2) <u>für je zwei Modelle</u> $\mathcal{O}, \mathcal{B}$ <u>von</u> Σ <u>mit</u> $\mathcal{O} \subset \mathcal{B}$ <u>ist</u> $\mathcal{O}$ <u>existentiell abgeschlossen in</u> $\mathcal{B}$,

(3) <u>zu jeder L-Formel</u> φ <u>gibt es eine universelle L-Formel</u> ρ mit $\text{Fr}(\rho) \subset \text{Fr}(\varphi)$, so daß $\Sigma \vdash \forall(\varphi \leftrightarrow \rho)$.

<u>Beweis:</u> $(1) \Rightarrow (2)$ folgt sofort mit Lemma 3.11.

$(2) \Rightarrow (3)$: Sei zuerst φ eine existentielle L-Formel mit $\mathrm{Fr}(\varphi) \subset \{v_0, \ldots, v_n\}$. Wir erweitern die Sprache L um die neuen Konstanten $c_0, \ldots, c_n$ (o.B.d.A. sei also $\{o, \ldots, n\} \cap K = \emptyset$). Es sei

$$\varphi' = \varphi(v_0/c_0, \ldots, v_n/c_n) \, .$$

Die erweiterte Sprache heiße L'.

Es seien $\mathfrak{A}', \mathfrak{B}'$ zwei L'-Modelle von Σ mit $\mathfrak{A}' \subset \mathfrak{B}'$. Für die L-Restriktionen $\mathfrak{A}$ und $\mathfrak{B}$ von $\mathfrak{A}'$ und $\mathfrak{B}'$ folgt nach (2), daß $\mathfrak{A}$ in $\mathfrak{B}$ existentiell abgeschlossen ist. Mit Lemma 2.9 ergibt dies:

$$\mathfrak{B}' \models \varphi' \quad \text{impliziert} \quad \mathfrak{A}' \models \varphi' \, .$$

Also gibt es nach Satz 3.5 eine quantorenfreie L'-Formel δ' mit

$$\Sigma \vdash (\varphi' \leftrightarrow \forall \delta') \, .$$

Falls notwendig, können wir dabei durch Umbenennung der Variablen von δ' erreichen, daß $\mathrm{Fr}(\delta') \cap \mathrm{Fr}(\varphi) = \emptyset$ ist. Setzen wir dann

$$\delta = \delta'(c_0/v_0, \ldots, c_n/v_n) \, ,$$

so erhalten wir mit Lemma 1.5

$$\Sigma \vdash \forall (\varphi \leftrightarrow \forall x_1, \ldots, x_m \delta) \, ,$$

falls $\mathrm{Fr}(\delta') = \{x_1, \ldots, x_m\}$ ist. Damit haben wir gezeigt, daß 'modulo Σ' jede existentielle L-Formel zu einer universellen L-Formel äquivalent ist. Die Behauptung (3) erhalten wir jetzt durch Induktion über den Aufbau einer beliebigen L-Formel φ:

Ist φ eine Primformel, so setzen wir $\rho = \varphi$.

Ist $\varphi = \neg\, \varphi_1$ und nach Induktionsvoraussetzung

$$\Sigma \vdash (\varphi_1 \leftrightarrow \rho_1) \text{ mit } Fr(\rho_1) \subset Fr(\varphi_1)$$

und universellem ρ_1, so gilt natürlich auch

$$\Sigma \vdash (\neg\, \varphi_1 \leftrightarrow \neg\, \rho_1) .$$

Wie wir eben gesehen haben, ist $\neg\, \rho_1$ modulo Σ zu einer universellen L-Formel ρ mit $Fr(\rho) \subset Fr(\neg\, \varphi_1)$ äquivalent. Also erhalten wir

$$\Sigma \vdash (\neg\, \varphi_1 \leftrightarrow \rho)$$

mit $Fr(\rho) \subset Fr(\neg\, \varphi_1)$.

Ist $\varphi = (\varphi_1 \wedge \varphi_2)$ und nach Induktionsvoraussetzung für i=1,2

$$\Sigma \vdash (\varphi_i \leftrightarrow \rho_i) \text{ mit } Fr(\rho_i) \subset Fr(\varphi_i)$$

und universellem ρ_i , so gilt

$$\Sigma \vdash ((\varphi_1 \wedge \varphi_2) \leftrightarrow (\rho_1 \wedge \rho_2)) .$$

Rein logisch ist $(\rho_1 \wedge \rho_2)$ wieder zu einer universellen Formel ρ mit $Fr(\rho_1 \wedge \rho_2) \subset Fr(\rho)$ äquivalent. Also ergibt sich schließlich

$$\Sigma \vdash (\varphi \leftrightarrow \rho) \text{ mit } Fr(\varphi) \subset Fr(\rho) .$$

Ist $\varphi = \forall x \varphi_1$ und nach Induktionsvoraussetzung

$$\Sigma \vdash (\varphi_1 \leftrightarrow \rho_1) \text{ mit } Fr(\rho_1) \subset Fr(\varphi_1)$$

und ρ_1 universell, so folgt sofort

$$\Sigma \vdash (\forall x\, \varphi_1 \leftrightarrow \forall x\, \rho_1)$$

und auch $Fr(\forall x\, \rho_1) \subset Fr(\forall x\, \varphi_1)$. Damit ist (3) vollständig

bewiesen.

(3)$\Rightarrow$(1): Wir verwenden Lemma 3.11 . Es seien $\mathcal{A}$ und $\mathcal{B}$ Modelle

von Σ mit $\mathcal{A} \subset \mathcal{B}$. Weiter sei φ eine L-Formel und h eine

Belegung in $\mathcal{A}$. Nach (3) gibt es eine universelle L-Formel ρ

mit $\Sigma \vdash (\varphi \leftrightarrow \rho)$. Aus $\mathcal{B} \models \varphi[h]$ folgt dann natürlich $\mathcal{B} \models \rho[h]$.

Dies hat wegen der Universalität von ρ sofort $\mathcal{A} \models \rho[h]$ zur

Folge, was mit $\mathcal{A} \models \varphi[h]$ äquivalent ist. Damit haben wir $\mathcal{A} \prec \mathcal{B}$

gezeigt.

$$q.e.d.$$

Mit Hilfe von Robinsons Test können wir sofort einsehen, daß z.B.

die Theorie der dichten linearen Ordnungen ohne Extrema modell-

vollständig ist. Seien dazu $\mathcal{A} = \langle A; < \rangle$ und $\mathcal{A}' = \langle A'; <' \rangle$

Modelle dieser Theorie mit $\mathcal{A} \subset \mathcal{A}'$. Weiter sei $\exists x_1, \ldots, x_n \delta$

eine L(A)-Aussage mit quantorenfreiem δ . Die in δ vorkommen-

den Konstanten $\underline{a}$ seien $\underline{a_1}, \ldots, \underline{a_m}$ für gewisse $a_1, \ldots, a_m \in A$.

Dann behauptet

$$(\mathcal{A}', A) \models \exists x_1, \ldots, x_n \delta$$

die Existenz gewisser Elemente $b_1, \ldots, b_n$ in A', die in Bezug auf

$a_1, \ldots, a_m$ und untereinander eine 'gewisse Lage' einnehmen. Mehr

kann nämlich die Formel δ nicht ausdrücken (vgl. hierzu auch

Paragraph 3.2). Da nun $(A; <)$ dicht und ohne Extrema ist, sieht man

sofort, daß man schon in A solche Elemente $b_1, \ldots, b_n$ finden

kann, d.h. man sieht

$$(\mathcal{A}, A) \models \exists x_1, \ldots, x_n \delta$$

ein. Nach Satz 3.13 ist damit die Modellvollständigkeit der Theorie der dichten linearen Ordnungen ohne Extrema nachgewiesen.

Versucht man für die Theorie der algebraisch abgeschlossenen Körper analog vorzugehen, so stößt man auf Schwierigkeiten. Hier empfiehlt es sich etwa mit Korollar 2.19 zu arbeiten, das eine sehr praktikable Methode darstellt, existentielle Abgeschlossenheiten nachzuweisen.

SATZ 3.14 <u>Die Theorie der algebraisch abgeschlossenen Körper ist modellvollständig.</u>

<u>Beweis</u>: Es seien $\mathfrak{A}$ und $\mathfrak{B}$ algebraisch abgeschlossene Körper mit $\mathfrak{A} \subset \mathfrak{B}$. Zu $\mathfrak{A}$ wählen wir mit Satz 2.17 eine elementare Erweiterung $\mathfrak{A}'$, die κ-saturiert ist, wobei $\kappa > \mathrm{card}(|\mathfrak{B}|)$ gewählt wird. Hieraus folgt erstens, daß $\mathfrak{A}'$ wieder ein algebraisch abgeschlossener Körper ist, und zweitens, daß $\mathrm{card}(|\mathfrak{A}'|) \geq \kappa > \mathrm{card}(|\mathfrak{A}|)$ ist. Insbesondere hat dann $\mathfrak{A}'$ über $\mathfrak{A}$ einen unendlichen Transzendenzgrad. Also ist jeder über $\mathfrak{A}$ endlich erzeugte Unterkörper von $\mathfrak{B}$ nach einem Satz von Steinitz in $\mathfrak{A}'$ einbettbar. Nach Korollar 2.19   ist dann $\mathfrak{A}$ existentiell abgeschlossen in $\mathfrak{B}$.

q.e.d.

Aus der Modellvollständigkeit der Theorie der algebraisch abgeschlossenen Körper folgt mit Korollar 3.12 sofort die Vollständigkeit bei fester Charakteristik. Ist nämlich die Charakteristik 0, so ist der algebraische Abschluß von $\mathbb{Q}$ ein Primmodell. Ist die Charakteristik eine Primzahl p , so ist der algebraische Abschluß von $\mathbb{F}_p$ ein Primmodell.

Als eine kleine Anwendung von Satz 3.14 beweisen wir den
'Hilbertschen Nullstellensatz', der eigentlich nichts anderes
ausdrückt als gerade die Modellvollständigkeit der Theorie der
algebraisch abgeschlossenen Körper.

HILBERTSCHER NULLSTELLENSATZ 3.15 $\underline{\text{Es sei}}$ I $\underline{\text{ein echtes Ideal des}}$
$\underline{\text{Polynomringes}}$ $F[X_1,\ldots,X_n]$ $\underline{\text{über einem algebraisch abgeschlossenen}}$
$\underline{\text{Körper}}$ F . $\underline{\text{Dann existieren}}$ $a_1,\ldots,a_n \in F$ $\underline{\text{mit}}$ $f(a_1,\ldots,a_n) = 0$
$\underline{\text{für alle}}$ $f \in I$.

$\underline{\text{Beweis}}$: Es sei M ein maximales Ideal, das I umfaßt. Die Existenz eines solchen Ideals M sichert uns das Zornsche Lemma.
Nach dem Hilbertschen Basissatz wird M von endlich vielen Polynomen $f_1,\ldots,f_m \in F[X_1,\ldots,X_n]$ erzeugt. Da M maximal ist, ist
der Restklassenring

$$F_1 = F[X_1,\ldots,X_n]\big/_M$$

wieder ein Körper - selbstverständlich ein Oberkörper von F .
In F_1 besitzen die Polynome $f_1,\ldots,f_m$ eine gemeinsame Nullstelle, nämlich die Restklassen von $X_1,\ldots,X_n$ nach dem Ideal M.
Es sei $\widetilde{F}_1$ der algebraische Abschluß von F_1. Dann erhalten wir
offenbar

$$(\widetilde{F}_1,|F|) \models \exists x_1,\ldots,x_n (\underline{f}_1(x_1,\ldots,x_n) \doteq 0 \wedge \ldots \wedge \underline{f}_m(x_1,\ldots,x_n) \doteq 0) .$$

Hierbei sollen $\underline{f}_i$ die L(F)-Terme bezeichnen, die man erhält,
wenn man in den Polynomen f_i ihre Koeffizienten b_j durch die
Konstanten $\underline{b}_j$ ersetzt. Nach Satz 3.14 ist F elementare Substruktur von $\widetilde{F}_1$, also folgt

$$(F,|F|) \models \exists x_1,\ldots,x_n (\underline{f}_1(x_1,\ldots,x_n) \doteq 0 \wedge \ldots \wedge \underline{f}_m(x_1,\ldots,x_n) \doteq 0) ,$$

d.h. es gibt $a_1, \ldots, a_n \in F$ mit $f_j(a_1, \ldots, a_n) = 0$ für

$1 \le j \le m$. Da aber M von $f_1, \ldots, f_m$ erzeugt wird, folgt

auch $f(a_1, \ldots, a_n) = 0$ für alle $f \in M$, also insbesondere

für alle $f \in I$.

q.e.d.

Ist Σ modellvollständig, so ergibt sich mit Satz 2.14 eine

bemerkenswerte Eigenschaft von $\mathrm{Mod}(\Sigma)$. Ist nämlich $(\mathcal{U}_\nu)_{\nu < \alpha}$

eine α-Kette von Modellen von Σ , so ist wegen der Modellvoll-

ständigkeit von Σ dies schon eine elementare α-Kette. Also

ist nach Satz 2.14 die Vereinigung $\bigcup_{\nu < \alpha} \mathcal{U}_\nu$ selbst ein Modell

von Σ . (Man beachte, daß für Limeszahlen $\lambda < \alpha$ zwar nicht

$\bigcup_{\nu < \lambda} \mathcal{U}_\nu = \mathcal{U}_\lambda$ gelten muß, wegen der Modellvollständigkeit wir

aber $\bigcup_{\nu < \lambda} \mathcal{U}_\nu \prec \mathcal{U}_\lambda$ haben. Damit läßt sich Satz 2.14 auf die Kette

$(\mathcal{U}_\nu')_{\nu < \alpha}$ mit $\mathcal{U}_{\nu+1}' = \mathcal{U}_\nu$ und $\mathcal{U}_\lambda' = \bigcup_{\nu < \lambda} \mathcal{U}_\nu$ für Limeszahlen $\lambda < \alpha$

anwenden.)

Eine Klasse $\mathcal{M}$ von L-Strukturen, in der mit jeder α-Kette

$(\mathcal{U}_\nu)_{\nu < \alpha}$ auch die Vereinigung $\bigcup_{\nu < \alpha} \mathcal{U}_\nu$ liegt, wollen wir _induktiv_

nennen. Ist $\mathcal{M} = \mathrm{Mod}(\Sigma)$, so nennen wir Σ induktiv. Ein modell-

vollständiges Axiomensystem Σ ist also immer induktiv. Dies

hat, wie wir sehen werden, Auswirkungen auf mögliche andere

Axiomatisierungen von $\mathrm{Ded}(\Sigma)$. Wir benötigen jedoch zuerst noch

einige Vorbereitungen.

Für eine Aussagenmenge Σ definieren wir

$$\Sigma_{\forall \exists} = \{\alpha \mid \Sigma \vdash \alpha \text{ und } \alpha \text{ ist } \forall \exists\text{-Aussage}\} .$$

Als erstes zeigen wir das

LEMMA 3.16 <u>Jedes Modell</u> $\mathcal{A}$ <u>von</u> $\Sigma_{\forall\exists}$ <u>läßt sich existentiell</u>
<u>abgeschlossen in ein Modell</u> $\mathcal{B}$ <u>von</u> Σ <u>einbetten</u>.

<u>Beweis</u>: Wir betrachten die $L(\mathcal{A})$-Aussagenmenge

$$\Sigma' = \Sigma \cup Th(\mathcal{A},A)_\forall ,$$

wobei $A = |\mathcal{A}|$ und

$$Th(\mathcal{A},A)_\forall = \{\alpha \in L(\mathcal{A}) \mid (\mathcal{A},A) \models \alpha \quad \text{und } \alpha \text{ universell}\}$$

sind. Um zu zeigen, daß Σ' ein Modell besitzt, haben wir nach
dem Kompaktheitssatz für jede endliche Teilmenge davon bzw.
für jede Menge

$$\Pi' = \Sigma \cup \{\alpha_1,\ldots,\alpha_m\}$$

mit $\alpha_1,\ldots,\alpha_m \in Th(\mathcal{A},A)_\forall$, ein Modell zu finden. Mit $\alpha_1,\ldots,\alpha_m$
ist natürlich auch $(\alpha_1 \wedge\ldots\wedge \alpha_m)$ universell (bis auf logische
Äquivalenz). Wir können uns also auf den Fall

$$\Pi' = \Sigma \cup \{\forall x_1,\ldots,x_n \; \delta(x_1,\ldots,x_n, \underline{a}_1,\ldots,\underline{a}_r)\}$$

beschränken, wobei $\delta \in Fml(L)$ quantorenfrei mit den Variablen
$x_1,\ldots,x_n$ und $y_1,\ldots,y_r$ sein soll und wobei gilt

$$(\mathcal{A},A) \models \forall x_1,\ldots,x_n \; \delta(x_1,\ldots,x_n, \underline{a}_1,\ldots,\underline{a}_r).$$

Wegen dieser Eigenschaft und der Voraussetzung $\mathcal{A} \models \Sigma_{\forall\exists}$ gehört
offenbar die Aussage

$$\neg \; \exists y_1,\ldots,y_r \; \forall x_1,\ldots,x_n \; \delta(x_1,\ldots,x_n, y_1,\ldots,y_r)$$

nicht zu $\Sigma_{\forall\exists}$, d.h. sie gilt nicht in allen Modellen von Σ .

Also gibt es ein Modell $\mathcal{L}$ von Σ mit

$$\mathcal{L} \models \exists y_1, \ldots, y_r \; \forall x_1, \ldots, x_n \; \delta(x_1, \ldots, x_n, y_1, \ldots, y_r).$$

Für eine passende Interpretation von $\underline{a}_1, \ldots, \underline{a}_r$ haben wir somit ein Modell von Π' gefunden.

Sei jetzt $\mathcal{B}'$ ein Modell von Σ'. Da $\mathcal{B}'$ insbesondere ein Modell von $D(\mathcal{A})$ ist (dies ist in $\text{Th}(\mathcal{A},A)_\forall$ enthalten), können wir mit Lemma 2.10 annehmen, $\mathcal{B}'$ enthalte $\mathcal{A}$. Also haben wir $\mathcal{B}' = (\mathcal{B},A)$, wobei dann die L-Struktur $\mathcal{B}$ ein Modell von Σ ist. Es bleibt noch zu zeigen, daß $\mathcal{A}$ in $\mathcal{B}$ existentiell abgeschlossen ist. Das ist aber klar: ist nämlich α eine universelle $L(\mathcal{A})$-Aussage mit $(\mathcal{A},A) \models \alpha$, so liegt α in $\text{Th}(\mathcal{A},A)_\forall$. Damit gilt α aber auch in $(\mathcal{B},A)$. Dies ist offenbar zur existentiellen Abgeschlossenheit von $\mathcal{A}$ in $\mathcal{B}$ äquivalent.

q.e.d.

SATZ 3.17 <u>Für</u> $\Sigma \subset \text{Aus}(L)$ <u>ist</u> $\text{Mod}(\Sigma)$ <u>genau dann induktiv, wenn</u> $\text{Mod}(\Sigma) = \text{Mod}(\Sigma_{\forall\exists})$. <u>Insbesondere ist</u> $\text{Mod}(\Sigma) = \text{Mod}(\Sigma_{\forall\exists})$, <u>falls</u> Σ <u>modellvollständig ist.</u>

<u>Beweis:</u> Trivialerweise gilt immer

$$\text{Mod}(\Sigma) \subset \text{Mod}(\Sigma_{\forall\exists}).$$

Wir nehmen nun an, $\text{Mod}(\Sigma)$ sei induktiv, und fixieren ein $\mathcal{A}_0 \in \text{Mod}(\Sigma_{\forall\exists})$. Nach Lemma 3.16 gibt es eine Erweiterung $\mathcal{B}_0$ von $\mathcal{A}_0$, die Modell von Σ ist und in der $\mathcal{A}_0$ existentiell abgeschlossen ist. Nach Satz 2.17 gibt es eine elementare κ-saturierte Erweiterung $\mathcal{A}_1$ von $\mathcal{A}_0$, wobei $\kappa > \text{card}(|\mathcal{B}_0|)$ gewählt sein soll.

(Ist $\mathcal{A}_o$ endlich, so ist $\mathcal{A}_o$ selbst κ-saturiert). Da $\mathcal{A}_o$ in $\mathcal{B}_o$ existentiell abgeschlossen ist, läßt sich nach Korollar 2.19(1) die Struktur $\mathcal{B}_o$ mit einer Substruktur von $\mathcal{A}_1$ identifizieren. Wegen $\mathcal{A}_o \prec \mathcal{A}_1$ ist $\mathcal{A}_1$ wieder ein Modell von $\Sigma_{\forall\exists}$ und wir können den eben beschriebenen Prozeß wiederholen.

Nach unendlich vielen Schritten erhalten wir damit eine Kette

$$\mathcal{A}_o \subset \mathcal{B}_o \subset \mathcal{A}_1 \subset \mathcal{B}_1 \subset \ldots \subset \mathcal{A}_n \subset \mathcal{B}_n \subset \ldots \quad ,$$

wobei die Teilkette

$$\mathcal{A}_o \subset \mathcal{A}_1 \subset \mathcal{A}_2 \ldots \subset \mathcal{A}_n \subset \ldots$$

eine elementare Kette ist, für die dann nach Satz 2.14

$$\mathcal{A}_o \prec \bigcup_{n \in \mathbb{N}} \mathcal{A}_n$$

gilt. Weiterhin sind alle $\mathcal{B}_n$ Modelle von Σ , was nach Voraussetzung

$$\bigcup_{n \in \mathbb{N}} \mathcal{B}_n \models \Sigma$$

zur Folge hat. Beachtet man jetzt die offensichtliche Gleichung

$$\bigcup_{n \in \mathbb{N}} \mathcal{A}_n = \bigcup_{n \in \mathbb{N}} \mathcal{B}_n \quad ,$$

so sehen wir schließlich, daß $\mathcal{A}_o$ ein Modell von Σ ist. Damit ist für induktives Σ die Beziehung $\mathrm{Mod}(\Sigma) = \mathrm{Mod}(\Sigma_{\forall\exists})$ nachgewiesen.

Die Umkehrung folgt sofort aus der Bemerkung 2.15.

$$\text{q.e.d.}$$

Es sei wieder $\Sigma \subset \text{Aus}(L)$. Ein Axiomensystem $\Sigma^* \subset \text{Aus}(L)$ wollen
wir einen <u>Modellbegleiter</u> von Σ nennen, falls

(i)   jedes Modell von Σ^* auch Modell von Σ ist,

(ii)   jedes Modell von Σ sich zu einem Modell von Σ^* erweitern
       läßt,

(iii) Σ^* modellvollständig ist.

Betrachtet man statt eines Axiomensystems Σ die zugehörige
Theorie $T = \text{Ded}(\Sigma)$, so besagt (i) gerade, daß $T^* = \text{Ded}(\Sigma^*)$
eine Obertheorie von T ist.

Als Beispiele haben wir bis jetzt die Theorie T^* der dichten
linearen Ordnungen ohne Extrema als Modellbegleiter etwa der
Theorie T der linearen Ordnungen (axiomatisiert durch O_1, O_2, O_3
aus § 1.6) oder die Theorie T^* der algebraisch abgeschlossenen
Körper als Modellbegleiter etwa der Theorie T der Körper
(axiomatisiert durch K_O-K_8 aus § 1.6). Im ersten Falle beachte
man, daß für eine lineare Ordnung $\mathfrak{A} = \langle A; < \rangle$ das lexikographisch
geordnete Produkt $A \times \mathbb{Q}$ ein Modell von T^* ist. Im zweiten
Fall ist der algebraische Abschluß eines Körpers ein Modell von T^*.

Im allgemeinen besitzt eine Theorie T nicht notwendig einen
Modellbegleiter - z.B. hat die Theorie der kommutativen Ringe
keinen Modellbegleiter. Existiert jedoch ein Modellbegleiter T^*
zu einer Theorie T , so ist er eindeutig bestimmt. Dies und wie
die Modellklasse von T^* bestimmt werden kann, besagt der folgende
Satz, zu dessen Formulierung wir noch eine Definition benötigen.

Ist $\mathfrak{M}$ eine Klasse von L-Strukturen, so nennen wir $\mathfrak{A} \in \mathfrak{M}$

<u>in</u> $\mathfrak{M}$ <u>existentiell abgeschlossen</u>, falls $\mathfrak{A}$ in jedem $\mathfrak{B} \in \mathfrak{M}$

mit $\mathfrak{A} \subset \mathfrak{B}$ existentiell abgeschlossen ist. Wir setzen

$$E(\mathfrak{M}) = \{\mathfrak{A} \in \mathfrak{M} \mid \mathfrak{A} \text{ in } \mathfrak{M} \text{ existentiell abgeschlossen}\} \ .$$

Ist $\mathfrak{M} = \mathrm{Mod}(\Sigma)$, so schreiben wir $E(\Sigma)$ für $E(\mathrm{Mod}(\Sigma))$.

SATZ 3.18 <u>Es seien</u> T <u>und</u> T* L-Theorien.

(1) <u>Ist</u> T* <u>Modellbegleiter von</u> T , <u>so gilt</u> $\mathrm{Mod}(\mathrm{T}^*) = E(\mathrm{T})$.

(2) <u>Ist</u> T <u>induktiv und</u> E(T) <u>axiomatisierbar, etwa</u>

  $E(\mathrm{T}) = \mathrm{Mod}(\Sigma^*)$, <u>so ist</u> T* = $\mathrm{Ded}(\Sigma^*)$ <u>Modellbegleiter von</u> T .

<u>Beweis:</u> (1) Ist $\mathfrak{A}$ Modell von T* und $\mathfrak{A} \subset \mathfrak{B}$, wobei $\mathfrak{B}$ ein

Modell von T ist, so finden wir wegen (ii) ein Modell $\mathfrak{L}$ von T*

mit

$$\mathfrak{A} \subset \mathfrak{B} \subset \mathfrak{L} \ .$$

Nach (iii) ist T* modellvollständig, also gilt $\mathfrak{A} \prec \mathfrak{L}$. Damit

folgt für jede existentielle $L(\mathfrak{A})$-Aussage δ aus $(\mathfrak{B}, |\mathfrak{A}|) \models \delta$

zuerst $(\mathfrak{L}, |\mathfrak{A}|) \models \delta$ und schließlich $(\mathfrak{A}, |\mathfrak{A}|) \models \delta$.

Damit haben wir

$$\mathrm{Mod}(\mathrm{T}^*) \subset E(\mathrm{T})$$

gezeigt. Für die umgekehrte Inklusion betrachten wir ein $\mathfrak{A} \in E(\mathrm{T})$

und erweitern es mit (ii) zu einem Modell $\mathfrak{B}$ von T*. Da $\mathfrak{A}$ in

$\mathfrak{B}$ existentiell abgeschlossen ist, können wir mit Satz 2.17 und

Korollar 2.19(1) die Struktur $\mathfrak{B}$ in eine hinreichend saturierte

elementare Erweiterung $\mathfrak{L}$ von $\mathfrak{A}$ einbetten. Wir haben also die

Situation

$$\mathfrak{A} \subset \mathfrak{B} \subset \mathfrak{L} \text{ und } \mathfrak{A} \prec \mathfrak{L} \ .$$

Nach Satz 3.17 ist $\mathrm{Mod}(T^*) = \mathrm{Mod}(T^*_{\forall\exists})$. Es genügt zu zeigen, daß jede $\forall\exists$-Aussage φ von T^* in $\mathcal{O}$ gilt.

Sei $\varphi \in T^*$ von der Gestalt

$$\varphi = \forall x_1, \ldots, x_n \, \exists y_1, \ldots, y_m \delta$$

mit quantorenfreiem δ. Wegen $\mathcal{B} \models T^*$ haben wir insbesondere $\mathcal{B} \models \varphi$. Sind nun $a_1, \ldots, a_n \in |\mathcal{O}| = A$, so haben wir

$$(\mathcal{B}, A) \models \exists y_1, \ldots, y_m \delta(x_1/\underline{a_1}, \ldots, x_n/\underline{a_n}).$$

Dies überträgt sich trivialerweise auf $(\mathcal{L}, A)$ und wegen $\mathcal{O} \prec \mathcal{L}$ schließlich auf $(\mathcal{O}, A)$. Insgesamt erhalten wir damit $\mathcal{O} \models \varphi$.

(2) Ist $E(T) = \mathrm{Mod}(\Sigma^*)$, so gilt für $\mathcal{O}, \mathcal{B} \in \mathrm{Mod}(\Sigma^*)$ mit $\mathcal{O} \subset \mathcal{B}$ insbesondere, daß $\mathcal{O}$ in $\mathcal{B}$ existentiell abgeschlossen ist. Nach Satz 3.13(2) ist dann Σ^* modellvollständig. Es bleibt also (ii) zu zeigen, d.h., ist $\mathcal{O}$ ein Modell von T, so benötigen wir ein $\mathcal{B} \in E(T)$ mit $\mathcal{O} \subset \mathcal{B}$. Dies folgt mit dem nächsten Satz aus der Induktivität von T.

q.e.d.

Aus Satz 3.18(1) folgt sofort die Eindeutigkeit eines möglichen Modellbegleiters T^* von T. Ist nämlich T' eine weitere Theorie, die Modellbegleiter von T ist, so ergibt (1)

$$\mathrm{Mod}(T^*) = \mathrm{Mod}(T').$$

Hieraus folgt dann mit dem Gödelschen Vollständigkeitssatz 1.11

$$T^* = \mathrm{Ded}(T^*) = \mathrm{Ded}(T') = T'.$$

SATZ 3.19 **Es sei** $\mathcal{M}$ **eine induktive Klasse von** L-**Strukturen.**

Dann gibt es zu jedem $\mathcal{A} \in \mathcal{M}$ **ein** $\mathcal{A}^* \in E(\mathcal{M})$ **mit** $\mathcal{A} \subset \mathcal{A}^*$.

Beweis: Die Konstruktion von $\mathcal{A}^*$ ist ähnlich der Konstruktion im

Beweis von Satz 2.17. Wir konstruieren eine ω-Kette $(\mathcal{A}^{(n)})_{n \in \mathbb{N}}$

in $\mathcal{M}$ mit $\mathcal{A}^{(0)} = \mathcal{A}$.

Ist $\mathcal{A}^{(n)} \in \mathcal{M}$ schon definiert, so sei $(\varphi_\nu^{(n)})_{\nu < \alpha_n}$ eine ordinale

Abzählung aller existentiellen $L(\mathcal{A}^{(n)})$-Aussagen. Wir setzen dann

$$\mathcal{A}^{(n+1)} = \bigcup_{\nu < \alpha_n} \mathcal{A}_\nu^{(n)} \ ,$$

wobei die α_n-Kette $(\mathcal{A}_\nu^{(n)})_{\nu < \alpha_n}$ folgendermaßen definiert ist:

$$\mathcal{A}_0^{(n)} = \mathcal{A}^{(n)}$$

$$\mathcal{A}_{\nu+1}^{(n)} = \text{ein } \mathcal{B} \in \mathcal{M} \quad \text{mit} \quad \mathcal{A}_\nu^{(n)} \subset \mathcal{B} \vDash \varphi_\nu^{(n)} \ ,$$
$$\text{falls existent; sonst } \mathcal{A}_\nu^{(n)} \ .$$

$$\mathcal{A}_\lambda^{(n)} = \bigcup_{\nu < \lambda} \mathcal{A}_\nu^{(n)} \qquad \text{für Limeszahlen } \lambda < \alpha_n \ .$$

Wegen der Induktivität von $\mathcal{M}$ liegt $\mathcal{A}^{(n+1)}$ wieder in $\mathcal{M}$.

Schließlich setzen wir

$$\mathcal{A}^* = \bigcup_{n \in \mathbb{N}} \mathcal{A}^{(n)} \ .$$

Ist nun φ eine existentielle $L(\mathcal{A}^*)$-Aussage, so kommen in φ

nur endlich viele Konstanten $\underline{a}$ mit $a \in |\mathcal{A}^*|$ vor. Also ist φ

schon eine $L(\mathcal{A}^{(n)})$-Aussage und hat damit einen Index $\nu < \alpha_n$.

Es sei etwas $\varphi = \varphi_\nu^{(n)}$. Gilt dann φ in einer Erweiterung $\mathcal{B} \in \mathcal{M}$

von $\mathcal{A}^*$, so offenbar auch in einer Erweiterung von $\mathcal{A}_\nu^{(n)}$ (nämlich

in $\mathcal{B}$). Dann gilt aber nach Definition φ auch in $\mathcal{A}_{\nu+1}^{(n)}$. Wegen des

existentiellen Charakters von φ erhalten wir damit schließlich die

Gültigkeitkeit von φ in $\mathcal{A}^*$. Also ist $\mathcal{A}^*$ existentiell abgeschlossen

in $\mathcal{M}$.   q.e.d.

3.4 Quantorenelimination

Im letzten Paragraphen beschäftigten wir uns mit Theorien, für die jede Formel zu einer $\forall$-Formel äquivalent war. Jetzt wenden wir uns der stärkeren Bedingung zu, daß jede Formel sogar zu einer quantorenfreien äquivalent ist. Damit dies auch für Aussagen unserer Sprache L möglich ist, setzen wir in diesem Zusammenhang immer die Existenz einer Konstanten, also $K \neq \emptyset$, voraus. (Anderenfalls müßten wir eine Aussagenkonstante T einführen, die in jeder L-Struktur wahr ist.) Wir sagen dann, $\Sigma \subset \text{Aus}(L)$ erlaube <u>Quantorenelimination</u> (kurz Σ sei QE), falls es zu jeder L-Formel φ eine quantorenfreie L-Formel δ mit $\text{Fr}(\delta) \subset \text{Fr}(\varphi)$ und

$$\Sigma \vdash \forall(\varphi \leftrightarrow \delta) .$$

Der Nachweis der Quantorenelimination geschieht meistens mit Hilfe des folgenden Kriteriums. Dabei nennen wir eine Formel φ eine einfache <u>Existenzformel</u>, falls sie die Gestalt $\exists x\, \delta$ mit quantorenfreiem δ hat.

SATZ 3.20 <u>Für</u> $\Sigma \subset \text{Aus}(L)$ <u>sind äquivalent</u>:

(1) Σ <u>erlaubt Quantorenelimination</u>,

(2) $\Sigma \cup D(\mathcal{O})$ <u>ist vollständig für jede Substruktur</u> $\mathcal{O}$ <u>eines Modelles von</u> Σ ,

(3) <u>für je zwei Modelle</u> $\mathcal{B}_1$ <u>und</u> $\mathcal{B}_2$ <u>von</u> Σ <u>mit einer gemeinsamen endlich erzeugten Substruktur</u> $\mathcal{O}$ <u>und für jede einfache</u> <u>Existenzaussage</u> φ <u>der Sprache</u> $L(\mathcal{O})$ <u>gilt</u>:
$$(\mathcal{B}_1, |\mathcal{O}|) \xrightarrow{\varphi} (\mathcal{B}_2, |\mathcal{O}|) .$$

<u>Beweis</u>: (1)$\Rightarrow$(2): Es seien $\mathcal{B}_1'$ und $\mathcal{B}_2'$ Modelle von $\Sigma \cup D(\mathcal{O})$. Nach Lemma 2.10 besitzen $\mathcal{B}_1'$ und $\mathcal{B}_2'$ zu $\mathcal{O}$ isomorphe Substrukturen. Wir identifizieren diese mit $\mathcal{O}$. Bezeichnen wir die L-Restriktionen von $\mathcal{B}_\nu'$ mit $\mathcal{B}_\nu$ für $\nu = 1,2$, so gilt mit $A = |\mathcal{O}|$

offenbar

$$\mathcal{B}_\nu' = (\mathcal{B}_\nu, A) \ .$$

Es sei φ' eine $L(A)$-Aussage. Denkt man sich φ' durch Einsetzung von Konstanten $\underline{a}$, aus einer passenden L-Formel φ entstanden, und ist δ eine quantorenfreie L-Formel mit

$$\Sigma \vdash (\varphi \leftrightarrow \delta) \quad \text{und} \quad Fr(\delta) \subset Fr(\varphi),$$

so sieht man, daß es eine quantorenfreie $L(\mathcal{A})$-Aussage δ' gibt mit

$$\Sigma \vdash (\varphi' \leftrightarrow \delta') \ .$$

Gilt nun φ' in $(\mathcal{B}_1, A)$, so auch δ'. Wegen der Quantorenfreiheit von δ' hat dies erst $(\mathcal{A}, A) \vDash \delta'$ und dann $(\mathcal{B}_2, A) \vDash \delta'$ zur Folge. Dies wiederum führt zu $(\mathcal{B}_2, A) \vDash \varphi'$. Also haben wir insgesamt

$$(\mathcal{B}_1, A) \equiv (\mathcal{B}_2, A) \ .$$

Nach Lemma 3.6 ist dann $\Sigma \cup D(\mathcal{A})$ vollständig.

$(2) \Rightarrow (3)$ ist trivial, da (3) ein Spezialfall von (2) ist.

$(3) \Rightarrow (1)$: Es sei φ eine L-Formel. Wir zeigen später durch Induktion über den Aufbau von φ die Existenz einer quantorenfreien L-Formel δ mit $Fr(\delta) \subset Fr(\varphi)$ und $\Sigma \vdash \forall(\varphi \leftrightarrow \delta)$. Doch zuerst müssen wir den speziellen Fall behandeln, in dem φ von der Gestalt $\exists x \gamma$ mit quantorenfreiem γ ist.

Es sei $Fr(\varphi) \subset \{v_0, \ldots, v_n\}$. Wir erweitern die Sprache L um neue Konstanten $c_0, \ldots, c_n$ (wobei $\{0, \ldots, n\} \cap K = \emptyset$ sei). Es sei

$$\varphi' = \varphi(v_0/c_0, \ldots, v_n/c_n) \ .$$

Die entstehende Sprache heiße L'. Es sei Γ die Menge aller quantorenfreien Aussagen von L'. Weiter seien $\mathcal{B}_1'$ und $\mathcal{B}_2'$ Modelle von Σ in der Sprache L' mit $\mathcal{B}_1' \overset{\Gamma}{\leadsto} \mathcal{B}_2'$. Wir wollen $\mathcal{B}_1' \overset{0}{\leadsto} \mathcal{B}_2'$ zeigen, um dann Lemma 3.4 anwenden zu können.

Die Restriktionen von $\mathcal{B}_\nu'$ auf L seien $\mathcal{B}_\nu$ für $\nu = 1,2$. Die Struktur $\mathcal{B}_\nu'$ hat dann die Gestalt

$$\mathcal{B}_\nu' = (\mathcal{B}_\nu, (a_0^{(\nu)}, \ldots, a_n^{(\nu)})),$$

wobei $a_\mu^{(\nu)}$ die Interpretation von c_μ in $|\mathcal{B}_\nu|$ für $0 \leq \mu \leq n$ ist. Es sei CT' die Menge der konstanten Terme von L'. Jeden Term t' aus CT' kann man sich aus einem L-Term t durch Einsetzung von $c_0, \ldots, c_n$ für die Variablen $v_0, \ldots, v_n$ entstanden denken, d.h.

$$t' = t(v_0/c_0, \ldots, v_n/c_n).$$

Die Interpretation $t'^{\mathcal{B}_\nu'}$ von t' in $\mathcal{B}_\nu'$ ist dann ein Element von $|\mathcal{B}_\nu|$. Es gilt

$$t'^{\mathcal{B}_\nu'} = t^{\mathcal{B}_\nu}[a_1^{(\nu)}, \ldots, a_n^{(\nu)}].$$

Wir setzen nun

$$A_\nu := \{t'^{\mathcal{B}_\nu'} \mid t' \in CT'\} .$$

Wie man sofort sieht, ist A_ν abgeschlossen unter allen Funktionen $f_j^{\mathcal{B}_\nu}$ $(j \in J)$ der Struktur $\mathcal{B}_\nu$ und enthält alle Konstanteninterpretationen $c_k^{\mathcal{B}_\nu}$ $(k \in K)$. Also definiert A_ν nach Abschnitt 2.3 eine Substruktur $\mathcal{A}_\nu$ von $\mathcal{B}_\nu$. Offensichtlich ist $\mathcal{A}_\nu$ endlich erzeugt, nämlich von $a_0^{(\nu)}, \ldots, a_n^{(\nu)}$.

Wir definieren einen Isomorphismus τ von $\mathfrak{A}_1$ mit $\mathfrak{A}_2$ durch

$$\tau(t'^{\,\mathcal{L}'_1}_1) := t'^{\,\mathcal{L}'_2}_1 \;.$$

Die Korrektheit dieser Definition und die Injektivität der Abbildung τ sind in der folgenden Äquivalenz enthalten ("$\Rightarrow$" ist die Korrektheit, "$\Leftarrow$" ist die Injektivität). Es seien t'_1 und t'_2 aus CT'. Dann gilt

$$t'^{\,\mathcal{L}'_1}_1 = t'^{\,\mathcal{L}'_1}_2 \quad \text{gdw} \quad \mathcal{L}'_1 \models t'_1 \doteq t'_2$$
$$\text{gdw} \quad \mathcal{L}'_2 \models t'_1 \doteq t'_2$$
$$\text{gdw} \quad t'^{\,\mathcal{L}'_2}_1 = t'^{\,\mathcal{L}'_2}_2$$

Hierbei haben wir $\mathcal{L}'_1 \overset{\Gamma}{\rightsquigarrow} \mathcal{L}'_2$ auf die quantorenfreien L'-Aussagen $t'_1 \doteq t'_2$ und $\neg\, t'_1 \doteq t'_2$ angewandt. Die Surjektivität von τ ist trivial. Es bleiben die Bedingungen (I_2), (I_3) und (I_4) aus Abschnitt 2.2 nachzuweisen. Dabei sind wiederum (I_2) und (I_4) trivialerweise erfüllt. Es bleibt (I_3). Sei also R_i ein Relationszeichen mit $i \in I$. Für $t'_1,\ldots,t'_{\lambda(i)} \in CT'$ gilt dann

$$R_i^{\,\mathcal{L}'_1}(t'^{\,\mathcal{L}'_1}_1,\ldots,t'^{\,\mathcal{L}'_1}_{\lambda(i)}) \quad \text{gdw} \quad \mathcal{L}'_1 \models R_i(t'_1,\ldots,t'_{\lambda(i)})$$
$$\text{gdw} \quad \mathcal{L}'_2 \models R_i(t'_1,\ldots,t'_{\lambda(i)})$$
$$\text{gdw} \quad R_i^{\,\mathcal{L}'_2}(t'^{\,\mathcal{L}'_2}_1,\ldots,t'^{\,\mathcal{L}'_2}_{\lambda(i)})$$

Hierbei haben wir $\mathcal{L}'_1 \overset{\Gamma}{\rightsquigarrow} \mathcal{L}'_2$ auf die quantorenfreien L-Aussagen $R_i(t'_1,\ldots,t'_{\lambda(i)})$ und $\neg\, R_i(t'_1,\ldots,t'_{\lambda(i)})$ angewandt.

Damit haben wir schließlich isomorphe endlich erzeugte Substrukturen $\mathfrak{A}_1$ und $\mathfrak{A}_2$ in $\mathcal{L}_1$ bzw. $\mathcal{L}_2$ gefunden. Identifizieren wir diese, so läßt sich nach (3) die Aussage φ' von $\mathcal{L}'_1$ nach $\mathcal{L}'_2$ übertragen,

d.h. $\mathcal{B}_1' \overset{\varphi'}{\rightsquigarrow} \mathcal{B}_2'$. (Hierbei haben wir wieder einmal Lemma 2.9
benützt.) Mit Lemma 3.4 erhalten wir nun eine Aussage $\delta' \in \Gamma$
mit $\Sigma \vdash (\varphi' \leftrightarrow \delta')$. Da die Interpretation der neuen Konstanten
$c_0, \dots, c_n$ in den Modellen $\mathcal{B}$ von Σ völlig beliebig war, erhalten wir daraus sofort

$$\Sigma \vdash \forall (\varphi \leftrightarrow \delta) \ ,$$

wobei $\delta = \delta'(c_0/v_0, \dots, c_n/v_n)$ eine quantorenfreie L-Formel ist.

Damit haben wir den Spezialfall $\varphi = \exists x \gamma$ mit quantorenfreiem γ
abgeschlossen. Wir kommen nun zur Induktion über den Aufbau von φ.

Ist φ eine Primformel, so setzen wir $\delta = \varphi$.

Ist $\varphi = \neg \varphi_1$ und ist nach Induktionsvoraussetzung δ_1 quantorenfrei mit

$$\Sigma \vdash (\varphi_1 \leftrightarrow \delta_1) \quad \text{und} \quad Fr(\delta_1) \subset Fr(\varphi_1) ,$$

so setzen wir $\delta = \neg \delta_1$ und erhalten das Gewünschte.

Ist $\varphi = (\varphi_1 \wedge \varphi_2)$ und sind nach Induktionsvoraussetzung δ_1 und
δ_2 quantorenfrei mit

$$\Sigma \vdash (\varphi_\nu \leftrightarrow \delta_\nu) \quad \text{und} \quad Fr(\delta_\nu) \subset Fr(\varphi_\nu)$$

für $\nu = 1,2$, so setzen wir $\delta = (\delta_1 \wedge \delta_2)$ und erhalten wieder
das Gewünschte.

Ist schließlich $\varphi = \forall x \varphi_1$ und nach Induktionsvoraussetzung δ_1
quantorenfrei mit

$$\Sigma \vdash (\varphi_1 \leftrightarrow \delta_1) \quad \text{und} \quad Fr(\delta_1) \subset Fr(\varphi_1) ,$$

so folgt zuerst

$$\Sigma \vdash (\forall x \varphi_1 \leftrightarrow \forall x \delta_1) \quad \text{und} \quad Fr(\forall x \delta_1) \subset Fr(\forall x \varphi_1).$$

Nach dem oben behandelten Spezialfall erhalten wir ein quantoren-
freies δ mit

$$\Sigma \vdash (\forall x \delta_1 \leftrightarrow \delta) \quad \text{und} \quad Fr(\delta) \subset Fr(\forall x \delta_1).$$

Insgesamt ergibt dies jedoch

$$\Sigma \vdash (\forall x \varphi_1 \leftrightarrow \delta) \quad \text{und} \quad Fr(\delta) \subset Fr(\forall x \varphi_1).$$

q.e.d.

Wegen der Eigenschaft (2) nennt man eine Theorie, die Quantorenelimination erlaubt, auch <u>substrukturvollständig</u>.

Eine L-Struktur $\mathcal{P}$, die sich in jedes Modell eines Axiomensystems
Σ einbetten läßt, heißt eine <u>Primsubstruktur</u> für Σ . Aus Satz
3.20 (2) erhält man damit das folgende

KOROLLAR 3.21 <u>Erlaubt</u> $\Sigma \subset \text{Aus}(L)$ <u>Quantorenelimination und</u>
<u>besitzt</u> Σ <u>eine Primsubstruktur, so ist</u> Σ <u>vollständig.</u>

Aus der Definition der Quantorenelimination (und mit Hilfe von
Robinsons Test 3.13) oder aus Satz 3.20 (2) ersieht man sofort,
daß jede Theorie, die Quantorenelimination erlaubt, natürlich modellvollständig ist. Die Umkehrung gilt, wie wir später sehen werden,
nicht allgemein. Das Hindernis kann man aus dem folgenden Satz
ersehen. Dabei wollen wir sagen, $\Sigma \subset \text{Aus}(L)$ besitze die <u>Amalga-</u>
<u>mierungseigenschaft</u>, falls es zu je zwei Modellen $\mathcal{L}_1, \mathcal{B}_2$ von Σ
und jeder gemeinsamen Substruktur $\mathcal{A}$ von $\mathcal{B}_1$ und $\mathcal{L}_2$ Einbettungen

$\tau_\nu : \mathcal{B}_\nu \to \mathcal{B}$ ($\nu=1,2$) in ein Modell $\mathcal{B}$ von Σ gibt, so daß $\tau_1(a) = \tau_2(a)$ für alle $a \in |\mathcal{A}|$ gilt.

SATZ 3.22 $\Sigma \subset$ Aus(L) <u>erlaubt Quantorenelimination genau dann, wenn Σ modellvollständig ist und die Amalgamierungseigenschaft besitzt.</u>

<u>Beweis:</u> Sei zuerst Σ modellvollständig und besitze die Amalgamierungseigenschaft. Wir argumentieren dann mit Satz 3.20 (3) . Es seien $\mathcal{B}_1$ und $\mathcal{B}_2$ Modelle von Σ mit der gemeinsamen Substruktur $\mathcal{A}$. Nach Voraussetzung existieren Einbettungen $\tau_\nu : \mathcal{B}_\nu \to \mathcal{B}$ ($\nu=1,2$) in ein Modell $\mathcal{B}$ von Σ mit $\tau_1|_A = \tau_2|_A$, wobei $A = |\mathcal{A}|$ ist.

Sei nun φ eine einfache L(A)-Existenzaussage mit $(\mathcal{B}_1, A) \models \varphi$. Wegen des Existenzcharakters von φ erhalten wir daraus sofort $(\mathcal{B}, \tau_1|_A) \models \varphi$ bzw. $(\mathcal{B}, \tau_2|_A) \models \varphi$ wegen der Voraussetzung $\tau_1|_A = \tau_2|_A$. Aus der Modellvollständigkeit von Σ folgt, daß die Einbettung τ_2 (und natürlich auch τ_1) elementar ist. Also erhalten wir schließlich $(\mathcal{B}_2, A) \models \varphi$. Damit ist 3.20 (2) nachgewiesen.

Nun nehmen wir an, Σ erlaube Quantorenelimination. Es bleibt die Amalgamierungseigenschaft zu zeigen. Seien also $\mathcal{B}_1$ und $\mathcal{B}_2$ Modelle von Σ mit der gemeinsamen Substruktur $\mathcal{A}$. Wir wählen dann mit Hilfe von Satz 2.17 eine κ-saturierte elementare Erweiterung $\mathcal{B}$ von $\mathcal{B}_2$, wobei insbesondere $\kappa >$ card($|\mathcal{B}_1|$) sein soll. Nach Satz 2.18 läßt sich dann die Struktur $(\mathcal{B}_1, |\mathcal{A}|)$ in $(\mathcal{B}, |\mathcal{A}|)$ einbetten, falls jede $\exists$-Aussage der L($\mathcal{A}$)-Sprache, die in $(\mathcal{B}_1, |\mathcal{A}|)$ gilt, auch in $(\mathcal{B}, |\mathcal{A}|)$ gilt. Dies ist aber gerade mit

Satz 3.20 (2) sichergestellt. Also erhalten wir eine Einbettung $\tau_1 : \mathcal{B}_1 \to \mathcal{B}$, die auf $|\mathcal{O}|$ die Identität ist. Andererseits ist natürlich die Identität eine Einbettung von $\mathcal{B}_2$ in $\mathcal{B}$, stimmt also insbesondere auf $|\mathcal{O}|$ mit τ_1 überein. Als elementare Erweiterung von $\mathcal{B}_2$ ist $\mathcal{B}$ schließlich auch ein Modell vcn Σ .

q.e.d.

Wir vermerken noch, daß wir im letzten Beweis zum Nachweis der Quantorenelimination unter Voraussetzung der Amalgamierungseigenschaft nicht die volle Modellvollständigkeit von Σ benützt haben, sondern nur die im allgemeinen nicht äquivalente Folgerung: Sind $\mathcal{O}$ und $\mathcal{B}$ Modell von Σ mit $\mathcal{O} \subset \mathcal{B}$, so gilt jede <u>einfache</u> $L(\mathcal{O})$-Existenzaussage, die in $(\mathcal{B}, |\mathcal{O}|)$ gilt, schon in $(\mathcal{O}, |\mathcal{O}|)$. Dies kann bei Vorliegen der Amalgamierungseigenschaft den Nachweis der Quantorenelimination u.U. erheblich erleichtern.

In diesem Paragraphen wollen wir nun noch die Quantorenelimination für die Theorie der algebraisch abgeschlossenen Körper nachweisen, ohne auf frühere Resultate zurückzugreifen. Unter Benutzung des Kriteriums (3) in Satz 3.20 wird sich zeigen, daß die einzusetzenden algebraischen Fakten sehr einfach sind. Insbesondere werden die Sätze von Steinitz nicht benötigt. Aus der Quantorenelimination folgt aber andererseits sofort die Modellvollständigkeit, also Satz 3.14 für diese Theorie, und für feste Charakteristik mit Korollar 3.21 auch die Vollständigkeit, also Satz 3.8 . Man beachte dabei nur, daß die Primkörper $\mathbb{Q}$ bzw. $\mathbb{F}_p$ für die Primzahlen p offenbar Primsubstrukturen sind.

SATZ 3.23 <u>Die Theorie der algebraisch abgeschlossenen Körper erlaubt Quantorenelimination.</u>

<u>Beweis</u>: Wir weisen Bedingung (3) von Satz 3.20 nach. Dazu seien F_1 und F_2 (in der für Körper üblichen Bezeichnung) algebraisch abgeschlossene Körper und $\mathcal{O}$ eine gemeinsame Substruktur. Es ist klar, daß $\mathcal{O}$ ein Teilring von F_1 und F_2 sein muß. Wir können deshalb annehmen, daß der Quotientenkörper F von $\mathcal{O}$ ebenfalls in F_1 und F_2 enthalten ist. Bekanntlich ist der algebraische Abschluß $\widetilde{F}$ eines Körpers F bis auf Isomorphie eindeutig. Wir können also weiter annehmen, daß $\widetilde{F}$ in F_1 und F_2 enthalten ist, d.h. wir haben die Situation

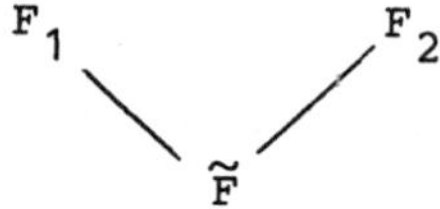

wobei alle drei Körper algebraisch abgeschlossen sind.

Es sei $\exists x\delta$ eine L(A)-Aussage mit quantorenfreiem δ und $(F_1,A) \models \exists x\delta$, wobei $A = |\mathcal{O}|$ ist. Wir haben $(F_2,A) \models \exists x\delta$ zu zeigen. Im folgenden werden wir der Einfachheit halber nur noch F_ν für (F_ν,A) schreiben.

Ohne Einschränkung können wir annehmen, daß δ in disjunktiver Normalform vorliegt, d.h.

$$\delta = (\delta_1 \vee \ldots \vee \delta_m),$$

wobei δ_ν eine Konjunktion von Primformeln und negierten Primformeln ist. Da $\exists x\delta$ logisch äquivalent zu

$$(\exists x\delta_1 \vee \ldots \vee \exists x\delta_m)$$

ist, muß mindestens ein Disjunktionsglied $\exists x\delta_\nu$ in F_1 gelten.

Können wir $F_2 \models \exists x \delta_\nu$ zeigen, so folgt natürlich auch $F_2 \models \exists x \delta$.

Wir können weiter annehmen, δ_ν habe die folgende Gestalt

$$(\bigwedge_{i=1}^{r} p_i(x) \doteq 0 \wedge \bigwedge_{j=1}^{s} q_j(x) \neq 0)$$

(wobei der Fall $r=0$ oder $s=0$ nicht ausgeschlossen ist). Dabei sind p_i und q_j Polynome in x , deren Koeffizienten selbst Polynome in den in δ vorkommenden Konstanten $\underline{a}_1, \ldots, \underline{a}_n$ mit ganzzahligen Koeffizienten sind. Genau genommen sind diese 'ganzzahligen' Koeffizienten Terme der Gestalt $\pm (1+\ldots+1)$.

Liefern die Interpretationen der Koeffizienten der Terme p_i ($1 \leq i \leq r$) mindestens ein nicht-triviales Polynom mit Koeffizienten in A , so muß ein Element b von F_1 , das δ_ν in F_1 erfüllt, schon in $\widetilde{F}$ liegen. Damit gilt $\widetilde{F} \models \exists x \delta_\nu$ und dann insbesondere $F_2 \models \exists x \delta_\nu$. Liefern jedoch alle Terme p_i nur triviale Polynome oder ist $r=0$, so genügt es, in $\widetilde{F}$ ein Element b zu finden, das von allen Nullstellen der zu den Termen q_j gehörenden Polynome aus A[x] verschieden ist. Ein solches Element b gibt es, da $\widetilde{F}$ als algebraisch abgeschlossener Körper unendliche Kardinalität hat. Also haben wir $\widetilde{F} \models \exists x \delta_\nu$ und damit wieder $F_2 \models \exists x \delta_\nu$.

$$\text{q.e.d.}$$

Als Anwendung der Quantoreneliminations für die Terme der algebraisch abgeschlossenen Körper F erhält man z.B., daß für F die Projektionen konstruktibler Mengen des affinen Raumes F^n wieder konstruktibel sind. Dabei nennt man eine Teilmenge M des F^n <u>konstruktibel</u>, wenn sie eine boolesche Kombination algebraischer Mengen ist. Dies heißt in unserer Sprechweise, daß M

durch eine quantorenfreie Formel definiert wird - genauer:

es gibt eine quantorenfreie Formel δ der Sprache $L(F)$ mit

$Fr(\delta) \subseteq \{x_1, \ldots, x_n\}$, so daß

$$M = \{(a_1, \ldots, a_n) \in F^n \mid F \models \delta(\underline{a}_1, \ldots, \underline{a}_n)\}.$$

Eine Projektion von M , z.B. entlang der ersten Koordinate,

ist dann gerade die Menge

$$M_1 = \{(a_2, \ldots, a_n) \in F^{n-1} \mid F \models \exists x_1 \delta(\underline{a}_2, \ldots, \underline{a}_n)\}.$$

Da $\exists x_1 \delta$ durch eine quantorenfreie Formel δ_1 mit $Fr(\delta_1) \subseteq$

$\{x_2, \ldots, x_n\}$ äquivalent ersetzt werden kann, sehen wir, daß M_1

wieder konstruktibel ist.

Übungen zu Kapitel 3

1. Man zeige, daß die Theorie der kommutativen Ringe

   $R = \langle R; +^R, -^R, \cdot^R; 0^R, 1^R \rangle$ mit Eins (axiomatisiert durch $K_0 - K_5, K_7, K_8$)

   keinen Modellbegleiter besitzt.

   <u>Hinweis</u>: Man zeige, daß in jedem existentiell abgeschlossenen

   kommutativen Ring R gilt:

   (a) $x \in R$ ist nilpotent genau dann, wenn

   $$R \models \forall y \, ((xy)^2 \doteq xy \rightarrow xy \doteq 0),$$

   (b) in R gibt es nilpotente Elemente beliebiger Nilpotenz-

   ordnung, d.h. zu jedem $n \in \mathbb{N}$ gibt es ein $x \in R$ mit

   $x^n \neq 0$, aber $x^{n+1} = 0$.

   Hieraus folgere man, daß die Klasse der existentiell abgeschlos-

   senen kommutativen Ringe nicht axiomatisierbar ist. Nun wende man

   Satz 3.18 an.

Kapitel 4 Modelltheorie einiger algebraischer Theorien

In diesem Kapitel werden wir eine Reihe von interessanten
algebraischen Theorien auf die Eigenschaften Vollständigkeit,
Modellvollständigkeit und Quantorenelimination hin untersuchen.
Neben den in der bestehenden Literatur schon öfters abgehandel-
ten Standardbeispielen werden wir besonderen Wert auf die
Theorie der bewerteten Körper legen. Da Bewertungstheorie nicht
zum Standardrepertoire eines Algebrakurses gehört, besprechen
wir in 4.3 die daraus benötigten Begriffe und Sätze zuerst
ausführlich. Danach entwickeln wir über Spezialfälle (4.4 und
4.5) schließlich die Modelltheorie henselsch bewerteter Körper.
Ziel dieser Darstellung ist u.a. die Behandlung eines rein
zahlentheoretischen Problems - der Artinschen Vermutung -
in Satz 4.27.

4.1 Angeordnete abelsche Gruppen

Wir beginnen die modelltheoretischen Untersuchungen algebraischer Theorien mit der Theorie der angeordneten abelschen Gruppen. Als Axiomensystem dieser Theorie können wir etwa (vgl. 1.6)

$$\{G_1,G_2,G_3,G_4\}\cup\{O_1,O_2,O_3,OG\}\cup\{\exists x\; x \neq 0\}$$

in einer Sprache L mit den üblichen Zeichen < , +, O verwenden; Modelle haben dann die Gestalt:

$$\mathcal{O}\hspace{-0.3em}l = <A \;;\; <^{\mathcal{O}\hspace{-0.3em}l}\;;\; +^{\mathcal{O}\hspace{-0.3em}l}\;;\; O^{\mathcal{O}\hspace{-0.3em}l}>\;.$$

Hierfür schreiben wir im folgenden auch einfach

$$\mathcal{O}\hspace{-0.3em}l = <A\,;\,<\,;\,+\,;\,O>\;,$$

d.h. wir bezeichnen die Interpretationen der Zeichen < , + und O in $\mathcal{O}\hspace{-0.3em}l$ selbst wieder mit < , + und O . Meistens werden wir angeordnete abelsche Gruppen mit dem Buchstaben G bezeichnen.

Ist G eine angeordnete, abelsche Gruppe, so kann G ein kleinstes positives Element besitzen, d.h. in G gilt die Aussage

$$DO \;:\; \exists x\; (O<x \wedge \forall y\; (O<y \rightarrow x \doteq y \vee x<y)\,.$$

In diesem Falle hatten wir G in 1.6 als <u>diskret angeordnet</u> bezeichnet. Die ganzen Zahlen $\mathbb{Z}$ mit der üblichen Ordnung bilden ein Beispiel dafür. Besitzt G jedoch kein kleinstes positives Element, so ist G <u>dicht geordnet</u> (d.h. es gilt O_4 von 1.6). Sind nämlich $a,b \in |G|$ mit a < b und ist O < c < (b-a), so folgt natürlich

$$a < c+a < b\;.$$

Wir wollen nun in den nächsten beiden Sätzen die Modelltheorie
zweier spezieller Klassen von angeordneten Gruppen genauer untersuchen. Wir beginnen mit

SATZ 4.1 <u>Die Theorie der divisiblen angeordneten abelschen
Gruppen erlaubt Quantorenelimination und ist vollständig und
modellvollständig.</u>

<u>Beweis</u>: Die Modellvollständigkeit folgt unmittelbar aus der
Quantorenelimination und die Vollständigkeit mit Korollar 3.21,
da offenbar $\mathbb{O} = <\{O\};\ \emptyset\ ;\ +\ ;\ O >$. mit $O + O = O$ eine Primsubstruktur ist.

Zum Beweis der Quantorenelimination gehen wir ebenso wie im Beweis
von Satz 3.23 vor. Es seien G_1 und G_2 divisible angeordnete
abelsche Gruppen und H eine gemeinsame Substruktur. H ist
eine Semigruppe mit Kürzungsregel. (Man beachte, daß die Inversen-
operation nicht in unserer Sprache ist.) H erzeugt jedoch in G_1
und G_2 isomorphe angeordnete Gruppen; auch sind ihre divisiblen
Hüllen (vgl. Beweis des folgenden Korollars) in G_1 und G_2 immer
noch isomorph. Wir identifizieren sie und bezeichnen sie mit $\tilde{H}$.
Wir haben also die Situation

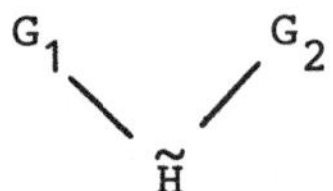

wobei der Fall $H = \tilde{H} = O$ nicht auszuschließen ist.

Wie in 3.23 genügt es, den Fall zu betrachten, in dem δ_ν eine
Konjunktion von Primformeln oder negierten Primformeln der Sprache
L(H) ist, wobei höchstens x in δ_ν frei ist. Wir nehmen

$G_1 \models \exists x \delta_\nu$ an und zeigen $G_2 \models \exists x \delta_\nu$. Zuvor können wir jedoch noch einige Vereinfachungen in δ_ν vornehmen: Wir ersetzen die Formeln

$$\neg(t_1 \doteq t_2) \quad \text{durch} \quad (t_1 < t_2 \vee t_2 < t_1)$$
$$\neg(t_1 < t_2) \quad \text{durch} \quad (t_2 < t_1 \vee t_1 \doteq t_2)$$

Dies ist für geordnete Gruppen eine äquivalente Ersetzung. Bringen wir das Ergebnis wieder in disjunktive Normalform und verteilen den Existenzquantor $\exists x$ auf die Disjunktionsglieder, so können wir annehmen, δ_ν sei von der Gestalt

$$(\bigwedge_{i=1}^{r} n_i x + \underline{a_i} = n_i' x + \underline{a_i'} \wedge \bigwedge_{j=1}^{s} m_j x + \underline{b_j} < m_j' x + \underline{b_j'}).$$

Dabei haben wir mögliche gruppentheoretische Umformungen schon vorgenommen und neue Konstanten eingeführt (z.B. Ersetzung von $\underline{a} + \underline{b}$ durch $\underline{a+b}$). Wie üblich bezeichnet nx die n-fache Summe $x + \ldots + x$. Der Fall $r = 0$ oder $s = 0$ ist erlaubt. Alle Konstanten $\underline{a}$ gehören zu Elementen $a \in |H|$.

Ist nun eine Gleichung nicht-trivial, d.h. $n_i \neq n_i'$, so liegt ein Element d aus G_1 , das δ_ν erfüllt, schon in $\widetilde{H}$. Also haben wir $\widetilde{H} \models \exists x \delta_\nu$ und damit auch $G_2 \models \exists x \delta_\nu$. Sind alle Gleichungen trivial, d.h. $n_i = n_i'$ für $1 \leq i \leq r$, oder ist $r = 0$, so erfüllt ein Element d aus G_1 die Formel δ_ν offenbar genau dann, wenn

$$(m_j - m_j') d < b_j' - b_j \quad \text{für} \quad 1 \leq j \leq s$$

ist. Findet man ein solches Element in G_1 , so offensichtlich auch in $\widetilde{H}$, falls $\widetilde{H} \neq 0$ ist. In diesem Falle gilt dann wieder

$\widetilde{H} \models \exists x \delta_\nu$ und somit $G_2 \models \exists x \delta_\nu$. Im Falle $\widetilde{H} = \emptyset$ gilt aber

$b_j = b_j' = 0$ für alle $1 \leq j \leq s$. Jetzt behauptet $\exists x \delta_\nu$ ledig-

lich die Existenz eines positiven (oder negativen Elements, was

natürlich auch in G_2 richtig ist.

q.e.d.

KOROLLAR 4.2 <u>Die Theorie der divisiblen angeordneten abelschen</u>

<u>Gruppen ist der Modellbegleiter der Theorie der angeordneten</u>

<u>abelschen Gruppen.</u>

<u>Beweis</u>: Unter Verwendung von Satz 4.1 bleibt nur zu zeigen, daß

sich jede angeordnete abelsche Gruppe G in eine divisible ange-

ordnete abelsche Gruppe einbetten läßt - nämlich in ihre <u>divisible</u>

<u>Hülle</u>. Diese läßt sich folgendermaßen analog zur Konstruktion von

$\mathbb{Q}$ aus $\mathbb{Z}$ definieren. Wir betrachten Paare (a,n), wobei $a \in |G|$

und $n \in \mathbb{N} \setminus \{0\}$ sind (- wir denken dabei an Quotienten $\frac{a}{n}$).

Zwei Paare (a,n) und (a',n') werden als äquivalent definiert,

falls $n'a = na'$ ist. Man prüft nun leicht nach, daß die

Äquivalenzklassen solcher Paare eine divisible angeordnete abelsche

Gruppe $\widetilde{G}$ bilden, wenn man die Addition in $\widetilde{G}$ über

$$(a,n)+(a',n') = (n'a + na', \; nn')$$

und die Anordnung über

$$(a,n)<(a',n') \quad gdw \quad n'a < na'$$

definiert. G läßt sich in $\widetilde{G}$ vermittels der Zuordnung $a \mapsto (a,1)$

einbetten. Also ist $\widetilde{G}$ eine divisible Erweiterung mit der Eigen-

schaft: zu jedem $b \in |\widetilde{G}|$ gibt es ein $a \in |G|$ und ein

$n \in \mathbb{N} \setminus \{0\}$ mit $nb = a$. Durch diese Eigenschaft ist übrigens $\widetilde{G}$

als divisible angeordnete abelsche Erweiterungsgruppe von G
eindeutig bis auf Isomorphie bestimmt.

q.e.d.

Im nächsten Satz werden wir u.a. zeigen, daß die Theorie der
$\mathbb{Z}$-Gruppen modellvollständig ist. Zur Axiomatisierung dieser
Theorie hatten wir in 1.6 eine Konstante 1 zur Sprache der
angeordneten Gruppen hinzugenommen. Die Restriktionen von $\mathbb{Z}$-Gruppen
auf die Sprache der angeordneten Gruppen lassen sich auch axiomatisieren - wir haben lediglich 1 implizit zu beschreiben.
Die Axiome sind dann die oben angegebenen Axiome für diskret
angeordnete abelsche Gruppen zusammen mit

$$D_n^- : \forall u \ (0 < u \wedge \forall y \ (0 < y \to u \doteq y \vee u < y) \ \to \ D_n(1/u)).$$

In jedem Modell dieses Axiomensystems Σ gibt es ein kleinstes
positives Element - die Interpretation von 1 in der erweiterten
Sprache. Offenbar sind $\mathbb{Z}$ und $2\mathbb{Z}$ beide Modelle von Σ , und
$2\mathbb{Z}$ ist Substruktur von $\mathbb{Z}$ (in der Sprache der angeordneten Gruppen).
Dies gilt jedoch nicht mehr in der um die Konstante 1 erweiterten
Sprache, da diese in $2\mathbb{Z}$ dann mit 2 zu interpretieren wäre,
um eine $\mathbb{Z}$-Gruppe zu erhalten. Wir haben hier also einen Fall
vorliegen, bei dem sich bei Spracherweiterung die Substrukturbeziehung ändert.

In dem folgenden Satz werden wir zeigen, daß die Theorie der
$\mathbb{Z}$-Gruppen vollständig und modellvollständig ist. Hieraus folgt
auch die Vollständigkeit der eben beschriebenen Theorie (ohne 1).
Wir erhalten damit zugleich ein Beispiel einer vollständigen Theorie,
die nicht modellvollständig ist. (In der Sprache ohne 1 gilt zwar
$2\mathbb{Z} \subset \mathbb{Z}$, nicht aber $2\mathbb{Z} \prec \mathbb{Z}$.)

SATZ 4.3 <u>Die Theorie der $\mathbb{Z}$-Gruppen ist modellvollständig und</u>

<u>vollständig.</u>

<u>Beweis:</u> Die Vollständigkeit folgt mit Korollar 3.12 aus der

Modellvollständigkeit, da $\mathbb{Z}$ offenbar ein Primmodell ist.

Die Modellvollständigkeit werden wir im Umweg über die Quantoren-

elimination in einer passenden Spracherweiterung erhalten.

Es sei L die Sprache, in der wir in Paragraph 1.6 die Theorie

der $\mathbb{Z}$-Gruppen axiomatisiert haben. Diese Sprache erweitern wir

durch Hinzunahme von einstelligen Relationen R_n für $n \geq 2$

(o.B.d.A. sei $I \cap \mathbb{N} = \emptyset$). Das Axiomensystem Σ für $\mathbb{Z}$-Gruppen

erweitern wir dann um die Axiome

$$A_n \; : \; \forall x \; (R_n(x) \;\leftrightarrow\; \exists y \;\; x \doteq ny)$$

zu Σ' . Die Relation R_n drückt also die Teilbarkeit durch n

aus. Die Axiome D_n lassen sich damit umformulieren in

$$D_n' \; : \; \forall x \bigvee_{\nu=1}^{n} R_n(x + \nu 1) \, .$$

Die Restriktion auf L von Modellen von Σ' sind gerade die

$\mathbb{Z}$-Gruppen. Man beachte, daß die Substrukturbeziehung zwischen

Modellen $\mathcal{A}$ und $\mathcal{B}$ von Σ erhalten bleibt, wenn wir diese

durch die Interpretationen der Relationen R_n gemäß den Axiomen

A_n zu Σ'-Modellen $\mathcal{A}'$ und $\mathcal{B}'$ erweitern. Gilt nämlich für

ein Element $a \in |\mathcal{A}|$ in $\mathcal{B}$

$$a \equiv \nu \bmod n$$

(d.h. $a - \nu 1$ ist in $\mathcal{B}$ durch n teilbar), so muß dies auch in

$\mathcal{A}$ gelten, da ja a auch in $\mathcal{A}$ zu einem ν' modulo n kongruent ist. Dieses ν' muß dann zwangsläufig gleich ν sein.

Weiter sei in L' noch eine 1-stellige Funktion hinzugenommen, die wir als die Inversenbildung interpretieren. Σ' enthalte deswegen auch das Axiom

$$K_3 \; : \; \forall x \; x+(-x) = 0 \; .$$

Selbstverständlich ändert sich auch dadurch die Substrukturbeziehung zwischen Modellen nicht.

Wir zeigen nun, daß Σ' Quantorenelimination erlaubt. Damit ist dann Σ' modellvollständig, was wegen der Invarianz der Substrukturbeziehung die Modellvollständigkeit von Σ impliziert.

Die Quantorenelimination von Σ' werden wir in diesem Falle direkt beweisen, d.h. wir benutzen nicht Satz 3.20 , sondern formen eine Formel φ modulo Σ' solange äquivalent um, bis wir eine quantorenfreie Formel δ erhalten, die höchstens die freien Variablen von φ enthält. Dabei soll α modulo Σ' äquivalent zu β heißen, wenn $\Sigma' \vdash (\alpha \leftrightarrow \beta)$, d.h. in allen Modellen $\mathcal{O}$ von Σ' und für alle Belegungen h gilt

$$\mathcal{O} \models \alpha[h] \qquad \text{gdw} \qquad \mathcal{O} \models \beta[h].$$

Offenbar genügt es, wenn wir zu jeder quantorenfreien Formel δ und jeder Variablen x eine quantorenfreie Formel δ_1 finden können, so daß $\exists x \delta$ modulo Σ' zu δ_1 äquivalent ist. Man fährt dann wie im Beweis von Satz 3.20 , (3)$\Rightarrow$(1), per Induktion über den Formelaufbau fort.

Weiterhin genügt es, nur ein unnegiertes Vorkommen der Relationen $R_n(t)$ in δ anzunehmen. Wegen D_n' können wir nämlich $\neg R_n(t)$ modulo Σ' äquivalent durch

$$R_n(t+1) \vee \ldots \vee R_n(t+(n-1)1)$$

ersetzen. Negationen von $t_1 \doteq t_2$ und $t_1 < t_2$ ersetzen wir wie im Beweis von Satz 4.1. Bringen wir δ dann in disjunktive Normalform und verteilen wir den Existenzquantor $\exists x$ auf die einzelnen Disjunktionsglieder, so sehen wir, daß nur noch der Fall zu behandeln ist, in dem δ von der Gestalt

$$(\bigwedge_{i=1}^{r} m_i x \doteq t_i \wedge \bigwedge_{i=1}^{r'} m_i' x < t_i' \wedge \bigwedge_{i=1}^{r''} m_i'' x \equiv t_i'' \bmod n_i)$$

ist, wobei $m_i, m_i', m_i'' \in \mathbb{Z}$ sind und

$$m_i'' x \equiv t_i'' \bmod n_i \quad \text{für} \quad R_{n_i}(m_i'' x + (-t_i''))$$

steht. Die Fälle $r = 0$, $r' = 0$ oder $r'' = 0$ sind nicht ausgeschlossen.

Man überlegt sich leicht, daß durch Multiplikation mit passenden ganzen Zahlen ($\neq 0$) erreicht werden kann, daß alle Koeffizienten m_i, m_i' und m_i'' gleich einer einzigen Zahl m sind. (Im Falle einer Kongruenz muß man natürlich auch den Modul n_i mit der gleichen Zahl multiplizieren!) Wir können also annehmen, daß δ die Gestalt

$$(\bigwedge_{i=1}^{r} m x \doteq t_i \wedge \bigwedge_{i=1}^{r^+} m x < t_i^+ \wedge \bigwedge_{i=1}^{r-} m x > t_i^- \quad \bigwedge_{i=1}^{r''} m x \equiv t_i'' \bmod n_i)$$

hat. Ersetzen wir mx durch y und fügen die Bedingung $y \equiv 0 \bmod m$ noch hinzu, so haben wir wieder modulo Σ' äquivalent umgeformt. Nach diesem Schritt können wir schließlich annehmen, δ habe die Gestalt (wobei wir wieder x für y schreiben):

$$(\bigwedge_{i=1}^{r} x \doteq t_i \ \wedge \ \bigwedge_{i=1}^{r^+} x < t_i^+ \ \wedge \ \bigwedge_{i=1}^{r^-} x > t_i^- \ \wedge \ \bigwedge_{i=1}^{r''} x \equiv t_i'' \bmod n_i)$$

Kommt nun mindestens eine Gleichung $x = t_1$ vor, so ist $\exists x \delta$ offenbar zu

$$(\bigwedge_{i=2}^{r} t_1 \doteq t_i \ \wedge \ \bigwedge_{i=1}^{r^+} t_1 < t_i^+ \ \wedge \ \bigwedge_{i=1}^{r^-} t_1 > t_i^- \ \wedge \ \bigwedge_{i=1}^{r''} t_1 \equiv t_i'' \bmod n_i)$$

modulo Σ' äquivalent. In diesem Falle haben wir also den Quantor $\exists x$ eliminiert. Kommt keine Gleichung (d.h. $r = 0$), jedoch mindestens eine Ungleichung $x < t_1^+$ vor, so beachten wir, daß mit x auch $x + ln$ für alle $l \in \mathbb{Z}$ eine Lösung des Systems

$$x \equiv t_i'' \bmod n_i \qquad (1 \le i \le r'')$$

ist, falls n das kleinste gemeinsame Vielfache der $n_1, \ldots, n_{r''}$ ist. Ist dann

$$t^+ = \min\{ t_i^+ \mid 1 \le i \le r^+ \},$$

so können wir x offenbar aus der Menge

$$\{ t^+ - 1, \ t^+ - 2, \ldots, \ t^+ - n \}$$

wählen. Also läßt sich $\exists x \delta$ jetzt folgendermaßen modulo Σ' quantorenfrei ausdrücken

$$\bigvee_{k=1}^{r^+} \bigvee_{j=1}^{n} (\bigwedge_{i=1}^{r^+} t_k^+ \le t_i^+ \ \wedge \ \bigwedge_{i=1}^{r^-} t_i^- < t_k^+ - j \ \wedge \ \bigwedge_{i=1}^{r''} t_k^+ - j \equiv t_i'' \bmod n_i).$$

Sind jetzt $r = 0$ und $r^+ = 0$, jedoch $r^- \ge 1$, so betrachten wir analog die Menge

$$\{ t^- + 1, \ldots, \ t^- + n \} \ ,$$

wobei

$$t^- = \max\{t_i^- \mid 1 \leq i \leq r^-\}$$

ist. In diesem Falle können wir dann $\exists x\delta$ modulo Σ quantoren-frei beschreiben durch

$$\bigvee_{k=1}^{r^-} \bigvee_{j=1}^{n} \left(\bigwedge_{i=1}^{r^-} t_i^- \leq t_k^- \wedge \bigwedge_{i=1}^{r''} t_k^- + j \equiv t_i'' \bmod n_i \right).$$

Ist schließlich $r = r^+ = r^- = 0$, so ist $\exists x\delta$ modulo Σ' äquivalent zu

$$\bigvee_{j=1}^{n} \left(\bigwedge_{i=1}^{r''} j \equiv t_i'' \bmod n_i \right) .$$

q.e.d.

KOROLLAR 4.4   <u>Die Theorie der $\mathbb{Z}$-Gruppen ist (in der Sprache mit 1) der Modellbegleiter der Theorie der diskret geordneten abelschen Gruppen.</u>

<u>Beweis:</u> Unter Verwendung von Satz 4.3 bleibt zu zeigen, daß sich jede diskret angeordnete abelsche Gruppe G zu einer $\mathbb{Z}$-Gruppe erweitern läßt. Wir arbeiten dazu in der angeordneten divisiblen Hülle $\widetilde{G}$ von G (vgl. Beweis von Korollar 4.2).

Es sei H eine maximale Erweiterung von G in $\widetilde{G}$, so daß 1^G in H immer noch minimal positiv ist. Die Existenz von H sichert uns Zorns Lemma. Weiter sei p eine Primzahl. Ist $a \in H$ nicht durch p teilbar, so kann die Erweiterung $H + \mathbb{Z}\,\frac{a}{p}$ von H nicht mehr 1^G als minimales positives Element haben. Also gibt es $b \in H$ und $m \in \mathbb{Z}$ mit m teilerfremd zu p und

$$O < b + m \frac{a}{p} < 1$$

(für $n1^G$ schreiben wir ab jetzt einfach n). Hieraus folgt

$$O < pb + ma < p \ .$$

Wegen der Teilerfremdheit von m und p gibt es $s,t \in \mathbb{Z}$ mit

$$sp + tm = 1 \ .$$

Insgesamt erhalten wir damit für $O < t$

$$O < tpb + (1-sp)a < pt$$

oder nach Unordnung

$$O < p(tb - sa) + a < pt \ .$$

Wegen der Diskretheit von H folgt damit

$$p(tb - sa) + a = r$$

für ein $r \in \mathbb{Z}$. Dies folgt auch für $t < O$. Also ist

$$a - r = pa_1$$

für ein $a_1 \in H$. Für a_1 und irgendeine Primzahl q läßt sich
dieser Prozeß wiederholen - etwa

$$a_1 - r_1 = qa_2$$

für ein $a_2 \in H$ und $r_1 \in \mathbb{Z}$. Insgesamt ergibt dies

$$a - r' = pqa_2$$

für ein $r' \in \mathbb{Z}$. Damit ist klar, daß man für jedes $n \geq 2$ ein
$r \in \mathbb{Z}$ mit
$$a - r \in nH$$

finden kann, wobei man dann zusätzlich noch $O \leq r < n$ annehmen darf.
Damit haben wir gezeigt, daß H eine $\mathbb{Z}$-Gruppe ist.   q.e.d.

4.2 Angeordnete Körper

Wir wollen nun schließlich die Vollständigkeit der Theorie der
reell abgeschlossenen Körper zeigen - der letzten noch anstehenden Theorie, deren Vollständigkeit wir in § 1.6 behauptet hatten.
Wir beginnen mit einer kurzen (aber nicht vollständigen) Einführung in die algebraische Theorie angeordneter Körper. Als
Literatur hierzu verweisen wir auf [P].

Es sei F ein Körper. Eine Anordnung auf F kann entweder durch
eine zweistellige Relation < gegeben sein, die die Axiome
O_1, O_2, O_3, OK_1 und OK_2 (aus § 1.6) erfüllt, oder durch einen
Positivbereich - dies ist eine Teilmenge P von F mit den
folgenden Eigenschaften

$$P+P \subset P, \quad P \cdot P \subset P, \quad P \cap -P = \{O\}, \quad P \cup -P = F \quad .$$

Der Zusammenhang ist dann der folgende: Ist < eine Anordnung
auf F , so ist

$$P_< := \{a \in F \mid O \leq a\}$$

ein Positivbereich. (Genau genommen besteht $P_<$ aus den nicht-
negativen Elementen!) Ist umgekehrt P ein Positivbereich von F ,
so definiert

$$a <_P b \quad \text{gdw} \quad b - a \in P \smallsetminus \{O\}$$

eine Anordnung auf F .

Für angeordnete Körper wollen wir im folgenden immer (F,<)
schreiben. Dabei ist F ein Körper und < eine Anordnung auf F.
Die Klasse aller angeordneten Körper ist offenbar abgeschlossen

unter der Vereinigung von Ketten, d.h. sie ist induktiv. Betrachten
wir etwa alle Erweiterungen $(F',<')$ eines gegebenen angeordneten
Körpers $(F,<)$, bei denen F' über F algebraisch ist, so erhalten
wir mit Zorns Lemma deshalb die Existenz maximaler angeordneter
und algebraischer Erweiterungen $(F^*,<^*)$ von $(F,<)$. Diese Erweiterungen $(F^*,<^*)$ sind nach dem folgenden Satz (für dessen Beweis wir
auf die Literatur verweisen) reell abgeschlossen.

SATZ 4.5 <u>Für einen angeordneten Körper</u> $(F,<)$ <u>sind äquivalent</u>

(1) $(F,<)$ <u>erlaubt keinen echten algebraischen und angeordneten</u>

    <u>Erweiterungskörper</u>,

(2) $(F,<)$ <u>ist reell abgeschlossen</u>,

(3) $F(\sqrt{-1})$ <u>ist algebraisch abgeschlossen und</u> $F \neq F(\sqrt{-1})$.

Der Grund, warum die Anordnung $<$ in (3) nicht mehr in Erscheinung
tritt ist, daß für reell abgeschlossene Körper die Anordnung defi-
nierbar wird (in der Körpersprache). Es gibt nämlich dann

$$a < b \qquad \text{gdw} \qquad b - a \in F^2 \smallsetminus \{0\} \; ,$$

wobei $F^2 = \{x^2 \mid x \in F\}$ sein soll. Das bedeutet, daß in diesem
Falle $P_< = F^2$ ist.

Aus (3) folgt sofort, daß die irreduziblen Polynome $f \in F[X]$
für einen reell abgeschlossenen Körper nur von der Gestalt

$$f = X - a \qquad \text{oder} \qquad f = (X - b)^2 + c^2$$

mit $a,b,c \in K$ und $c \neq 0$ sein können. Faktorisiert man ein
beliebiges Polynom $f \in F[X]$, so ersieht man aus dieser Faktori-
sierung, daß für f in $(F,<)$ der <u>Zwischenwertsatz</u> gelten muß, d.h.

(R_1) <u>Sind</u> a,b $\in$ F <u>mit</u> a < b <u>und gilt</u> f(a) < 0 < f(b), <u>so</u>

   <u>gibt es ein</u> c $\in$ F <u>mit</u> a < c < b <u>und</u> f(c) = 0 .

Aus der Definition eines reell abgeschlossenen Körpers ersieht

man sofort die Richtigkeit von:

(R_2) <u>Der relativ algebraische Abschluß eines Teilkörpers in einem</u>

   <u>reell abgeschlossenen Körper ist selbst wieder reell abge-</u>

   <u>schlossen.</u>

Wir wir oben erläutert hatten, gibt es zu jedem angeordneten

Körper (F,<) eine reell abgeschlossene algebraische Erweiterung

(F*,<*). Eine solche Erweiterung heißt ein <u>reeller</u> Abschluß von

(F,<). Den nächsten Satz entnehmen wir wieder der Literatur.

SATZ 4.6 <u>Zwei reelle Abschlüsse eines angeordneten Körpers</u> (F,<)

<u>sind über</u> F <u>isomorph.</u>

Nach diesen Vorbereitungen sind wir in der Lage, den Hauptsatz

dieses Paragraphen zu beweisen.

SATZ 4.7 <u>Die Theorie der reell abgeschlossenen Körper erlaubt</u>

<u>Quantorenelimination und ist vollständig und modellvollständig.</u>

<u>Beweis</u>: Die Modellvollständigkeit folgt unmittelbar aus der

Quantorenelimination und die Vollständigkeit mit Korollar 3.21,

da $\mathbb{Q}$ mit seiner eindeutig bestimmten Anordnung eine Primsub-

struktur ist.

Im Beweis der Quantorenelimination gehen wir wieder wie in Satz

3.23 und Satz 4.1 vor. Es seien $F_1 = (F_1, <_1)$ und $F_2 = (F_2, <_2)$

reell abgeschlossene Körper und A eine gemeinsame Substruktur.

A ist dann ein angeordneter Teilring von F_1 und F_2 . Die

Quotientenbildung von A führt in F_1 und F_2 zu kanonisch iso-

morphen angeordneten Körpern - dem Quotientenkörper F von A .

Nach (R_2) und Satz 4.6 sind die relativ algebraischen Abschlüsse

von F in F_1 bzw. F_2 wieder reell abgeschlossen und isomorph

über F . Wir identifizieren diese Abschlüsse und bezeichnen sie

mit $\widetilde{F}$. Wir haben dann die folgende Situation

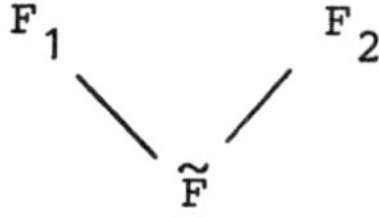

wobei alle drei Strukturen (angeordnete) reell abgeschlossene

Körper sind.

Wie in Satz 4.1 betrachten wir wieder eine quantorenfreie Formel δ

der Sprache L(A) mit $F_1 \models \exists x \delta$, in der höchstens x frei vor-

kommt. Durch Übergang zu einer disjunktiven Normalform und Ersetzung

negierter Primformeln wie im Beweis von Satz 4.1, können wir nach

Verteilung des Existenzquantors auf die Disjunktionsglieder an-

nehmen, δ sei von der Gestalt

$$\left(\bigwedge_{i=1}^{r} p_i(x) \doteq 0 \wedge \bigwedge_{j=1}^{s} 0 < q_j(x) \right) \ ,$$

wobei p_i und q_j Polynome in x mit Koeffizienten der Gestalt $\underline{a}$

mit $a \in A$ sind. Hierbei haben wir wieder einige in Körpern mög-

liche äquivalente Unformungen vorgenommen, z.B. sind wir von

$p'(x) \doteq p''(x)$ zu $p'(x) - p''(x) \doteq 0$ übergegangen. Die Fälle

r = 0 und s = 0 sind nicht ausgeschlossen.

Ist nun mindestens eine Gleichung $p_i(x) \doteq 0$ nicht-trivial, so muß ein Element $d \in F_1$, das δ in F_1 erfüllt, offenbar schon in $\widetilde{F}$ liegen. Also haben wir $\widetilde{F} \models \exists x \delta$ und damit $F_2 \models \exists x \delta$. Seien jetzt alle Gleichungen $p_i(x) \doteq 0$ trivial oder $r = 0$. Unter der Annahme, es gäbe ein Element $d \in F_1$, das alle Ungleichungen $0 < q_j(x)$ in F_1 erfülle, werden wir zeigen, daß d schon aus $\widetilde{F}$ gewählt werden kann. Wir haben dann wieder $\widetilde{F} \models \exists x \delta$ und damit $F_2 \models \exists x \delta$.

Es seien $a_1 < \ldots < a_m$ sämtliche Nullstellen der Polynome $q_1, \ldots, q_s$ in $\widetilde{F}$, geordnet in der Anordnung von $\widetilde{F}$. Da die Koeffizienten dieser Polynome in A liegen, sind dies auch genau ihre Nullstellen in F_1 bzw. F_2 . Für $d \in F_1 \smallsetminus A$ gibt es dann drei Möglichkeiten seiner Lage in Bezug auf $a_1, \ldots, a_m$.

<u>1. Fall</u>: $d < a_1$. In diesem Falle haben $q_j(d)$ und $q_j(a_1 - 1)$ immer gleiches Vorzeichen. Falls sie nämlich verschiedenes Vorzeichen hätten, so läge nach (R_1) eine Nullstelle von q_j zwischen d und $a_1 - 1$. Dies ist jedoch unmöglich, da die a_ν alle Nullstellen sämtlicher q_j sind.

<u>2. Fall</u>: $a_m < d$. Hier gilt das analoge Argument für d und $a_m + 1$.

<u>3. Fall</u>: $a_\nu < d < a_{\nu+1}$. Hier haben $q_j(d)$ und $q_j(\frac{a_\nu + a_{\nu+1}}{2})$ offenbar (mit (R_1)) wieder das gleiche Vorzeichen.

In allen drei Fällen finden wir also ein $d' \in \widetilde{F}$, das ebenso wie d alle Ungleichungen $0 < q_j(x)$ in $\widetilde{F}$ erfüllt.

q.e.d.

KOROLLAR 4.8   <u>Die Theorie der angeordneten Körper besitzt einen
Modellbegleiter, nämlich die Theorie der reell abgeschlossenen
Körper.</u>

Dies folgt unmittelbar aus der Existenz des reellen Abschlusses
eines angeordneten Körpers und aus Satz 4.7.

Ebenso, wie für algebraisch abgeschlossene Körper erhalten wir
aus der Quantorenelimination für reell abgeschlossene Körper F ,
daß die Gesamtheit quantorenfrei definierbarer Mengen unter Projektionen abgeschlossen ist. Solche Mengen nennt man in der reellen
algebraischen Geometrie <u>semi-algebraisch</u>. Wir haben also

<u>Die Projektionen semi-algebraischer Mengen des F^n sind wieder
semi-algebraisch.</u>

Die Vollständigkeit der Theorie der reell abgeschlossenen Körper
besagt gerade, daß jede Aussage der Sprache der angeordneten
Körper, die in $\mathbb{R}$ gilt, auch in jedem anderen reell abgeschlossenen
Körper gilt. Dieses nach <u>Tarski</u> benannte <u>Prinzip</u> der Übertragung
findet in der reellen algebraischen Geometrie vielfache Anwendung.

Eine Anwendung der Modellvollständigkeit ist die folgende Lösung
des 17. <u>Hilbertschen Problems</u>. Dieses Problem wurde 1923 von
E. Artin gelöst. Seine Lösung hat möglicherweise gewisse modelltheoretische Begriffsbildungen inspiriert.

SATZ 4.9   <u>Es sei</u> R <u>ein reell abgeschlossener Körper</u> (z.B. $\mathbb{R}$)
<u>und</u> $f \in R[X_1,\ldots,X_n]$ <u>ein positiv semidefinites Polynom, d.h.</u>
$f(a_1,\ldots,a_n) \geq 0$ <u>für alle</u> $a_1,\ldots,a_n \in F$. <u>Dann gleicht</u> f <u>einer
Summe von Quadraten rationaler Funktionen in</u> $X_1,\ldots,X_n$ <u>über</u> F .

<u>Beweis</u>: Nach einem Satz von Artin und Schreier sind in jedem
Körper die Quadratsummen genau diejenigen Elemente, die bei
allen Anordnungen dieses Körpers positiv sind. Angenommen f wäre
im Körper $F(X_1,\ldots,X_n) = F(\overline{X})$ der rationalen Funktionen in
$X_1,\ldots,X_n$ keine Quadratsumme, dann gäbe es nach diesem Satz also
eine Anordnung < von $F(\overline{X})$, so daß $f < 0$ ist. Zu $F(\overline{X})$ mit
dieser Anordnung gibt es nach unserer anfänglichen Bemerkung einen
reellen Abschluß, den wir mit F' bezeichnen wollen. Die Anordnung
von F' bezeichnen wir mit <' . In F' gilt dann ebenfalls $f <' 0$.
Damit gilt in F' die Existenzaussage

$$\varphi = \exists\, x_1,\ldots,x_n\ \underline{f}(x_1,\ldots,x_n) < 0\ ,$$

wobei wir $\underline{f}$ aus f erhalten, indem wir alle Koeffizienten b
durch Konstanten $\underline{b}$ ersetzen. F ist Substruktur in F' . Wegen
der Modellvollständigkeit folgt $F \prec F'$. Also gilt φ auch in F .
Dies besagt aber, daß es Elemente $a_1,\ldots,a_n \in F$ mit $f(a_1,\ldots,a_n)$
< 0 gibt, was jedoch unserer Voraussetzung über f widerspricht.
Also ist f doch eine Quadratsumme in $F(\overline{X})$.

q.e.d.

Die Theorie der reell abgeschlossenen Körper haben wir in einer
Sprache mit einem Zeichen < für die Anordnung axiomatisiert.
Es ist jedoch möglich, dieses Zeichen durch die in reell abgeschlos-
senen Körpern gültige Äquivalenz

$$(*) \qquad x < y \ \longleftrightarrow\ \exists z\ (y - x \doteq z^2 \wedge z \neq 0)$$

zu eliminieren. Diejenigen Körper, zu denen es eine Anordnung gibt,
bezüglich derer sie reell abgeschlossen sind, lassen sich folgender-

maßen in der Körpersprache axiomatisieren: Man nehme die Körperaxiome K_0 - K_8 und RK_{2n} für alle $n \geq 1$ sowie die Axiome
(die besagen, daß die Quadrate einen Positivbereich bilden):

$$RK_3 \ : \ \forall x,y \ \exists z \quad x^2 + y^2 \doteq z^2$$

$$RK_5 \ : \ \forall x \qquad\qquad -1 \ \dotplus \ x^2$$

$$RK_7 \ : \ \forall x \ \exists y \quad (x \doteq y^2 \ v \ -x \doteq y^2)$$

Mit Hilfe von (*) läßt sich auf solchen Körpern immer eine Anordnung definieren, die RK_1 erfüllt. Umgekehrt erfüllen reell abgeschlossene Körper immer diese Axiome, d.h. die eben axiomatisierte
Klasse von Körpern besteht gerade aus den Restriktionen reell
abgeschlossener Körper auf die Körpersprache.

SATZ 4.10 <u>Das Axiomensystem</u> $\Sigma =$

$\{K_0,\ldots,K_8\} \ U \ \{RK_1, \ RK_3, \ RK_5, \ RK_7\} \ U \ \{RK_{2n} \mid n \geq 1\}$
<u>ist modellvollständig und vollständig, erlaubt jedoch keine</u>
<u>Quantorenelimination.</u>

<u>Beweis:</u> Es seien F_1 und F_2 Modelle von Σ mit $F_1 \subset F_2$. Dann
gilt auch noch nach Hinzunahme der durch (*) definierten Anord-
nungen $(F_1, <^{F_1}) \subset (F_2, <^{F_2})$. Dies gilt deshalb, weil ein positives
Element von F_1 ein Quadrat in F_1 ist, also auch in F_2 positiv
bleibt. Aus der Linearität von $<^{F_1}$ folgt aber dann für $a,b \in F_1$:

$$a \ <^{F_1} \ b \quad gdw \quad a <^{F_2} b \ .$$

Die Strukturen $(F_\nu, <^{F_\nu})$ sind für $\nu = 1,2$ Modelle der Theorie
der reell abgeschlossenen Körper. Aus der Modellvollständigkeit
dieser Theorie folgt dann

$$(F_1, <^{F_1}) \prec (F_2, <^{F_2}) \; ,$$

was trivialerweise $F_1 \prec F_2$ impliziert. Nach Lemma 3.11 ist deswegen Σ modellvollständig.

Die Vollständigkeit von Σ folgt ebenso aus der Vollständigkeit der Theorie der reell abgeschlossenen Körper.

Wir zeigen schließlich, daß Σ keine Quantorenelimination erlaubt. Dazu betrachten wir den Körper $\mathbb{Q}(\sqrt{2})$. Dieser Körper besitzt zwei Anordnungen, $<_1$ und $<_2$, induziert durch die beiden Einbettungen von $\mathbb{Q}[X]/(X^2-2)$ in $\mathbb{R}$. Bei einer Anordnung ist $\sqrt{2}$ positiv, etwa $0 <_1 \sqrt{2}$, bei der anderen ist $\sqrt{2}$ negativ, also $\sqrt{2} <_2 0$.

Es seien F_1' und F_2' die reellen Abschlüsse von $(\mathbb{Q}(\sqrt{2}), <_1)$ bzw. $(\mathbb{Q}(\sqrt{2}), <_2)$. Dann sind F_1' und F_2' angeordnete Körper und ihre Restriktionen auf die Körpersprache F_1 und F_2 sind Modelle von Σ. Sie besitzen $\mathbb{Q}(\sqrt{2})$ als gemeinsame Substruktur (in der Körpersprache!). Wir haben jedoch

$$F_1 \models \exists x \; x^2 \doteq \underline{\sqrt{2}} \quad \text{und} \quad F_2 \models \exists x \; x^2 \doteq -\underline{\sqrt{2}} \; .$$

Dies zeigt, etwa nach Satz 3.20,(3), daß Σ keine Quantorenelimination erlaubt.

q.e.d.

4.3 Bewertete Körper: Beispiele und Eigenschaften

Die bisher dargestellte Modelltheorie algebraischer Strukturen
geht im Grunde auf Sätze und Entwicklungen aus den zwanziger
Jahren dieses Jahrhunderts zurück, wenn auch die Darstellung
sich - insbesondere durch die Entwicklung der saturierten
Strukturen in den fünfziger Jahren - etwas verändert hat.
Die Modelltheorie bewerteter Körper hingegen ist eine Entwicklung der letzten Jahrzehnte. Sie begann im wesentlichen
mit den aufsehenerregenden Sätzen von Ax-Kochen und Ershov
Mitte der **sech**ziger Jahre. Diese Sätze werden wir in Paragraph 4.6 behandeln. Vorher werden wir jedoch zwei Spezialfälle in den Paragraphen 4.4 und 4.5 darstellen. Der schon
von A. Robinson behandelte Fall eines bewerteten algebraisch
abgeschlossenen Körpers kann dabei als ein Vorläufer aller
anderen Sätze angesehen werden. Da die allgemeine Theorie
bewerteter Körper und insbesondere henselscher Körper nicht
zum Standartrepertoire eines Algebrakurses gehören, wollen wir
in diesem Paragraphen eine kurze Einführung geben, ohne jedoch
Beweise voll ausführen zu können. Der interessierte Leser sei
dabei jeweils auf die entsprechende Literatur verwiesen.

Eine <u>Bewertung</u> eines Körpers F ist eine surjektive Abbildung

$$v : F \to \Gamma \cup \{\infty\}$$

von F in eine angeordnete abelsche Gruppe Γ (<u>Wertegruppe</u>)
zusammen mit dem Symbol ∞ mit den folgenden Eigenschaften:

$$(i) \quad v(a) = \infty \quad gdw \quad a = 0$$

$$(ii) \quad v(ab) = v(a) + v(b)$$

$$(iii) \quad v(a+b) \geq \min\{v(a), v(b)\}$$

für alle a,b $\in$ F . Das Symbol ∞ soll dabei größer als alle Elemente von Γ sein und den folgenden Rechenregeln genügen:

$$\infty + \infty = \gamma + \infty = \infty + \gamma = \infty \quad \text{für} \quad \gamma \in \Gamma .$$

Die Bewertung $v(a) = 0$ für alle $a \neq 0$ wird als die <u>triviale</u> <u>Bewertung</u> von F bezeichnet. Wenn immer wir nicht ausdrücklich hervorheben, daß es sich um die triviale Bewertung handeln soll, so meinen wir mit Bewertung eine nicht-triviale Bewertung.

Einige einfache Eigenschaften von Bewertungen sind

$$(iv) \quad v(1) = v(-1) = 0$$

$$(v) \quad v(-a) = v(a), \; v(a^{-1}) = -v(a)$$

$$(vi) \quad v(a) < v(b) \quad \text{impliziert} \quad v(a+b) = v(a)$$

Dies folgt so:

(iv) $v(1) = v(1 \cdot 1) = v(1) + v(1)$, also $v(1) = 0$.

$\quad\quad 0 = v(1) = v(-1) + v(-1)$, also $v(-1) = 0$.

(v) $v(-a) = v((-1) \cdot a) = v(-1) + v(a) = v(a)$.

$\quad\quad 0 = v(1) = v(a \cdot a^{-1}) = v(a) + v(a^{-1})$, also $v(a^{-1}) = -v(a)$.

(vi) Wäre $v(a) < v(a+b)$, so hätten wir

$\quad\quad v(a) < \min\{v(-b), v(a+b)\} \leq v(-b+a+b) = v(a)$.

Die wichtigsten Beispiele von Bewertungen sind die folgenden beiden:

1. p-adische Bewertung

Es sei p eine Primzahl. Eine gegebene rationale Zahl $r \neq 0$
zerlegen wir folgendermaßen eindeutig (bis auf Vorzeichen):

$$r = p^m \cdot \frac{n_1}{n_2} \quad \text{mit} \quad n_1, n_2, m \in \mathbb{Z}, \; n_2 \neq 0 \; ,$$

wobei n_1 und n_2 teilerfremd zu p sein sollen. Der p-adische
Wert von r wird dann definiert als $v_p(r) = m$. Setzt man
$v_p(0) = \infty$, so erhalten wir

$$v_p : \mathbb{Q} \to \mathbb{Z} \cup \{\infty\} \quad .$$

Man rechnet leicht nach, daß v_p eine Bewertung ist. Läßt
sich die rationale Zahl r   (eindeutig) schreiben als

$$r = a_m p^m + a_{m+1} p^{m+1} + \ldots + a_l p^l$$

mit $l \in \mathbb{Z}$ und $a_\nu \in \{0, 1, \ldots, p-1\}$ für $m \leq \nu \leq l$ und
$a_m \neq 0$, so ist $v_p(r) = m$. Dies folgt aus (vi) und der Feststellung

$$v(1) = \ldots = v(p-1) = 0 \quad .$$

Die p-adische Bewertung v_p definiert auf $\mathbb{Q}$ eine Metrik,
wenn man setzt:

$$|x-y|_p = e^{-v_p(x-y)} \quad .$$

Ebenso wie man $\mathbb{Q}$ bezüglich der durch den üblichen Absolut-
betrag gegebenen Metrik $|x-y|$ zu den reellen Zahlen komplettieren
kann, läßt sich $\mathbb{Q}$ bezüglich $|x-y|_p$ zu dem sogenannten p-adischen
Zahlkörper $\mathbb{Q}_p$ komplettieren. Die Elemente von $\mathbb{Q}_p$ sind dann

gerade unendliche Reihen der Form

$$\sum_{\nu=m}^{\infty} a_\nu p^\nu$$

mit $m \in \mathbb{Z}$ und $a_\nu \in \{0,1,\ldots,p-1\}$. Eine solche Reihe ist nichts
weiter als der Limes ihrer Teilreihen

$$\sum_{\nu=m}^{l} a_\nu p^\nu$$

für $l \to \infty$ in der p-adischen Metrik. Setzt man

$$v_p(\sum_{\nu=m}^{\infty} a_\nu p^\nu) = m \ , \ \text{falls}\ \ a_m \neq 0\ \ \text{ist,}$$

so erhält man eine kanonische Fortsetzung von v_p auf $\mathbb{Q}_p$ (die
wir weiter mit v_p bezeichnen wollen). Es ist

$$v_p : \mathbb{Q}_p \to \mathbb{Z} \cup \{\infty\}$$

eine Bewertung von $\mathbb{Q}_p$. Die Menge

$$\mathbb{Z}_p = \{x \in \mathbb{Q}_p \mid v_p(x) \geq 0\}$$

bildet einen Teilring von $\mathbb{Q}_p$, den Ring der p-<u>adisch</u> <u>ganzen</u>
<u>Zahlen</u>. Sie lassen sich durch Reihen

$$x = \sum_{\nu=0}^{\infty} a_\nu p^\nu$$

darstellen, wobei a_0 nicht notwendig $\neq 0$ sein muß. Die Menge
der p-adisch ganzen Zahlen x mit $a_0 = 0$, d.h. $v_p(x) > 0$
besteht gerade aus dem Ideal $p\mathbb{Z}_p$ und es gilt

$$\mathbb{Z}_p/p\mathbb{Z}_p \simeq \mathbb{Z}/p\mathbb{Z} \ .$$

2. Polynombewertung

Es sei k ein beliebiger Körper, k[X] der Ring der Polynome
in X und k(X) der Körper der rationalen Funktionen in X .
Ist dann $p \in$ k[X] ein irreduzibles (normiertes) Polynom, so
läßt sich analog zum p-adischen Fall eine Bewertung v_p definieren (wobei jetzt p für ein Primpolynom steht). Jedes Element
r von k(X) läßt sich nämlich eindeutig (bis auf konstante
Faktoren) folgendermaßen zerlegen:

$$r = p^m \cdot \frac{f}{g} \quad \text{mit} \quad m \in \mathbb{Z} \quad \text{und} \quad f,g \in k[X], \ g \neq 0 \ ,$$

wobei f und g teilerfremd zu p sein sollen. Setzt man dann
$v_p(r) = m$ und $v_p(0) = \infty$, so definiert dies eine Bewertung

$$v_p : k(X) \rightarrow \mathbb{Z} \cup \{\infty\} \ .$$

Trivialerweise gilt $v_p(a) = 0$ für alle $a \in$ k.

Ist speziell p = X - a mit $a \in$ k und läßt sich die rationale
Funktion $r \in$ k(X) (eindeutig)in der Form

$$r = a_m p^m + a_{m+1} p^{m+1} + \ldots + a_l p^l$$

mit $m \in \mathbb{Z}$, $a \in$ k und $a_m \neq 0$ schreiben, so ist
$v_p(r) = m$.

Wie im p-adischen Fall, läßt sich k(X) bezüglich v_p komplettieren. Im Falle p = X - a sind die Elemente dieser Komplettierung die Grenzwerte von Reihen der Gestalt

$$\sum_{\nu=m}^{l} a_\nu (X-a)^\nu \quad \text{mit} \quad a_\nu \in k$$

für $l \to \infty$. Für diese Grenzwerte schreibt man auch

$$\sum_{\nu=m}^{\infty} a_{\nu} (X-a)^{\nu}$$

und bezeichnet diese als <u>formale Laurentreihen</u>. Mit den üblichen
Rechenregeln für Laurentreihen bilden sie einen Körper $k((X-a))$,
die Komplettierung von $k(X)$ bezüglich v_{X-a} . Man beachte, daß
diese Körper für verschiedenes $a \in k$ immer isomorph sind.
Die Bewertung v_{X-a} läßt sich kanonisch auf $k((X-a))$ fortsetzen, indem man definiert

$$v_{X-a}(\sum_{\nu=m}^{\infty} a_{\nu} (X-a)^{\nu}) = m \ , \ \text{falls} \ a_m \neq 0 \ \text{ist.}$$

Die formalen Potenzreihen in $X-a$, d.h. die Reihen der Gestalt

$$f = \sum_{\nu=0}^{\infty} a_{\nu} (X-a)^{\nu}$$

bilden einen Teilring $k[[X-a]]$ von $k((X-a))$. Die Menge der
Potenzreihen f mit $a_0 = 0$ ist das Ideal $(X-a)k[[X-a]]$ und
es gilt

$$k[[X-a]]/(X-a)k[[X-a]] \simeq k \ .$$

Die eben beschriebenen Bewertungen v_p sind alle auf k
trivial, d.h. es ist $v_p(a) = 0$ für $a \in k$. Man kann umgekehrt
leicht zeigen, daß eine Bewertung

$$v : k(X) \to \Gamma \cup \{\infty\} \ ,$$

die auf k trivial ist, zu einem Primpolynom $p \in k[X]$ gehört
oder die sogenannte <u>Gradbewertung</u> v_{∞} ist. Diese ist für einen

Quotienten f/g mit $f,g \in k[X]$, $g \neq 0$, definiert durch

$$v_\infty(f/g) = \deg g - \deg f$$

Setzt man wieder $v_\infty(0) = \infty$, so ist

$$v_\infty : k(X) \to \mathbb{Z} \cup \{\infty\}$$

eine auf k triviale Bewertung.

Nach diesen Beispielen wollen wir Bewertungen im allgemeinen studieren. Es sei

$$v : F \to \Gamma \cup \{\infty\}$$

eine Bewertung des Körpers F . Dann bildet die Menge

$$\mathcal{O}_v = \{x \in F \mid v(x) \geq 0\}$$

offenbar einen Teilring von F mit der Eigenschaft

$$x \notin \mathcal{O}_v \quad \text{impliziert} \quad x^{-1} \in \mathcal{O}_v \quad \text{für alle} \quad x \in F.$$

Teilringe von F mit dieser Eigenschaft heißen Bewertungsringe.
$\mathcal{O}_v$ heißt der Bewertungsring von v . Die Bewertung v ist
offenbar genau dann trivial auf F , falls $\mathcal{O}_v = F$ gilt.
Weiter sieht man sofort, daß die Menge

$$\mathfrak{m}_v = \{x \in F \mid v(x) > 0\}$$

ein Ideal von $\mathcal{O}_v$ bildet. Genauer: $\mathfrak{m}_v$ ist das Ideal der
Nichteinheiten in $\mathcal{O}_v$, denn die Einheiten von $\mathcal{O}_v$ sind offensichtlich diejenigen $x \in \mathcal{O}_v$ mit $v(x) = 0$. Damit ist klar,
daß $\mathfrak{m}_v$ ein maximales Ideal von $\mathcal{O}_v$ ist, und zwar das einzige.

Den Körper

$$\bar{K}_v := \mathcal{O}_v / \mathfrak{M}_v$$

bezeichnet man als den <u>Restklassenkörper</u> von v . Für die
p-adische Bewertung v_p ist der Restklassenkörper isomorph zu

$$\mathbb{F}_p = \mathbb{Z}/p\mathbb{Z} \ ,$$

sowohl für $\mathbb{Q}$ als auch für $\mathbb{Q}_p$. Im Polynomfall also für
$p \in k[X]$ prim ist der Restklassenkörper isomorph zu

$$k[X]/pk[X] \ ,$$

ist also eine endliche Erweiterung von k vom Grad deg p .
Die Gradbewertung v_∞ hat einen zu k isomorphen Restklassenkörper.

Es sei nun $\mathcal{O}$ ein beliebiger Bewertungsring von F . Den
trivialen Fall $\mathcal{O} = F$ lassen wir vorerst außer Acht. Wir wollen
dann $\mathcal{O}$ eine (nicht-triviale) Bewertung zuordnen, deren Bewertungsring gerade $\mathcal{O}$ ist. Es sei $\mathcal{O}^x$ die Gruppe der Einheiten
von $\mathcal{O}$. Für Elemente $a,b \in F^x$ definieren wir eine Ordnung
der Nebenklassen nach $\mathcal{O}^x$ durch

$$a\,\mathcal{O}^x < b\,\mathcal{O}^x \quad \text{gdw} \quad ba^{-1} \in \mathcal{O} \smallsetminus \mathcal{O}^x \ .$$

Wir schreiben die Multiplikation von Nebenklassen additiv, also

$$a\mathcal{O}^x + b\mathcal{O}^x = ab\mathcal{O}^x \ .$$

Wegen $ab^{-1} \in \mathcal{O}$ oder $ba^{-1} \in \mathcal{O}$ folgt damit $a\mathcal{O}^x > b\mathcal{O}^x$ oder
$a\mathcal{O}^x < b\mathcal{O}^x$. Die Transitivität der Ordnung folgt aus der multipli-

kativen Abgeschlossenheit von $\mathcal{O} \smallsetminus \mathcal{O}^{\times}$; die Monotonie ist trivial.
Wir setzen dann für $a \in F^{\times}$

$$v_{\mathcal{O}}(a) = a\,\mathcal{O}^{\times}$$

und $v_{\mathcal{O}}(0) = \infty$. Dies definiert eine Bewertung von F : Da (i)
und (ii) trivial sind, bleibt (iii) zu zeigen. Es sei
$v_{\mathcal{O}}(a) \leq v_{\mathcal{O}}(b)$, d.h. $ba^{-1} \in \mathcal{O}$. Damit folgt $(a+b)a^{-1} = 1 + ba^{-1} \in \mathcal{O}$.
Also ist

$$v_{\mathcal{O}}(a) \leq v_{\mathcal{O}}(a+b).$$

Weiter gilt

$$\mathcal{O}_{v_{\mathcal{O}}} = \{a \in F \mid v_{\mathcal{O}}(a) \geq 1\} = \mathcal{O}$$

und wir sehen, daß $\mathcal{O} \smallsetminus \mathcal{O}^{\times} = \{a \in F \mid v(a) > 1\}$ das einzige
maximale Ideal von $\mathcal{O}$ ist.

Ist v gegeben und bilden wir zu $\mathcal{O}_v$ wie eben die Bewertung
$w = v_{\mathcal{O}_v}$, so können wir natürlich nicht folgern, daß Γ und
$F^{\times}/\mathcal{O}_v^{\times}$ identisch sind. Es gilt jedoch das Folgende. Das Urbild
von $0 \in \Gamma$ unter v ist die Gruppe der Einheiten $\mathcal{O}_v^{\times}$. Weiter
gilt

$$v(a) < v(b) \qquad \text{gdw} \qquad ba^{-1} \in \mathcal{O}_v \smallsetminus \mathcal{O}_v^{\times} .$$

Damit erhalten wir einen ordnungstreuen Isomorphismus
$\sigma : F^{\times}/\mathcal{O}_v^{\times} \to \Gamma$, der durch $a \mapsto v(a)$ induziert wird. Es gilt

$$v = \sigma \circ w .$$

Zwei Bewertungen v und w , die durch einen solchen Isomorphismus
der Wertegruppen verbunden sind, heißen __äquivalent__. Damit haben

wir also insgesamt eine umkehrbar eindeutige Entsprechung

zwischen Bewertungsringen und Äquivalenzklassen von Bewertungen

erhalten.

Wir wollen nun Fortsetzungen von Bewertungen auf Oberkörper

studieren. Es ist hierbei besser (insbesondere mit Rücksicht

auf die spätere Axiomatisierbarkeit), immer mit Bewertungs-

ringen zu arbeiten. Es sei also $\mathcal{O}_1$ ein Bewertungsring von F_1.

Ist F_2 ein Oberkörper von F_1 und $\mathcal{O}_2$ ein Bewertungsring

von F_2 , so nennt man $\mathcal{O}_2$ eine <u>Fortsetzung von</u> $\mathcal{O}_1$, falls

$\mathcal{O}_1 = F_1 \cap \mathcal{O}_2$ ist, d.h. falls im Sinne der Modelltheorie $(F_1,\mathcal{O}_1)$

Substruktur von $(F_2,\mathcal{O}_2)$ ist, wofür wir wie üblich $(F_1,\mathcal{O}_1) \subset$

$(F_2,\mathcal{O}_2)$ schreiben. Ist $\mathcal{M}_i$ das maximale Ideal von $\mathcal{O}_i$ und

$U_i = \mathcal{O}_i \smallsetminus \mathcal{M}_i$ die Gruppe der Einheiten von $\mathcal{O}_i$ für $i = 1,2$,

so folgt mit $\mathcal{O}_1 = F_1 \cap \mathcal{O}_2$ auch

$$\mathcal{M}_1 = F_1 \cap \mathcal{M}_2 \quad \text{und} \quad U_1 = F_1 \cap U_2 \; .$$

Hierbei benutzt man die Äquivalenz

$$a \notin \mathcal{O}_i \quad \text{gdw} \quad a^{-1} \in \mathcal{M}_i$$

für $a \in F_i^x$. Wir erhalten also kanonische Injektionen der

Restklassenkörper

$$\bar{F}_1 := \mathcal{O}_1/\mathcal{M}_1 \longrightarrow \mathcal{O}_2/\mathcal{M}_2 =: \bar{F}_2$$

und der Wertegruppen

$$\Gamma_1 := F_1^x/U_1 \longrightarrow F_2^x/U_2 =: \Gamma_2 \; .$$

Identifizieren wir jeweils mit den Bildern, so ist $\bar{F}_1$ ein

Unterkörper von $\bar{F}_2$ und Γ_1 Untergruppe von Γ_2 (inklusive der Anordnung). Den Körpergrad

$$f = [\bar{F}_2 : \bar{F}_1]$$

nennt man den <u>Restklassengrad</u> und den Index

$$e = [\Gamma_2 : \Gamma_1]$$

den <u>Verzweigungsindex von</u> $(F_2,\mathcal{O}_2)$ über $(F_1,\mathcal{O}_1)$. Gilt $e = f = 1$, so spricht man von einer <u>unmittelbaren</u> Erweiterung.

Im allgemeinen besitzt ein Bewertungsring $\mathcal{O}$ von F_1 mehrere Fortsetzungen auf einen Erweiterungskörper F_2. Der <u>bewertete Körper</u> $(F_1,\mathcal{O}_1)$ heißt <u>henselsch</u>, falls $\mathcal{O}_1$ auf jeder algebraischen Oberkörper F_2 von F_1 genau eine Fortsetzung besitzt. Danach ist trivialerweise jeder algebraisch abgeschlossene Körper F mit jedem Bewertungsring $\mathcal{O}$ henselsch.

Wir werden nun in einer Reihe von Sätzen (meist ohne Beweis) die wesentlichsten Eigenschaften bewerteter und insbesondere henselscher Körper sammeln, die wir in den folgenden drei Paragraphen benötigen.

SATZ 4.11 <u>Es sei</u> $(F,\mathcal{O})$ <u>ein Körper mit Bewertungsring und</u> F_1 <u>ein Oberkörper von</u> F. <u>Dann gilt</u>:

(1) <u>Es existiert immer eine Fortsetzung</u> $\mathcal{O}_1$ <u>von</u> $\mathcal{O}$ <u>auf</u> F_1
   (<u>Chevalleys Fortsetzungssatz</u>)

(2) <u>Hat</u> F_1 <u>den Grad</u> n <u>über</u> F, <u>so gilt (mit den Bezeichnungen von oben) für jede Fortsetzung</u> $\mathcal{O}_1$ <u>von</u> $\mathcal{O}$ <u>auf</u> F_1 <u>die</u>
   '<u>fundamentale Ungleichung</u>': $e \cdot f \leq n$.

<u>Beweis</u>: siehe [E], C. 9.7 und C. 13.10.

Ist $(F,\mathcal{O})$ ein bewerteter Körper und $a \in \mathcal{O}$, so schreiben wir $\bar{a}$ für die Restklasse $a + \mathcal{M}$ von a nach dem maximalen Ideal $\mathcal{M}$ von $\mathcal{O}$. Den Restklassenkörper $\mathcal{O}/\mathcal{M}$ bezeichnen wir meistens kurz mit $\bar{F}$. Ist $f \in \mathcal{O}[X]$ ein Polynom mit Koeffizienten in $\mathcal{O}$, d.h. etwa

$$f = a_n X^n + \ldots + a_o \quad \text{mit} \quad a_i \in \mathcal{O} \, ,$$

so ist

$$\bar{f} := \bar{a}_n X^n + \ldots + \bar{a}_o$$

ein Polynom über $\bar{F}$.

SATZ 4.12 <u>Für einen bewerteten Körper</u> $(F,\mathcal{O})$ <u>sind äquivalent</u>:

(1) $(F,\mathcal{O})$ <u>ist henselsch.</u>

(2) <u>Sind</u> $f,g,h \in \mathcal{O}[X]$ <u>normierte Polynome mit</u> $\bar{f} = \bar{g} \cdot \bar{h}$ <u>und sind</u> $\bar{g}$ <u>und</u> $\bar{h}$ <u>teilerfremd in</u> $\bar{F}[X]$, <u>so gibt es normierte Polynome</u> $g_1, h_1 \in \mathcal{O}[X]$ <u>mit</u> $f = g_1 \cdot h_1$ <u>und</u> $\bar{g} = \bar{g}_1, \; \bar{h} = \bar{h}_1$.

(3) <u>Ist</u> $f \in \mathcal{O}[X]$ <u>normiert und ist</u> $a \in \mathcal{O}$ <u>einfache Nullstelle von</u> $\bar{f}$ <u>in</u> $\bar{F}$, d.h. $\bar{f}(\bar{a}) = \bar{0}$ <u>und</u> $\bar{f}'(\bar{a}) \neq \bar{0}$, <u>so gibt es</u> $a_1 \in \mathcal{O}$ <u>mit</u> $f(a_1) = 0$ <u>und</u> $\bar{a}_1 = \bar{a}$.

<u>Beweis</u>: siehe [E], C. 16.6.

SATZ 4.13 <u>Zu jedem bewerteten Körper</u> $(F,\mathcal{O})$ <u>gibt es eine henselsche Erweiterung</u> $(F_1,\mathcal{O}_1)$, <u>die sich in jede andere henselsche Erweiterung</u> $(F_2,\mathcal{O}_2)$ <u>von</u> $(F,\mathcal{O})$ <u>eindeutig über</u> $(F,\mathcal{O})$ <u>einbetten läßt.</u>

Dabei bedeutet wie üblich 'eindeutig über $(F,\mathcal{O})$ einbettbar', daß es einen eindeutig bestimmten Monomorphismus $\sigma : (F_1,\mathcal{O}_1) \to (F_2,\mathcal{O}_2)$ mit $\sigma|_F = \text{id}$ gibt. Die nach Satz 4.13 bis auf Isomorphie (als

bewertete Körper) eindeutig bestimmte henselsche Erweiterung
$(F_1, \mathcal{O}_1)$ wird als die <u>henselsche Hülle</u> von $(F, \mathcal{O})$ bezeichnet.
Man kann zeigen (etwa mit Hilfe von Bedingung (2) in Satz 4.12),
daß der relativ algebraisch separable Abschluß F' eines Körpers F
in einem Oberkörper F_1 bezüglich der Bewertung $\mathcal{O}' = F' \cap \mathcal{O}_1$
henselsch ist, falls $(F_1, \mathcal{O}_1)$ ein henselscher Körper ist. Hieraus
ersieht man, daß die henselsche Hülle eines bewerteten Körpers
immer eine separable Erweiterung ist. Mehr noch, es gilt:

SATZ 4.14 <u>Die henselsche Hülle</u> $(F_1, \mathcal{O}_1)$ <u>eines bewerteten Körpers</u>
$(F, \mathcal{O})$ <u>ist eine separable und unmittelbare Erweiterung von</u> $(F, \mathcal{O})$.

Wir wollen einen nicht-trivial bewerteten Körper $(F, \mathcal{O})$
<u>endlich verzweigt</u> nennen, falls char $\bar{F} = 0$ ist oder zwischen
0 und $v(\text{char } \bar{F})$ nur endlich viele Werte in der Wertegruppe Γ
von $(F, \mathcal{O})$ liegen. Hieraus folgt, wie man leicht einsieht, daß
für jede natürliche Zahl $n \geq 1$ zwischen 0 und $v(n)$ in Γ nur
endlich viele Werte liegen. In beiden Fällen ist notwendigerweise
char $F = 0$.

SATZ 4.15 <u>Es sei</u> $(F, \mathcal{O})$ <u>ein endlich verzweigter bewerteter Körper.</u>
<u>Dann ist die henselsche Hülle von</u> $(F, \mathcal{O})$ <u>eine maximal unmittelbare</u>
<u>algebraische Erweiterung.</u>

<u>Beweis</u>: Nach Satz 4.14 ist die henselsche Hülle $(F_1, \mathcal{O}_1)$ von $(F, \mathcal{O})$
eine unmittelbare Erweiterung. Wir nehmen zuerst an, $(F_2, \mathcal{O}_2)$ sei
eine echte unmittelbare und algebraische Erweiterung von $(F_1, \mathcal{O}_1)$.
Es sei etwa $F_2 = F_1(\alpha)$, $g = \text{Irr}(\alpha, F_1)$ und F_3 der Zerfällungs-
körper von g über F_1 . F_3/F_1 ist eine Galois-Erweiterung,

deren Automorphismengruppe G etwa n Elemente habe. Die Summe

$$a = \frac{1}{n} \sum_{\sigma \in G} \sigma(\alpha)$$

liegt dann in F_1. Wir zeigen die Existenz eines $b \in F_1$ mit

$(*)$ $v(\alpha-a) + v(n) < v(\alpha-b)$.

Da $(F_2,\mathcal{O}_2)$ eine unmittelbare Erweiterung von $(F_1,\mathcal{O}_1)$ ist, gibt

es ein $c \in F_1$ mit $v(\alpha-a) = v(c)$. Also ist $(\alpha-a)c^{-1}$ eine

Einheit in $\mathcal{O}_2$, weshalb es ein $d \in \mathcal{O}_1$ mit $\overline{(\alpha-a)c^{-1}} = \bar{d}$ gibt.

Setzt man dann $b_1 = a + cd$, so folgt

$$v(\alpha-a) = v(c) < v(c \cdot (\frac{\alpha-a}{c} - d)) = v(\alpha-b_1) .$$

Da zwischen $v(\alpha-a)$ und $v(\alpha-a) + v(n)$ nur endlich viele Werte

liegen, läßt sich durch endlichmalige Anwendung dieses Prozesses

schließlich ein $b \in F_1$ mit $(*)$ finden.

Da sämtliche Automorphismen von F_3 über F_1 die eindeutige Fort-

setzung $\mathcal{O}_3$ von $\mathcal{O}_1$ bzw. $\mathcal{O}_2$ in sich überführen müssen (eben

wegen ihrer Eindeutigkeit), folgt

$$v(\sigma(\alpha) - b) = v(\alpha-b)$$

für alle $\sigma \in G$. Damit erhalten wir

$$v(\alpha-a) + v(n) < v(\alpha-b) \leq v(\sum_{\sigma \in G} (\sigma(\alpha)-b)) .$$

Wegen $\sum_{\sigma \in G} (\sigma(\alpha)-b) = n(a-b)$ folgt damit

$$v(\alpha-a) < v(a-b) .$$

Dies und $(*)$ ergibt aber

$$v(\alpha-a) < \min\{v(a-b), v(\alpha-b)\} \leq v((\alpha-b)-(a-b)) ,$$

also einen Widerspruch.

Also ist $(F_1,\mathcal{O}_1)$ maximal unmittelbar algebraisch über $(F,\mathcal{O})$.

q.e.d.

4.4 Algebraisch abgeschlossene bewertete Körper

Wir wollen nun die Modelltheorie algebraisch und reell abgeschlossener Körper mit Bewertungsringen studieren. Hierbei
werden wir   die Sätze über henselsche Körper noch nicht
benötigen.

Für den ersten Fall benutzen wir die Sprache der Körper,
im zweiten Fall die der angeordneten Körper (wie in Paragraph
1.6 eingeführt), die wir jedoch in beiden Fällen um ein ein-
stelliges Relationszeichen V erweitern wollen. Die folgenden
Axiome sollen ausdrücken, daß die Interpretation von V ein
Bewertungsring (in einem Körper) ist.

$$V_1 \ : \ V(0) \ \wedge \ V(1)$$
$$V_2 \ : \ \forall\, x,y \ (V(x) \ \wedge \ V(y) \ \rightarrow \ V(x-y) \ \wedge \ V(x\cdot y))$$
$$V_3 \ : \ \forall\, x,y \ (x\cdot y \ = \ 1 \rightarrow V(x) \ \vee \ V(y))$$

Ein Modell der Körperaxiome K_0-K_8 und von V_1-V_3 bezeichnen
wir wieder kurz mit $(F,\mathcal{O})$, wobei F ein Körper und $\mathcal{O}$ die
Interpretation von V , also ein Bewertungsring von F ist.
Wir werden zuerst den Fall betrachten, in dem K algebraisch
abgeschlossen ist, also zusätzlich die Axiome AK_n für $n \geq 1$
erfüllt.

Um Ergebnisse über Quantorenelimination zu erhalten, ist es
notwendig, den Bewertungsbegriff sprachlich so zu fassen, daß
er sich in gewisser Weise schon in Substrukturen wiederfindet.
Substrukturen von Körpern jedoch sind Integritätsbereiche. Wir
nehmen deshalb folgende Modifikation vor:

Es sei F ein Körper und $\mathcal{O}$ ein Bewertungsring von F . Für
a,b $\in$ F definieren wir eine Teilbarkeitsrelation durch

$$a\mid b \qquad gdw \qquad ac = b \quad \text{für ein} \quad c \in \mathcal{O} \;.$$

Man sieht sofort, daß $\mathcal{O}$ gerade aus denjenigen a $\in$ F besteht,
die von 1 geteilt werden. Weiter gilt für a,b $\in$ F

$$a\mid b \qquad gdw \qquad v_{\mathcal{O}}(a) \leq v_{\mathcal{O}}(b)\;.$$

Für die Teilbarkeitsrelation gelten die folgenden Eigenschaften
die wir gleich in Form von Axiomen schreiben wollen. Das Zeichen
| sei dabei ein 2-stelliges Relationszeichen, das die Körper-
sprache erweitert.

$$
\begin{aligned}
&D_0 : && 1\mid 0 \\
&D_1 : \forall x && x\mid x \\
&D_2 : \forall x,y,z && (x\mid y \wedge y\mid z \to x\mid z) \\
&D_3 : \forall x,y && (x\mid y \vee y\mid x) \\
&D_4 : \forall x,y,z && (\, x\mid y \to xz\mid yz) \\
&D_5 : \forall x,y,z && (z\mid x \wedge z\mid y \to z\mid x+y)
\end{aligned}
$$

Ist nun F ein Körper, in dem es eine zweistellige Relation
(die wir wieder mit | bezeichnen wollen) gibt, die Modell von
D_0-D_5 ist, so definiert

$$\mathcal{O} := \{a \in F \mid 1\mid a\}$$

einen Bewertungsring. Hiervon überzeugt man sich leicht.
(Aus 1|-1 oder -1|1 folgt -1 $\in \mathcal{O}$ mit D_4.) Ebenso sieht man,
daß wir damit in Körpern eine umkehrbar eindeutige Entsprechung
zwischen Bewertungsringen und Teilbarkeitsbeziehungen mit D_0-D_5

hergestellt haben. Wir wollen deshalb eine solche Teilbarkeit
eine _Bewertungsteilbarkeit_ nennen. Der Vorteil der Teilbarkeits-
beziehung liegt in folgendem

LEMMA 4.16 _Es sei_ R _ein Integritätsbereich mit einer Teilbar-
keitsbeziehung_ | , _die_ D_o-D_5 _erfüllt, dann gibt es auf dem
Quotientenkörper_ F _genau eine Fortsetzung von_ | , _die wieder_
D_o-D_5 _erfüllt._

Beweis: Für a,b,c,d $\in$ R definieren wir (für b,d $\neq$ O)

$$\frac{a}{b} \ | \ \frac{c}{d} \qquad gdw \qquad ad|bc \ .$$

Man überzeugt sich nun leicht davon, daß diese Fortsetzung die
Axiome D_o-D_5 erfüllt. Umgekehrt muß aber jede Fortsetzung mit
D_o-D_5 die obige Beziehung erfüllen, ist also eindeutig durch
die Teilbarkeitsbeziehung | auf R bestimmt.

q.e.d.

Eine Bewertungsteilbarkeit | entspricht genau dann der trivialen
Bewertung auf einen Körper F , wenn 1 jedes Element von F
teilt.

SATZ 4.17 _Die Theorie der algebraisch abgeschlossenen Körper mit
nicht-trivialer Bewertungsteilbarkeit erlaubt Quantorenelimination._

Beweis: Zum Nachweis der Quantoreneliminierbarkeit verwenden
wir das Kriterium aus Satz 3.20 (3). Es seien dementsprechend
$(F_1, |_1)$ und $(F_2, |_2)$ algebraisch abgeschlossene Körper mit Eewer-
tungsteilbarkeiten und es sei (F,|) eine gemeinsame Substruktur.
Mit Lemma 4.16 können wir annehmen, daß F schon ein Körper ist.

Nehmen wir von F den algebraischen Abschluß in F_1 bzw. in F_2, so sind diese natürlich als Körper über F isomorph. Es gibt jedoch auch einen Bewertungsisomorphismus, der die von $|_1$ induzierte Bewertung in die von $|_2$ entsprechend induzierte überführt. Dies folgt aus der Tatsache, daß zwei Bewertungsringe $\mathcal{O}_1$ und $\mathcal{O}_2$ des algebraischen Abschlusses $\widetilde{F}$ eines Körpers F , die beide einen Bewertungsring $\mathcal{O}$ von F fortsetzen, immer durch einen Automorphismus von $\widetilde{F}$ über F ineinander überführt werden können. (Diese Tatsache ist Teil des Nachweises von Satz 4.13; vgl. auch [E],C.14.3) Damit können wir also schließlich annehmen, daß F selbst algebraisch abgeschlossen ist.

Es ist nun zu zeigen, daß eine einfache Existenzaussage φ der Sprache $L(F,|)$, die in $(F_1,|_1)$ gilt, auch in $(F_2,|_2)$ gilt. Die Aussage φ gilt offensichtlich schon in einer einfachen, rein transzendenten Erweiterung $F' = F(t)$ von F . Wir werden zeigen, daß sich F' unter Berücksichtigung des von $|_1$ induzierten Bewertungsringes $\mathcal{O}'$ in F_2 über F einbetten läßt. Damit gilt dann φ auch in $(F_2,|_2)$. Bei diesem Nachweis werden wir weiter annehmen, daß $(F_2,|_2)$ κ^+-saturiert ist, wobei $\kappa = \mathrm{card}(F)$ ist. Dies ist keine Einschränkung, da wir jederzeit mit Satz 2.17 von $(F_2,|_2)$ zu einer entsprechend saturierten elementaren Erweiterung übergehen können.

Es sei $\mathcal{O}_2$ der von $|_2$ auf F_2 induzierte Bewertungsring. Wir suchen einen Monomorphismus

$$\sigma : (F',\mathcal{O}') \to (F_2,\mathcal{O}_2)$$

mit $\sigma|_F = \mathrm{id}$. Wir werden drei Fälle unterscheiden. Dabei bezeichnen immer $\bar{F}, \bar{F}', \bar{F}_2$ die Restklassenkörper von $(F, \mathcal{O})$, $(F', \mathcal{O}')$ bzw. $(F_2, \mathcal{O}_2)$ und entsprechend $\Gamma, \Gamma', \Gamma_2$ ihre Wertegruppen.

1. Fall: $\bar{F}' \neq \bar{F}$. Sei etwa $\bar{x} \in \bar{F}' \setminus \bar{F}$. Dann ist $\bar{x}$ transzendent über $\bar{F}$, da $\bar{F}$ algebraisch abgeschlossen ist. Dies ergibt sich so: Wäre $\bar{x}$ algebraisch über $\bar{F}$ und etwa $\bar{g}$ mit

$$g = x^m + a_{m-1} x^{m-1} + \ldots + a_o \in \mathcal{O}[x]$$

das Minimalpolynom von $\bar{x}$ über $\bar{F}$, so würde sich jede Zerlegung von g auf $\bar{g}$ übertragen. Da F algebraisch abgeschlossen ist, muß g also linear sein.

Wir betrachten nun ein Urbild x von $\bar{x}$. Nach Satz 4.11 (2) ist auch x dann transzendent über F . Weiterhin wählen wir ein $x_2 \in F_2$, so daß $\bar{x}_2$ transzendent über $\bar{F}$ ist. Dies ist möglich, da $(F_2, |_2)$ κ^+-saturiert ist. Hieraus ergibt sich nämlich, daß der Typ

$$\Phi(v_o) = \{(1 | v_o \wedge v_o | 1)\} \cup \{(1 | (v_o - \underline{a}) \wedge (v_o - \underline{a}) | 1) \mid a \in \mathcal{O}^x\}$$

in $(F_2, |_2)$ realisierbar ist. (Man beachte, daß wegen der Unendlichkeit von $\bar{F}$ die Menge $\Phi(v_o)$ in $(F_2, |_2)$ endlich erfüllbar ist.) Eine Realisierung x_2 dieses Typs ist aber gerade eine Einheit in $\mathcal{O}_2$, für die gerade $\bar{x}_2 - \bar{a} \neq \bar{O}$ für alle $a \in \mathcal{O}^x$ gilt. Wieder ist x_2 transzendent über F . Damit definiert die Zuordnung $a \mapsto a$ für $a \in F$ und $x \mapsto x_2$ einen Körperisomorphismus σ von $F(x)$ und $F(x_2)$. Dieser ist sogar bewertungstreu, denn für die durch $\mathcal{O}'$ induzierte Bewertung v' gilt nämlich für $a_o, \ldots, a_m \in F$:

$$v'(a_m x^m + \ldots + a_0) = \min\{v(a_i) \mid 0 \le i \le m\} \ .$$

Ist nämlich etwa $v(a_j)$ minimal, so folgt dies aus der Gleichung

$$v'(\sum_{i=0}^{m} a_i x^i) = v(a_j) + v'(\sum_{i=0}^{m} (a_i a_j^{-1}) x^i)$$

und der Tatsache, daß $\sum_{i=1}^{m} \overline{(a_i a_j^{-1})} \bar{x}^i \neq 0$ ist. Hierbei wird benutzt, daß $\bar{x}$ transzendent über $\bar{F}$ ist und alle Koeffizienten $a_i a_j^{-1}$ in $\mathcal{O}$ liegen. Da für die durch $\mathcal{O}_2$ auf $F(x_2)$ induzierte Bewertung die gleiche Argumentation gilt, erhalten wir also schließlich für $a_0, \ldots, a_m \in F$:

$$v'(a_m x^m + \ldots + a_0) = v_2(a_m x_2^m + \ldots + a_0) \ .$$

Damit haben wir einen Isomorphismus σ von dem Teilkörper $F(x)$ von F' auf einen Teilkörper F'' von F_2. Da F' über $F(x)$ algebraisch ist und F_2 algebraisch abgeschlossen ist, läßt sich natürlich σ auf F' fortsetzen. Wir erinnern dabei an die oben erwähnte Tatsache, daß zwei Fortsetzungen eines Bewertungsringes des Körpers F'' auf seinen algebraischen Abschluß $\widetilde{F}'$ immer durch einen Automorphismus von $\widetilde{F}''$ über F'' ineinander überführt werden können.

2. Fall: $\Gamma' \neq \Gamma$. Sei etwa $v'(x) \in \Gamma' \smallsetminus \Gamma$. Die Gruppe Γ ist divisibel. Dies ergibt sich so: Es sei $v(a) \in \Gamma$ mit $a \in F$. Für $n \ge 2$ gibt es dann ein $b \in F$ mit $a = b^n$. Also folgt $v(a) = nv(b)$, d.h. $v(a)$ ist durch n teilbar in Γ . Mit Satz 4.11(2) folgt dann wieder, daß x transzendent über F sein muß.

Wir wählen nun ein $x_2 \in F_2$ so, daß $v_2(x_2)$ in Bezug auf Γ die gleiche Lage einnimmt wie $v'(x)$. Ein solches x_2 gibt es wieder wegen der κ^+-Saturiertheit von $(F_2, |_2)$. Hieraus ergibt sich nämlich, daß der Typ

$$\{\neg\, v_o|\underline{a} \mid v(a) < v'(x),\ a \in F\} \cup \{\neg\, \underline{a}|v_o \mid v'(x) < v(a),\ a \in F\}$$

in $(F_2, |_2)$ realisiert wird. (Falls $\mathcal{O}$ trivial ist, so wird hier die Voraussetzung benutzt, daß $\mathcal{O}_2$ nicht-trivial ist.) Insbesondere ist x_2 wieder transzendent über F. Also definiert die Zuordnung $a \mapsto a$ für $a \in F$ und $x \mapsto x_2$ einen Körper-isomorphismus von $F(x)$ mit $F(x_2)$. Dieser respektiert wieder die entsprechenden Bewertungen. Für $a_o, \ldots, a_m \in F$ gilt nämlich

$$v'(a_m x^m + \ldots + a_o) = \min\{v(a_i) + iv'(x) \mid 0 \leq i \leq m\}\ .$$

Dies folgt ähnlich wie in Fall 1: wäre nämlich $v'(a_i x^i) = v'(a_j x^j)$ für gewisse $i < j$, so hätten wir

$$(j-i)v'(x) = v(a_i a_j^{-1}) \in \Gamma\ .$$

Für x_2 erhalten wir analog

$$v_2(a_m x_2^m + \ldots + a_o) = \min\{v(a_i) + iv_2(x_2) \mid 0 \leq i \leq m\}\ .$$

Wegen der Divisibilität von Γ und der gleichen Lage von x und x_2 bezüglich Γ definiert die Abbildung $\gamma \mapsto \gamma$ für $\gamma \in \Gamma$ und $v'(x) \mapsto v_2(x_2)$ einen Ordnungsisomorphismus der Wertegruppen $\Gamma \oplus \mathbb{Z}\, v'(x)$ von $F(x)$ und $\Gamma \oplus \mathbb{Z}\, v_2(x_2)$ von $F(x_2)$. Dies zeigt, daß σ die von $\mathcal{O}'$ auf $F(x)$ induzierte Bewertung in die von $\mathcal{O}_2$ auf $F(x_2)$ induzierte Bewertung überführt. Wie in Fall 1 läßt sich σ von $F(x)$ auf F' fortsetzen.

<u>3. Fall</u>: $\bar{F}' = \bar{F}$ und $\Gamma' = \Gamma$. Wir werden die Existenz eines $t_2 \in F_2$ mit

(*) $v'(t-a) = v_2(t_2-a)$ für alle $a \in F$

zeigen. Selbstverständlich ist dann t_2 transzendent über F (da $v'(t-a) \neq \infty$ für $a \in F$ ist). Die Zuordnung $a \mapsto a$ für $a \in F$ und $t \mapsto t_2$ definiert also einen Monomorphismus von $F(t)$ in F_2, der wegen (*) (und der Tatsache, daß jedes Polynom in t über F in Linearfaktoren zerfällt) bewertungstreu ist.

Um die Existenz eines $t_2 \in F_2$ mit (*) zu erhalten, verwenden wir wieder die κ^+-Saturiertheit von $(F_2, |_2)$. Wir werden zeigen, daß die folgende Formelmenge ein Typ von $(F_2, |_2)$ ist, d.h. in $(F_2, |_2)$ endlich erfüllbar ist:

$$\Phi(v_0) = \{ (v_0 - \underline{a} \mid \underline{b}_a \wedge \underline{b}_a \mid v_0 - \underline{a}) \mid a \in F \}.$$

Dabei sei $b_a \in F$ so gewählt, daß $v(b_a) = v'(t-a)$ ist.
Ist dieser Typ dann von einem $t_2 \in F_2$ realisiert, so gilt offenbar

$$v_2(t_2-a) = v(b_a) = v'(t-a)   \text{für alle} a \in F .$$

Es sei also eine endliche Teilmenge von $\Phi(v_0)$ gegeben, d.h. es seien $a_1, \ldots, a_n \in F$ mit $b_{a_1}, \ldots, b_{a_n}$ gegeben. Wir suchen dann ein Element $d \in F_2$ mit

$$v_2(d-a_1) = v(b_{a_1}), \ldots, v_2(d-a_n) = v(b_{a_n}) .$$

Es sei dazu $v(b_a)$ das Maximum der $v(b_{a_i})$ für $1 \leq i \leq n$.
Wegen $v'(t-a) = v(b_a)$ ist $(t-a)b_a^{-1}$ Einheit von $\mathcal{O}'$. Also gibt es ein $c \in F$ mit $\bar{c} = \overline{(t-a)b_a^{-1}}$, d.h.

$$v'\left(\frac{t-(a+cb_a)}{b_a}\right) = v'\left(\frac{t-a}{b_a} - c\right) > 0 \ .$$

Setzt man $d = a + cb_a$, so folgt damit

$$v'(t-d) > v(b_a) \geq v(b_{a_i}) = v'(t-a_i)$$

für $1 \leq i \leq n$. Insbesondere gilt dann

$$v(d-a_i) = v'((t-a_i)-(t-d)) = v'(t-a_i) = v(b_{a_i}) \ .$$

Damit ist auch der 3. Fall abgeschlossen.

q.e.d.

Aus Satz 4.17 erhalten wir für die Theorie der nicht-trivial
bewerteten, algebraisch abgeschlossenen Körper – axiomatisiert
durch K_o-K_8, AK_n für $n \geq 1$ und V_1-V_3 – das folgende

KOROLLAR 4.18 <u>Die Theorie der nicht-trivial bewerteten, algebraisch abgeschlossenen Körper ist modellvollständig; sie ist
der Modellbegleiter der Theorie der bewerteten Körper.</u>

<u>Beweis</u>: Da die Modellvollständigkeit trivialerweise von der
Quantoreneliminierbarkeit impliziert wird, genügt es nach
Satz 4.17, eine Formel aus der Sprache mit der einstelligen
Relation V in eine Formel mit der zweistelligen Relation |
zu übersetzen. Dies ist jedoch trivial: man ersetze V(t) durch
1|t für jeden Term t .

Es bleibt zu zeigen, daß sich jeder bewertete Körper in einem
algebraisch abgeschlossenen Körper mit einer nicht-trivialen

Bewertung einbetten läßt. Dies folgt aber sofort aus Satz 4.11

(1), wenn man berücksichtigt, daß sich die triviale Bewertung

von F immer nicht-trivial auf den rationalen Funktionenkörper

F(t) fortsetzen läßt.

q.e.d.

Um Aussagen über Vollständigkeit zu erhalten, hat man noch die

Charakteristik des Körpers und die des Restklassenkörpers zu

fixieren. Ist $(F,\mathcal{O})$ ein bewerteter Körper mit Restklassenkörper

$\bar{F}$ und gilt char $\bar{F}$ = 0 , so gilt offenbar auch char F = 0 .

Für char $\bar{F}$ = p ist sowohl char F = p als auch char F = 0

möglich. Hat $\bar{F}$ die Charakteristik p , so läßt sich dies

axiomatisieren durch

$$- \exists x \ (px \doteq 1 \wedge V(x)) \quad \text{bzw.} \quad \neg\, p\,|\,1 \ .$$

Ist char $\bar{F}$ = 0 , so wird dies axiomatisiert durch die Menge

$$\{\exists x(px \doteq 1 \wedge V(x)) \mid p \text{ prim}\} \quad \text{bzw.} \quad \{p\,|\,1 \mid p \text{ prim}\} \ .$$

Damit erhalten wir das

KOROLLAR 4.19 <u>Die Theorie der nicht-trivial bewerteten, alge-</u>
<u>braisch abgeschlossenen Körper mit fester Charakteristik und</u>
<u>fester Charakteristik des Restklassenkörpers ist vollständig.</u>

<u>Beweis</u>: Wie im vorigen Korollar zeigen wir dies in der Sprache

mit | . Nach Korollar 3.21 genügt es, eine Primsubstruktur zu

finden. Für den Fall char F = char $\bar{F}$ = 0 ist dies $\mathbb{Q}$ mit

der trivialen Bewertungsteilbarkeit. Für den Fall char F =

char $\bar{F}$ = p ist dies der Körper $\mathbb{F}_p$ mit p Elementen und der

trivialen Bewertungsteilbarkeit. Für den Fall char F = 0 ,

char $\bar{F} = p$ schließlich ist es der Körper $\mathbb{C}$ mit der zur p-
adischen Bewertung v_p gehörenden Teilbarkeit. Die p-adische
Bewertung von $\mathbb{Q}$ ist nämlich die einzige, deren Restklassenkörper die Charakteristik p hat.

q.e.d.

4.5 Reell abgeschlossene bewertete Körper

Wir kommen nun zum Fall eines reell-abgeschlossenen Körpers
$(F,<)$, bei dem wir wieder wie in Paragraph 4.2 die Anordnung
speziell hervorheben wollen. Wir erinnern dabei an die Axiome
$K_o - K_8$, RK_1 und RK_{2n} für $n \geq 1$ aus Paragraph 1.6 .

In einem angeordneten Körper $(F,<)$ betrachten wir einen Bewertungsring $\mathcal{O}$, der bezüglich $<$ <u>konvex</u> sein soll, d.h. für $a,b \in F$
soll gelten:

$$O \leq a \leq b \in \mathcal{O} \quad \text{impliziert} \quad a \in \mathcal{O} .$$

Man überzeugt sich leicht davon, daß dies zu der Aussage
'für alle $a,b \in F$ gilt:

$$O \leq a \leq b \qquad \text{impliziert} \quad v_{\mathcal{O}}(b) \leq v_{\mathcal{O}}(a) \,'$$

äquivalent ist. Nennen wir dann eine Bewertungsteilbarkeit
mit $<$ <u>verträglich</u>, wenn für alle $a,b \in F$ gilt

$$O \leq a \leq b \qquad \text{impliziert} \quad b \mid a ,$$

so entsprechen offensichtlich die mit $<$ verträglichen Bewer-
tungsteilbarkeiten den bezüglich $<$ konvexen Bewertungsringen.

Beispiele solcher konvexer Bewertungsringe sind einfach zu erhalten: Sei etwa R ein Teilring (mit Eins) des angeordneten

Körpers $(F,<)$. Dann ist die konvexe Hülle von R

$$\mathcal{O} = \{a \in F \mid \ |a| \leq b \quad \text{für ein} \ b \in R \}$$

ein konvexer Bewertungsring. Ist nämlich ein $a \in F$ (mit $0 < a$)

nicht in $\mathcal{O}$, so gilt $1 < a$. Wegen $0 < a^{-1} < 1$ folgt dann

aber $a^{-1} \in \mathcal{O}$.

Ist $\mathcal{O}$ ein konvexer Bewertungsring des angeordneten Körpers

$(F,<)$, so induziert $<$ kanonisch eine Anordnung des Restklassen-

körpers $\bar{F}$ (die wir wieder mit $<$ bezeichnen wollen), indem man

für $a,b \in \mathcal{O}$ mit $\bar{a} \neq \bar{b}$ setzt:

$$\bar{a} < \bar{b} \qquad \text{gdw} \qquad a < b \ .$$

Hierbei ist lediglich die Unabhängigkeit von den Vertretern der

Restklassen $\bar{a}$ und $\bar{b}$ zu zeigen. Seien dazu etwa $m_1, m_2 \in \mathcal{M}$

und $b + m_2 \leq a + m_1$. Dann würde mit $a < b$ aber

$$0 < b - a \leq m_1 - m_2 \in \mathcal{M}$$

folgen. Da aber in einem konvexen Bewertungsring auch das maximale

Ideal $\mathcal{M}$ konvex ist (wovon man sich leicht überzeugt), wäre also

$b - a \in \mathcal{M}$, d.h. $\bar{a} = \bar{b}$.

Ein konvexer Bewertungsring $\mathcal{O}$ in einem angeordneten Körper

$(F,<)$ setzt sich eindeutig (als konvexer Bewertungsring) auf den

reellen Abschluß $(F_1, <_1)$ von F fort. Bilden wir nämlich die

konvexe Hülle $\mathcal{O}_1$ von $\mathcal{O}$ in $(F_1, <_1)$, so ist dies einerseits eine

Fortsetzung. Wäre andererseits $\mathcal{O}_1'$ eine konvexe Fortsetzung von $\mathcal{O}$ auf

$(F_1, <_1)$, die von $\mathcal{O}_1$ verschieden ist, so muß $\mathcal{O}_1 \subsetneqq \mathcal{O}_1'$ gelten.

Dies ist für algebraische Erweiterungen jedoch nicht möglich. Wäre

nämlich $\mathcal{O}_1 \subsetneqq \mathcal{O}_1'$, so würde dies auch schon in einer endlichen

Erweiterung F_1 von F gelten. Bezeichnen nun $\mathfrak{m}_1$ und $\mathfrak{m}_1{}'$ die maximalen Ideale von $\mathcal{O}_1$ bzw. $\mathcal{O}_1{}'$, so ergibt sich aus $\mathcal{O}_1 \subset \mathcal{O}_1{}'$ sofort $\mathfrak{m}_1{}' \subset \mathfrak{m}_1$. Wegen $\mathfrak{m}_1{}' \cap \mathcal{O} = \mathfrak{m}$ folgt dann (mit der üblichen Identifikation)

$$\mathcal{O}/\mathfrak{m} \subset \mathcal{O}_1/\mathfrak{m}_1' \subset \mathcal{O}_1{}'/\mathfrak{m}_1{}' \ .$$

Da der Restklassengrad nach Satz 4.11 (2) endlich ist, folgt, daß $\mathcal{O}_1/\mathfrak{m}_1'$ ein Körper sein muß. Also ist $\mathfrak{m}_1'$ maximal. Dies hat $\mathfrak{m}_1{}' = \mathfrak{m}_1$ und damit $\mathcal{O}_1{}' = \mathcal{O}_1$ zur Folge.

Nach diesen Vorbereitungen können wir den folgenden Satz beweisen:

SATZ 4.20 <u>Die Theorie der reell abgeschlossenen Körper mit verträglicher nicht-trivialer Bewertungsteilbarkeit erlaubt Quantorenelimination.</u>

<u>Beweis:</u> Wir folgen im wesentlichen dem Beweis von Satz 4.17 . Es seien dementsprechend $(F_1, <_1, |_1)$ und $(F_2, <_2, |_2)$ reell abgeschlossene Körper mit verträglicher Bewertungsteilbarkeit und $(F, <, |)$ eine gemeinsame Substruktur. Wegen Lemma 4.16 und der eindeutigen Fortsetzbarkeit der zu $|$ gehörigen Bewertung auf den reellen Abschluß können wir den reellen Abschluß von F in F_1 mit dem in F_2 identifizieren. Wir können also annehmen, F sei selbst reell abgeschlossen. Wie in Satz 4.17 haben wir dann zu zeigen, daß sich eine rein transzendente Teilerweiterung $F' = F(t)$ von F in F_1 unter Berücksichtigung der Bewertung über F in F_2 einbetten läßt, wobei $(F_2, <_2, |_2)$ als κ^+-saturiert mit $\kappa = \mathrm{card}(F)$ angenommen werden kann. Wir unterscheiden wieder drei Fälle (mit den Bezeichnungen von 4.17).

<u>1. Fall:</u> $\bar{F}' \neq \bar{F}$. Es sei $\bar{x} \in \bar{F}' \smallsetminus \bar{F}$ mit $\bar{0} < \bar{x}$. Da jedes Polynom ungeraden Grades und jedes Polynom $X^2 - a$ mit $a > 0$ in F eine

Nullstelle hat, gilt dies auch für $\bar{F}$. Da weiterhin $\bar{F}'$ angeordnet

ist, muß also $\bar{F}$ in $\bar{F}'$ algebraisch abgeschlossen sein. Also ist

$\bar{x}$ transzendent über $\bar{F}$ und somit ist auch x transzendent über F.

Wie in 4.17 suchen wir nun $x_2 \in F_2$ so, daß einerseits $\bar{x}_2$

transzendent über $\bar{F}$ ist - damit definiert wie in 4.17 die Zuord-

nung $a \mapsto a$ für $a \in F$ und $x \mapsto x_2$ eine bewertungstreue Ein-

bettung σ von $F(x)$ über F in F_2 - und andererseits bezüglich

der Anordnung $<_2$ die gleiche Lage wie x bezüglich $<_1$ ein-

nimmt. Um dies zu erreichen, betrachten wir die Formelmenge

$$\Phi(v_0) = \{\,(1\,|\,v_0 \wedge v_0\,|\,1)\,\} \cup \{\,(\underline{a} < v_0 \wedge 1\,|\,v_0 - \underline{a} \wedge v_0 - \underline{a}\,|\,1)\,|\,a \in \mathcal{O},\ \bar{a} <_1 \bar{x}\}$$
$$\cup \{\,(v_0 < \underline{b} \wedge 1\,|\,v_0 - \underline{b} \wedge v_0 - \underline{b}\,|\,1)\,|\,b \in \mathcal{O},\ \bar{x} <_1 \bar{b}\}\ .$$

Für ein $x_2 \in F_2$, das Φ erfüllt, nimmt die Restklasse $\bar{x}_2$

bezüglich $\bar{F}$ die gleiche Position ein wie $\bar{x}$. Es ist klar, daß

Φ in F_2 endlich erfüllbar ist. Also gibt es wegen der κ^+ -

Saturiertheit von $(F_2, <_2, |_2)$ tatsächlich ein Φ erfüllendes

$x_2 \in F_2$.

Für ein solches $x_2 \in F_2$ ist $\bar{x}_2$ insbesondere transzendent über

$\bar{F}$ und es gilt $x_2 > 0$. Also ist auch x_2 transzendent über F .

Damit definiert die Zuordnung $a \mapsto a$ für $a \in F$ und $x \mapsto x_2$

einen Monomorphismus σ von $F(x)$ in F_2 über F , der mit dem

gleichen Argument wie in 4.17 als bewertungstreu nachgewiesen

wird. Um die Anordnungstreue zu zeigen, überlegen wir uns zuerst,

daß x_2 bezüglich F die gleiche Position wie x einnimmt. Ist

etwa $0 < a <_1 x$ für $a \in F$, so folgt $\bar{0} \leq \bar{a} < \bar{x}$ und hieraus

$\bar{0} \leq \bar{a} < \bar{x}_2$. Letzteres hat aber $a <_2 x_2$ zur Folge. Im Falle

$x <_1 b$ mit $b \in F$ schließt man analog auf $x_2 <_2 b$ (wobei

hier $\bar{b} = \infty$, d.h. $v(b) < 0$ sein kann). Da nun über dem reell

abgeschlossenen Körper F jedes Polynom $f(X)$ als Produkt von

Faktoren der Gestalt

$$X-a \quad \text{und} \quad (X-a)^2 + b^2$$

mit $a,b \in F$ und $b \neq 0$ geschrieben werden kann, bestimmt die

Lage von x (bzw. x_2) in Bezug auf F das Vorzeichen von

$f(x)$ (bzw. $f(x_2)$).

Da F' über $F(x)$ algebraisch ist, läßt sich der Monomorphismus σ

von $F(x)$ auf F' ordnungstreu zu σ' fortsetzen. Wegen der ein-

deutigen Fortsetzbarkeit eines konvexen Bewertungsringes auf den

reellen Abschluß ist σ' auch bewertungstreu.

2. Fall: $\Gamma' \neq \Gamma$. Sei etwa $v'(x) \in \Gamma' \smallsetminus \Gamma$ mit $0 <_1 x$. Da

man aus jedem positiven Element von F eine n-te Wurzel ziehen

kann, ist wie in 4.17 die Gruppe Γ divisibel. Wieder ist x

transzendent über F .

Diesmal betrachten wir die Formelmenge

$$\Phi(v_o) = \{\neg \, v_o | \underline{a} \mid a \in F, \, v(a) < v'(x)\} \cup$$
$$\{\neg \, \underline{b} | v_o \mid b \in F, \, v'(x) < v(b)\} \, .$$

Da die Gruppe Γ_2 nach Voraussetzung nicht-trivial und auch

divisibel ist, läßt sich Φ in F_2 endlich erfüllen. Wegen der

κ^+-Saturiertheit von $(F_2, <_2, |_2)$ gibt es dann ein $x_2 \in F_2$, das

Φ erfüllt und o.B.d.A. positiv ist. Da insbesondere $v_2(x_2) \notin \Gamma$

gilt, ist x_2 wie in 4.17 transzendent über F und die Zuordnung $a \mapsto a$ für $a \in F$ und $x \mapsto x_2$ definiert einen bewertungstreuen Monomorphismus σ von $F(x)$ in F_2 über F. Dieser ist jedoch auch ordnungstreu, da aus $0 \leq a <_1 x$ bzw. $x <_1 b$ mit $a,b \in F$ sofort $v(a) > v'(x)$ bzw. $v'(x) > v(b)$ folgt. Dies hat jedoch $v(a) > v_2(x_2)$ bzw. $v_2(x_2) > v(b)$ und damit $a <_2 x_2$ bzw. $x_2 <_2 b$ zur Folge. Wie in Fall 1 folgt nun die Ordnungstreue von σ.

Ebenso wie in Fall 1 läßt sich σ auf die algebraische Erweiterung F' von $F(x)$ fortsetzen.

<u>3. Fall</u>: $\bar{F}' = \bar{F}$ und $\Gamma' = \Gamma$. Hier läßt sich wie in 4.17 zu $t >_1 0$ mit $F' = F(t)$ ein $t_2 \in F_2$ finden, das

$$(*) \qquad v'(t-a) = v_2(t_2-a) \qquad \text{für alle } a \in F$$

erfüllt. Es bleibt zu zeigen, daß die Zuordnung $a \mapsto a$ für $a \in F$ und $t \mapsto t_2$ einen Monomorphismus σ von $F(t)$ in F_2 über F definiert, der die Anordnung und die Bewertung respektiert. Die Verträglichkeit mit der Bewertung ist gerade die Aussage des nächsten Lemmas. (Man beachte die sich an den Beweis anschließende Bemerkung.) Um die Verträglichkeit mit der Anordnung zu erhalten, genügt es wieder zu zeigen, daß t_2 in Bezug auf F die gleiche Lage einnimmt wie t. Sei also etwa $0 <_1 a <_1 t$ mit $a \in F$. Wir wählen $b \in F$ mit $0 < b$ und $v(b) = v'(t-a)$. Damit ist $(t-a)b^{-1} >_1 0$ und eine Einheit in $\mathcal{O}'$. Also gilt in $\bar{F}'$

$$\bar{0} < \overline{(t-a)b^{-1}}$$

Aus der Bewertungstreue von σ folgt aber $\overline{(t-a)b^{-1}} = \overline{(t_2-a)b^{-1}}$. Damit erhalten wir schließlich $0 <_2 (t_2-a)b^{-1}$ und wegen $0 < b$ auch $0 <_2 (t_2-a)$.

Analog schließt man für den Fall $t <_1 b$ und $b \in F$ auf $t_2 <_2 b$.

$$\text{q.e.d.}$$

Es bleibt das folgende Lemma zu zeigen:

LEMMA 4.21 <u>Es sei</u> $(F, \mathcal{O})$ <u>ein bewerteter Körper, der keine echte</u> <u>unmittelbare, algebraische Erweiterung zuläßt. Weiter sei</u> $\mathcal{O}'$ <u>eine unmittelbare Fortsetzung von</u> $\mathcal{O}$ <u>auf den rationalen Funktionen-</u> <u>körper</u> $F' = F(t)$. <u>Dann ist</u> $\mathcal{O}'$ <u>durch die Werte der Polynome</u> $t-a$ <u>für</u> $a \in F$ <u>eindeutig bestimmt.</u>

<u>Beweis</u>: Es seien $\mathcal{O}'$ und $\mathcal{O}''$ unmittelbare Fortsetzungen von $\mathcal{O}$ auf $F(t)$. Die entsprechenden Bewertungen seien v' und v''. Es gilt dann

$$v'(F(t)) = v''(F(t)) = v(F) = \Gamma \cup \{\infty\}$$

$$\overline{F(t)}_{v'} = \overline{F(t)}_{v''} = \overline{F}_v = \overline{F} \ .$$

Unter der Annahme

$$(*) \qquad v'(t-a) = v''(t-a) \qquad\qquad \text{für alle} \quad a \in F$$

haben wir

$$(**) \qquad v'(f(t)) = v''(f(t))$$

für alle normierten $f(t) \in F[t]$ zu zeigen. Dies werden wir durch Induktion über den Grad n von f tun.

Die Voraussetzung $(*)$ liefert den Fall $n = 1$. Sei $(**)$ jetzt für alle Grade $< n$ richtig (und $n \geq 2$). Wir zeigen dann $(**)$

für n . Ist f nicht irreduzibel, so erhalten wir (**) aus

der Induktionsvoraussetzung. Sei also f irreduzibel mit

deg f = n . Wir schränken dann die Bewertung $v': F(t) \to \Gamma$

(bzw. v") als Abbildung auf den n-dimensionalen Teilvektorraum

(über F)

$$V = F + Ft + \ldots + Ft^{n-1}$$

von F(t) ein. Diese Einschränkung sei w . Es ist dann

$$w : V \to \Gamma \cup \{\infty\} \quad \text{surjektiv,}$$

da v'(F) schon gleich Γ ist. Ist ein $g(t) \in V$ eine Einheit

in $\mathcal{O}'$, d.h. w(g) = O , so gibt es ein $c \in F$ mit w(g-c) > O.

Auf V erklärt man wie üblich eine "Multiplikation modulo f".
Damit ist V zu dem Körper

$$F_1 = F[t]/(f)$$

isomorph. Wir erhalten also eine Abbildung

$$w : F_1 \to \Gamma \cup \{\infty\}$$

die, wenn sie die multiplikative Eigenschaft

$$w(g \cdot h) = w(g) + w(h)$$

für $g,h \in F_1$ erfüllen würde, eine unmittelbare Erweiterung der

Bewertung v von F auf den algebraischen Oberkörper F_1 wäre.
Dies ist aber nach Voraussetzung nicht möglich. Also gibt es

$g,h \in V$ mit

$$w(r) \neq w(g) + w(h) = v'(gh) \quad ,$$

wobei $r \in F[t]$ der Rest des Polynoms gh bei Division durch

f ist. Wegen deg r < n = deg f gilt $r \in V$. Aus der Beziehung

$$gh = fs + r$$

mit $s \in F[t]$ erhalten wir aus obiger Ungleichung und $s \in V$

$$v'(f) = v'(gh-r) - w(s)$$
$$= \min\{v'(gh), w(r)\} - w(s)$$
$$= \min\{w(g) + w(h), w(r)\} - w(s).$$

Da nach Induktionsvoraussetzung die Einschränkungen von v' und v"
auf V mit w übereinstimmen, folgt aus der letzten Gleichung,
die analog für v"(f) gilt, sofort

$$v'(f) = v"(f) .$$

q.e.d.

Beispiele von bewerteten Körpern $(F,\mathcal{O})$, die die Voraussetzung von
Lemma 4.21 erfüllen, sind:

(1)   F algebraisch abgeschlossen und $\mathcal{O}$ beliebig

(2)   F reell abgeschlossen und $\mathcal{O}$ konvex

(3) $(F,\mathcal{O})$ henselsch und char $\bar{F} = 0$

(4) $(F,\mathcal{O})$ p-adisch abgeschlossen (vgl. Übung 4.1)

Das erste Beispiel ist trivial, (3) und (4) ergeben sich aus
Satz 4.15. Das zweite Beispiel sieht man unmittelbar so ein:
Da $\mathcal{O}$ konvex ist, ist $\bar{F}$ angeordnet. In der einzigen echten
algebraischen Erweiterung von F , dem algebraischen Abschluß
$\widetilde{F}$ von F , gilt aber $-1 = a^2$ für ein $a \in \widetilde{F}$. Für eine unmittelbare Erweiterung von $\mathcal{O}$ müßte dann $-\bar{1} = \bar{a}^2$ im Restklassenkörper
gelten - dieser ist aber mit $\bar{F}$ identisch.

Das nächste Korollar ergibt sich analog zu den Korollaren 4.18
und 4.19.

KOROLLAR 4.22 Die Theorie der reell abgeschlossenen Körper mit
nicht-trivialem konvexem Bewertungsring ist modellvollständig
und vollständig. Sie ist der Modellbegleiter der Theorie der
angeordneten Körper mit konvexem Bewertungsring.

4.6 Henselsche Körper

In diesem Paragraphen werden wir die Modelltheorie henselscher
Körper darstellen. Abschließend werden wir eine Anwendung aus dem
Bereich der Zahlentheorie geben. Zuerst überzeugen wir uns jedoch
davon, daß die Klasse der henselschen Körper in der Sprache der
Körper mit der zusätzlichen einstelligen Relation V (für einen
Bewertungsring) axiomatisierbar ist.

Zu den Axiomen K_0–K_8 (aus §1.6) und V_1 – V_3 (aus §4.4) nehmen
wir für jeden Grad $n \geq 2$ das Axiom H_n hinzu. In H_n werden
wir über alle normierten Polynome von Grad n die Bedingung (3)
von Satz 4.12 ausdrücken. Ist

$$f = x^n + x_{n-1}x^{n-1} + \ldots + x_o \ ,$$

so werden wir in H_n zwar kurz $(\forall f \in V[X])\varphi$ bzw. $\psi(f(y))$
schreiben, genau genommen müßten wir jedoch dafür $\forall x_o, \ldots, x_{n-1}$
$[\bigwedge_{i=o}^{n-1} V(x_i) \rightarrow \varphi]$ bzw. $\psi(y^n + x_{n-1}y^{n-1} + \ldots + x_o)$ setzen. Weiter soll
f' für die Ableitung

$$nx^{n-1} + (n-1)x_{n-1}x^{n-2} + \ldots + x_1$$

von f stehen. Schließlich soll $V^x(z)$ die Formel

$$V(z) \;\wedge\; \exists\, y \;(yz \doteq 1 \;\wedge\; V(y))$$

sein, die besagt, daß z eine Einheit in V ist. Wir setzen dann:

$$H_n : \quad (\forall f \in V[x]) \;\; \forall y \; [\,\neg V^x(f(y)) \;\wedge\; V^x(f'(y)) \;\wedge\; V(y) \;\to$$

$$\exists\, z(V(z) \;\wedge\; f(z) \doteq 0 \;\wedge\; \neg V^x(y-z))\,]\;.$$

Im folgenden werden wir noch ausnützen, daß man in der Sprache für
bewertete Körper $(F,\mathcal{O})$ auch über deren Restklassenkörper $\bar{F}$ und
Wertegruppe Γ sprechen kann.

Für den Restklassenkörper nehmen wir dabei folgende"Übersetzung"
φ_r von Formeln φ der Körpersprache vor, die wir durch Induktion
über ihren Aufbau definieren:

$$
\begin{aligned}
(t_1 \doteq t_2)_r \;&:=\; \neg\, V^x(t_1 - t_2)\\
(\neg\, \varphi)_r \;&:=\; \neg\, \varphi_r\\
(\varphi \wedge \psi)_r \;&:=\; (\varphi_r \wedge \psi_r)\\
(\forall x\, \varphi)_r \;&:=\; \forall x \; (V(x) \to \varphi_r)
\end{aligned}
$$

Gilt $Fr(\varphi) \subset \{v_0, \ldots, v_n\}$, so gilt dies auch für φ_r und sind
$a_0, \ldots, a_n \in \mathcal{O}$, so gilt für den bewerteten Körper $(F,\mathcal{O})$

$$\bar{F} \models \varphi[\bar{a}_0, \ldots, \bar{a}_n] \quad \text{gdw} \quad (F,\mathcal{O}) = \varphi_r[a_0, \ldots, a_n]\;.$$

Hiervon überzeugt man sich leicht durch Induktion über den
Formelaufbau.

Die "Übersetzung" φ_g einer Formel φ der Sprache für angeordnete Gruppen nehmen wir so vor (wobei wir die Gruppenoperation
ausnahmsweise __multiplikativ__ schreiben wollen):

$$(t_1 \doteq t_2)_g \;:=\; \exists x (V^x(x) \wedge x t_1 \doteq t_2)$$

$$(t_1 < t_2)_g \;:=\; \exists x (V(x) \wedge \neg V^x(x) \wedge x t_1 \doteq t_2)$$

(in beiden Fällen soll x weder in t_1 noch in t_2 vorkommen)

$$(\neg \varphi)_g \;:=\; \neg \varphi_g$$

$$(\varphi \wedge \psi)_g \;:=\; (\varphi_g \wedge \psi_g)$$

$$(\forall x \varphi)_g \;:=\; \forall x (x \neq 0 \to \varphi_g)$$

Gilt $Fr(\varphi) \subset \{v_0, \ldots, v_n\}$, so ist dies ebenfalls für φ_g
richtig und sind $a_0, \ldots, a_n \in F^x$, so gilt

$$\Gamma \vDash \varphi[a_0 \mathcal{O}^x, \ldots, a_n \mathcal{O}^x] \quad gdw \quad (F, \mathcal{O}) \vDash \varphi_g[a_0, \ldots, a_n] \; .$$

Auch dies zeigt man leicht durch Induktion über den Formelaufbau.

Aus unseren Überlegungen ergibt sich insbesondere das Folgende:
Ist Φ ein Typ von $\bar{F}$ mit gewissen Konstanten $\bar{a}$, so ist
$\Phi_r = \{\varphi_r \mid \varphi \in \Phi\}$ ein Typ von $(F, \mathcal{O})$ mit gewissen Vertretern a
der Restklassen $\bar{a}$. Analoges gilt für Γ . Also erhalten wir
aus der κ-Saturiertheit eines bewerteten Körpers $(F, \mathcal{O})$ sofort
die κ-Saturiertheit seines Restklassenkörpers $\bar{F}$ und seiner
Wertegruppe Γ .

Der folgende Satz bzw. das zu seinem Beweis verwendete Einbettungslemma 4.24 beinhaltet im wesentlichen den Kern des Satzes von Ax-
Kochen und Ershov (Satz 4.25). Der Beweis des Lemmas ist analog
zu den Beweisen der Sätze 4.17 und 4.20.

SATZ 4.23 <u>Es sei</u> $(F, \mathcal{O})$ <u>ein bewerteter henselscher Körper mit
Wertegruppe</u> Γ <u>und Restklassenkörper</u> $\bar{F}$. <u>Wir setzen</u> char $\bar{F}$ = 0
<u>voraus. Ist dann</u> $(F_1, \mathcal{O}_1) \supset (F, \mathcal{O})$ <u>ein bewerteter Körper mit Werte-</u>

gruppe Γ_1 <u>und Restklassenkörper</u> $\bar{F}_1$ <u>und sind</u> Γ <u>in</u> Γ_1 (als angeordnete Gruppen) und $\bar{F}$ <u>in</u> $\bar{F}_1$ (als Körper) existentiell abgeschlossen, so ist auch $(F,\mathcal{O})$ <u>in</u> $(F_1,\mathcal{O}_1)$ existentiell abgeschlossen.

<u>Beweis</u>: Es sei $(F_2,\mathcal{O}_2)$ eine elementare, κ^+-saturierte Erweiterung von $(F,\mathcal{O})$, wobei $\kappa = \mathrm{card}(F_1)$ sein soll. Eine solche Erweiterung existiert nach Satz 2.17. Wir werden zeigen, daß sich $(F_1,\mathcal{O}_1)$ über $(F,\mathcal{O})$ in $(F_2,\mathcal{O}_2)$ einbetten läßt. Nach Korollar 2.19 (2) ist dann $(F,\mathcal{O})$ in $(F_1,\mathcal{O}_1)$ existentiell abgeschlossen.

Nach obiger Überlegung sind der Restklassenkörper $\bar{F}_2$ und die Wertegruppe Γ_2 von $(F_2,\mathcal{O}_2)$ ebenfalls κ^+-saturiert. Mit Korollar 2.19 (1) folgt dann aus der Voraussetzung des Satzes, daß sich der Restklassenkörper $\bar{F}_1$ und die Wertegruppe Γ_1 von $(F_1,\mathcal{O}_1)$ über $\bar{F}$ bzw. Γ in $\bar{F}_2$ bzw. Γ_2 einbetten lassen. Wir nehmen diese Einbettung vor und setzen ab jetzt $\bar{F}_1 \subset \bar{F}_2$ und $\Gamma_1 \subset \Gamma_2$ voraus. Weiter nehmen wir an, daß $(F_1,\mathcal{O}_1)$ ebenfalls henselsch ist. Dies läßt sich durch Übergang zur henselschen Hülle sofort erreichen und ändert die Voraussetzungen an die Restklassenkörper und die Wertegruppen nicht.

Wir haben nun folgende Situation vorliegen:

$$
\begin{array}{ccc}
(F_1,\mathcal{O}_1) & & (F_2,\mathcal{O}_2) \\
\diagdown & & \diagup \\
\mathrm{id}: (F,\mathcal{O}) & \longrightarrow & (F,\mathcal{O}) \;,
\end{array}
$$

wobei $(F_1,\mathcal{O}_1),(F_2,\mathcal{O}_2)$ henselsch und $(F_2,\mathcal{O}_2)$ $\mathrm{card}(F_1)^+$-saturiert sind und folgende Bedingungen gelten:

(i) $(F,\mathcal{O})$ ist henselsch,

(ii) $\bar{F} \subset \bar{F}_1 \subset \bar{F}_2$,

(iii) $\Gamma \subset \Gamma_1 \subset \Gamma_2$ und Γ ist <u>rein</u> in Γ_1, d.h. ist $n\gamma_1 \in \Gamma$ für

       ein $\gamma_1 \in \Gamma_1$ und ein $n \geq 1$, so gilt schon $\gamma_1 \in \Gamma$.

Wir werden zeigen, daß dies ausreicht, um die Einbettung id von

$(F,\mathcal{O})$ zu einer Einbettung von $(F_1,\mathcal{O}_1)$ in $(F_2,\mathcal{O}_2)$ fortzusetzen.

Mit Hilfe von Zorns Lemma (und nach Identifikation mit dem Bild)

können wir annehmen, die Einbettung id von $(F,\mathcal{O})$ sei maximal mit (i)-(iii).

Wir haben dann $F = F_1$ zu zeigen. Wir nehmen $F \neq F_1$ an und

unterscheiden wie im Beweis von Satz 4.17 drei Fälle.

<u>1. Fall</u>: Es sei $\bar{F} \neq \bar{F}_1$ und etwa $x_1 \in F_1$ mit $\bar{x}_1 \in \bar{F}_1 \smallsetminus \bar{F}$.

Zuerst nehmen wir an, $\bar{x}_1$ sei transzendent über $\bar{F}$. Sei dann

$x_2 \in F_2$ mit $\bar{x}_2 = \bar{x}_1$. (Hierbei benutzen wir $^-$ für die Restklassen-

bildung sowohl in $\mathcal{O}_1$ als auch in $\mathcal{O}_2$, solange dies nicht zu

Kollisionen führt.) Wegen Satz 4.11 (2) sind x_1 und x_2 trans-

zendent über F . Also definiert die Zuordnung $a \mapsto a$ für $a \in F$

und $x_1 \mapsto x_2$ einen Monomorphismus σ von $F(x_1)$ in F_2 über F ,

der wie in 4.17 Fall 1 die Bewertungen $\mathcal{O}_1$ und $\mathcal{O}_2$ respektiert.

Für $a_o,\ldots,a_n \in F$ ergibt sich nämlich gerade (für $\nu = 1,2$)

$$v_\nu(a_n x_\nu^n + \ldots + a_o) = \min\{v(a_i) \mid 0 \leq i \leq n\} .$$

Hieraus ersieht man insbesondere, daß für die Wertegruppe Γ' und

den Restklassenkörper $\bar{F}'$ der Einschränkung $\mathcal{O}_\nu'$ von $\mathcal{O}_\nu$ auf

$F_\nu' = F(x_\nu)$ gilt:

$$\Gamma' = \Gamma \qquad \text{und} \qquad \bar{F}' = \bar{F}(\bar{x}_1) = \bar{F}(\bar{x}_2)$$

Wir müssen σ noch auf eine algebraische Erweiterung von F_1' fortsetzen, um wieder (1) zu erhalten.

Zuerst gehen wir von $(F_\nu', \mathcal{O}_\nu')$ zur jeweiligen henselschen Hülle über, die nach Satz 4.13 als Teilkörper von $(F_\nu, \mathcal{O}_\nu)$ angenommen werden kann. Wegen der Eindeutigkeit der henselschen Hülle läßt sich σ darauf fortsetzen. Wir können also damit annehmen, daß für $(F_\nu', \mathcal{O}_\nu')$ auch (i) erfüllt ist.

Es bleibt noch, algebraische Erweiterungen von $\bar{F}'$ in $\bar{F}_1$ zu betrachten. Sei dazu $\bar{\alpha} \in \bar{F}_1 \smallsetminus \bar{F}'$ über $\bar{F}'$ algebraisch. Es sei $f_1(X) \in \mathcal{O}_1[X]$ so normiert gewählt, daß $\bar{f}_1 = \mathrm{Irr}(\bar{\alpha}, \bar{F}')$ ist. Wegen $\mathrm{char}\,\bar{F}_1 = 0$ ist $\bar{\alpha}$ einfache Nullstelle von $\bar{f}_1$ in $\bar{F}_1$. Da $(F_1, \mathcal{O}_1)$ henselsch ist, gibt es ein $\beta_1 \in \mathcal{O}_1$ mit $f_1(\beta_1) = 0$ und $\bar{\beta}_1 = \bar{\alpha}$. Die Einschränkung von $\mathcal{O}_1$ auf $F_1'(\beta_1)$ liefert dann mit Satz 4.11 (2) den Restklassenkörper $F_1'(\bar{\alpha})$ und die Wertegruppe Γ. Ist $f_2 = \sigma(f_1) \in \mathcal{O}_2[X]$, so haben wir analog $\bar{\alpha}$ als einfache Nullstelle von $\bar{f}_2$ in $\bar{F}_2$. Wie vorher gibt es ein $\beta_2 \in \mathcal{O}_2$ mit $f_2(\beta_2) = 0$ und $\bar{\beta}_2 = \bar{\alpha}$. Da sowohl f_1 als auch f_2 über F_1' bzw. F_2' irreduzibel sind, erhalten wir eine Fortsetzung

$$\tilde{\sigma} : F_1'(\beta_1) \rightarrow F_2'(\beta_2)$$

von σ, die wegen der Eindeutigkeit der Fortsetzungen der Bewertungen $\mathcal{O}_\nu'$ auf $F_\nu'(x_\nu)$ (für $\nu = 1,2$) auch bewertungstreu ist.

Damit hätten wir schließlich unter der Annahme $\bar{F} \neq \bar{F}_1$ einer Verstoß gegen die Maximalität der Einbettbarkeit von $(F, \mathcal{O})$ in $(F_2, \mathcal{O}_2)$ erreicht. Also ist $\bar{F} = \bar{F}_1$.

$\underline{\text{2. Fall}}$: $\bar{F} = \bar{F}_1$ und $\Gamma \neq \Gamma_1$. Es sei $\gamma \in \Gamma_1 \smallsetminus \Gamma$ und $x \in F_1$ mit

$v_1(x) = \gamma$. Wegen (iii) ist die Summe $\Gamma + \mathbb{Z}\gamma$ direkt. Für

$a_o, \ldots, a_n \in F$ folgt dann wie im Beweis von 4.17 Fall 2

$$v_1(a_n x^n + \ldots + a_o) = \min\{v(a_i) + i\gamma \mid 0 \leq i \leq n\} \ .$$

Die Einschränkung $\mathcal{O}_1'$ von $\mathcal{O}_1$ auf den Zwischenkörper $F_1' = F(x)$

hat also als Wertegruppe $\Gamma \oplus \mathbb{Z}\gamma$; ihr Restklassenkörper bleibt

selbstverständlich $\bar{F}_1$. Nach Satz 4.11 (2) ist x transzendent

über F .

Bevor wir nun eine Einbettung von $(F_1', \mathcal{O}_1')$ in $(F_2, \mathcal{O}_2)$ über $(F, \mathcal{O})$

suchen, wollen wir F_1' algebraisch so weit erweitern, daß die

Wertegruppe davon in Γ_1 wieder rein ist. Dies machen wir folgender-

maßen. Sei Γ_1' die Wertegruppe von F_1' und sei Γ_1' nicht rein in

Γ_1 . Dann gibt es eine Primzahl q und ein $\delta \in \Gamma_1 \smallsetminus \Gamma_1'$, so daß

$q\delta \in \Gamma_1'$ ist. Wir wählen $y \in F_1$ mit $v_1(y) = \delta$ und $a \in F_1'$ mit

$v_1'(a) = q\delta$. Dann gilt $v_1(y^q a^{-1}) = 0$. Also ist $y^q a^{-1}$ eine Ein-

heit von $\mathcal{O}_1$ und wegen $\bar{F}_1 = \bar{F}_1'$ gibt es ein $c \in F_1'$, $c \neq 0$ mit

$\overline{y^q a^{-1}} = \bar{c}$ bzw. $\overline{y^q a^{-1} c^{-1}} = \bar{1}$. Wegen $\text{char } \bar{F}_1 = 0$ hat also das

Polynom $X^q - y^q a^{-1} c^{-1} \in \mathcal{O}_1[X]$ eine einfache Nullstelle in $\bar{F}_1$.

Die henselsche Eigenschaft von $(F_1, \mathcal{O}_1)$ sichert damit die Existenz

eines $z \in \mathcal{O}_1^x$ mit $z^q = y^q a^{-1} c^{-1}$. Also ist ac eine q-te Potenz

in F_1 . Damit ist klar, daß $F_1'(yz^{-1})$ eine algebraische Erweite-

rung von F_1' ist, deren Wertegruppe $v_1(yz^{-1}) = v_1(y) - v_1(z) =$

$\delta - 0$ enthält. Iterieren wir diesen Prozeß hinreichend oft

(oder wenden einfach Zorns Lemma an), so erhalten wir schließlich

eine algebraische Erweiterung $(F_1'', \mathcal{O}_1'')$ von $(F_1', \mathcal{O}_1')$ mit $\mathcal{O}_1'' = \mathcal{O}_1 \cap F_1''$, deren Wertegruppe Γ'' in Γ_1 rein ist. Es bleibt, den bewerteten Körper $(F_1'',\mathcal{O}_1'')$ bewertungstreu über $(F,\mathcal{O})$ in $(F_2,\mathcal{O}_2)$ einzubetten.

Wegen der $\mathrm{card}(F_1)^+$-Saturiertheit von $(F_2,\mathcal{O}_2)$ genügt es nach Korollar 2.19 (1) jede endlich erzeugte Erweiterung F_1^* von F in F_1'' mit induzierter Bewertung $\mathcal{O}_1^*$ über $(F,\mathcal{O})$ in $(F_2,\mathcal{O}_2)$ einzubetten. Sei also $F_1^* = F(x,y_1)$, wobei $y_1 \in F_1''$ algebraisch über $F(x)$ ist. Wir erinnern daran, daß die Wertegruppe von $F(x)$ gerade

$$\Gamma \oplus \mathbb{Z}\, v_1(x)$$

ist. Nach Satz 4.11(2) ist die Wertegruppe Γ_1^* von F_1^* eine endliche Erweiterung von $\Gamma \oplus \mathbb{Z}\, v_1(x)$. Wegen der Reinheit von Γ in Γ_1 kann dann Γ_1^* selbst nur die Gestalt $\Gamma \oplus \mathbb{Z}\gamma_1$ für ein $\gamma_1 \in \Gamma_1$ haben. Ist $x_1 \in F_1^*$ so, daß $v_1(x_1) = \gamma_1$ gilt, so ist offenbar $(F_1^*,\mathcal{O}_1^*)$ eine unmittelbare Erweiterung von $(F(x_1),\ \mathcal{O}_1 \cap F(x_1))$. Wie zu Beginn von Fall 2 ist die Bewertung auf $F(x_1)$ nämlich durch

$$v_1(a_n x_1^n + \ldots + a_o) = \min\{v(a_i) + i\gamma_1 \mid 0 \le i \le n\}$$

für $a_o,\ldots,a_n \in F$ gegeben; die Wertegruppe ist also $\Gamma \oplus \mathbb{Z}\gamma_1$.

Es genügt jetzt, $x_2 \in F_2$ so zu wählen, daß $v_2(x_2) = \gamma_1$ ist. Dann folgt wieder

$$v_2(a_n x_2^n + \ldots + a_o) = \min\{v(a_i) + i\gamma_1 \mid 0 \le i \le n\}$$

für $a_0, \ldots, a_n \in F$. Also definiert die Zuordnung $a \mapsto a$ für

$a \in F$ und $x_1 \mapsto x_2$ eine bewertungstreue Einbettung von $F(x_1)$

in F_2 . Diese Einbettung läßt sich wie in Fall 1 auf die hensel-

sche Hülle von $F(x_1)$ (die in F_1 enthalten ist) fortsetzen.

Wegen char $\bar{F}_1 = 0$ ist jedoch nach Satz 4.15 die henselsche

Hülle eine maximale unmittelbare algebraische Erweiterung von

$(F(x_1), \mathcal{O}_1 \cap F(x_1))$. Wir können deshalb annehmen, daß $F_1{}^*$ in

der henselschen Hülle enthalten ist und erhalten so eine bewertungs-

treue Einbettung von $F_1{}^*$ in F_2 . Damit wissen wir schließlich

auch, daß sich F_1'' bewertungstreu über F in F_2 einbetten

läßt.

Für $(F_1'', \mathcal{O}_1'')$ gelten die Eigenschaften (ii) und (iii). Die Eigen-

schaft (i) läßt sich wie im Fall 1 durch Übergang zur henselschen

Hülle erreichen. Insgesamt hätten wir dann unter der Annahme

$\Gamma \neq \Gamma_1$ einen Verstoß gegen die Maximalität von F erreicht.

Es muß also auch $\Gamma = \Gamma_1$ sein.

3. Fall: $\bar{F} = \bar{F}_1$ und $\Gamma = \Gamma_1$. Wir nehmen $F \neq F_1$ an. Sei etwa

$x_1 \in F_1 \smallsetminus F$. Da $(F, \mathcal{O})$ henselsch und char $\bar{F}_1 = 0$ ist, kann nach

Satz 4.15 das Element x_1 nur transzendent über F sein. Wie

im Fall 3 des Beweises von Satz 4.17, finden wir ein $x_2 \in F_2 \smallsetminus F$

mit

$$v_1(x_1 - a) = v_2(x_2 - a) \quad \text{für alle} \quad a \in F .$$

Um zu erreichen, daß x_2 transzendent über F ist, erweitern

wir den in 4.17, Fall 3, benützten Typ $\Phi(v_0)$ zu

$$\Phi_1(v_0) = \Phi(v_0) \cup \{f(v_0) \neq 0 \mid f \in F[X] \text{ irred. und deg } f > 1\}.$$

Mit Satz 4.15 und Lemma 4.21 definiert dann die Zuordnung $a \mapsto a$

für a $\in$ F und $x_1 \mapsto x_2$ einen bewertungstreuen Monomorphismus

von $F(x_1)$ in F_2, dessen kanonische Fortsetzung zur henselschen

Hülle wieder die Eigenschaften (i)-(iii) hat. Dies widerspricht

unserer Maximalitätsannahme. Also ist schließlich $F = F_1$.

q.e.d.

Für die weitere Verwendung wollen wir den Einbettungsteil dieses

Beweises noch einmal isoliert formulieren. Genaugenommen haben

wir das folgende Einbettungslemma bewiesen:

EINBETTUNGSLEMMA 4.24 _Es seien_ $(F_\nu, \mathcal{O}_\nu)$ _henselsche Körper mit_

henselschen Unterkörpern $(F_\nu', \mathcal{O}_\nu')$. _Weiter sei_ $\sigma' : (F_1', \mathcal{O}_1') \rightarrow (F_2', \mathcal{O}_2')$

ein Isomorphismus und $\sigma_r' : \bar{F}_1' \rightarrow \bar{F}_2', \sigma_g' : \Gamma_1' \rightarrow F_2'$ _die von_ σ' _indu-_

zierten Isomorphismen   _der Restklassenkörper bzw. Wertegruppen._

Γ_1' _sei rein in_ Γ_1 . _Ist dann_ $(F_2, \mathcal{O}_2)$ $\mathrm{card}(F_1)^+$_-saturiert und_

lassen sich σ_r' _und_ σ_g' _zu Einbettungen_ σ_r _und_ σ_g _von_ $\bar{F}_1$

_in_ $\bar{F}_2$ _bzw._ Γ_1 _in_ Γ_2 _fortsetzen, so läßt sich auch_ σ' _zu_

einer Einbettung σ _von_ $(F_1, \mathcal{O}_1)$ _in_ $(F_2, \mathcal{O}_2)$ _fortsetzen, die_ σ_r

und σ_g _induziert._ _Dabei wird_ $\mathrm{char}\, \bar{F}_1 = 0$ _vorausgesetzt._

Aus Satz 4.23 erhalten wir sofort mit Robinsons Test 3.13 das

folgende

KOROLLAR 4.25 _Es sei_ T_r _eine modellvollständige Theorie von_

Körpern der Charakteristik Null und T_g _eine modellvollständige_

Theorie angeordneter abelscher Gruppen. Dann ist die Theorie T

der henselsch bewerteten Körper, deren Restklassenkörper ein

Modell von T_r _und deren Wertegruppe ein Modell von_ T_g _ist,_

selbst modellvollständig.

Wir erinnern an unsere Übersetzungen $\varphi \mapsto \varphi_r$ und $\varphi \mapsto \varphi_g$,

die wir zu Beginn dieses Paragraphen definierten. Ist Σ_r ein

Axiomensystem für T_r und Σ_g ein Axiomensystem für T_g , so

läßt sich die im Korollar beschriebene Theorie T axiomatisieren

durch:

(1) $K_o - K_8$

(2) $V_1 - V_3$, H_n für $n \geq 2$

(3) α_r für $\alpha \in \Sigma_r$

(4) β_g für $\beta \in \Sigma_g$.

Der nächste Satz wurde unabhängig von <u>Ax-Kochen</u> und <u>Ershov</u>

bewiesen. Er ist der Hauptsatz der Modelltheorie henselscher

Körper.

SATZ 4.26 <u>Es seien</u> $(F_1, \mathcal{O}_1)$ <u>und</u> $(F_2, \mathcal{O}_2)$ <u>henselsche Körper mit</u>

<u>elementar   äquivalenten Restklassenkörpern</u> $\bar{F}_1, \bar{F}_2$ <u>und elementar</u>

<u>äquivalenten Wertegruppen</u> Γ_1, Γ_2 . <u>Ist die Restklassencharakteris-</u>

<u>tik Null, so sind auch</u> $(F_1, \mathcal{O}_1)$ <u>und</u> $(F_2, \mathcal{O}_2)$ <u>elementar äquivalent.</u>

<u>Beweis</u>: Die Strategie des Beweises ist die folgende. Zuerst nehmen

wir unter Verwendung von Satz 2.17 an, daß $(F_\nu, \mathcal{O}_\nu)$ $\aleph_1$-saturiert

ist. Es ist dabei klar, daß beim Übergang zu elementaren Erweite-

rungen (oder elementaren Substrukturen) die elementare Äquivalenz

der Restklassenkörper und der Wertegruppen erhalten bleibt. Als

nächstes konstruieren wir mit Korollar 2.8 aufsteigende Ketten

$$(F_\nu^{(o)}, \mathcal{O}_\nu^{(o)}) \subset \ldots \subset (F_\nu^{(n)}, \mathcal{O}_\nu^{(n)}) \subset \ldots \subset (F_\nu, \mathcal{O}_\nu)$$

von abzählbaren henselschen Körpern $(F_\nu^{(n)}, \mathcal{O}_\nu^{(n)})$ für $\nu = 1,2$ und

$n \in \mathbb{N}$ zusammen mit Isomorphismen

$$\sigma^{(n)} : (F_1^{(n)}, \sigma_1^{(n)}) \to (F_2^{(n)}, \sigma_2^{(n)}),$$

so daß $\sigma^{(n+1)}$ eine Fortsetzung von $\sigma^{(n)}$ ist. Weiterhin wird die Konstruktion so sein, daß für $n \geq 1$

(1) $(F_1^{(2n-1)}, \sigma_1^{(2n-1)}) \prec (F_1, \sigma_1)$

(2) $(F_2^{(2n)}, \sigma_2^{(2n)}) \prec (F_2, \sigma_2)$

(3) $(\bar{F}_1, (\bar{a})_{a \in \sigma_1^{(n)}}) \equiv (\bar{F}_2, (\overline{\sigma^{(n)}(a)})_{a \in \sigma_1^{(n)}})$

(4) $(\Gamma_1, (v_1(a))_{a \in F_1^{(n)}}) \equiv (\Gamma_2, (v_2(\sigma^{(n)}(a)))_{a \in F_1^{(n)}})$.

Die Bedingungen (3) und (4) werden dazu dienen, die Induktion durchzuführen.

Setzt man

$$F_1' = \bigcup_n F_1^{(n)}, \quad F_2' = \bigcup_n F_2^{(n)}, \quad \sigma' = \bigcup_n \sigma^{(n)},$$

so erhalten wir die folgende Situation

$$(F_1, \sigma_1) \qquad\qquad (F_2, \sigma_2)$$
$$\diagdown \qquad\qquad \diagup$$
$$\sigma' : (F_1', \sigma_1') \leftrightarrow (F_2', \sigma_2') \ .$$

Dabei ist wegen

$$\bigcup_{n \geq 1} F_\nu^{(2n)} = \bigcup_{n \geq 1} F_\nu^{(2n-1)} = F_\nu' \qquad (\nu = 1, 2)$$

nach (1) und (2) unter Verwendung von Satz 2.14

$$(F_\nu', \sigma_\nu') \prec (F_\nu, \sigma_\nu) \qquad\qquad (\nu = 1, 2)$$

Damit erhalten wir schließlich die elementare Äquivalenz von $(F_1, \mathcal{O}_1)$ mit $(F_2, \mathcal{O}_2)$.

Für $n = 0$ sei $F_1^{(0)} = F_2^{(0)} = \mathbb{Q}$ und $\sigma^{(0)} = id_{\mathbb{Q}}$. Wegen char $\bar{F} = 0$ haben wir dann auch $\mathcal{O}_1^{(0)} = \mathcal{O}_2^{(0)} = \mathbb{Q}$, womit insbesondere $(F_\nu^{(0)}, \sigma_\nu^{(0)})$ für $\nu = 1,2$ henselsche Körper sind.

Für $n = 1$ sei $(F_1^{(1)}, \mathcal{O}_1^{(1)})$ eine abzählbare elementare Substrukur von $(F_1, \mathcal{O}_1)$, die $(F_1^{(0)}, \mathcal{O}_1^{(0)})$ umfaßt. Eine solche Struktur gibt es nach Satz 2.7 . Mit $F_1^{(1)}$ sind auch der Restklassenkörper $\overline{F_1^{(1)}}$ und die Wertegruppe $\Gamma_1^{(1)}$ abzählbar und es gilt

$$\overline{F_1^{(1)}} \equiv \bar{F}_1 \equiv \bar{F}_2 \quad \text{und} \quad \Gamma_1^{(1)} \equiv \Gamma_1 \equiv \Gamma_2$$

Wegen der $\aleph_1$-Saturiertheit von $\bar{F}_2$ und Γ_2 lassen sich dann nach Korollar 2.20 elementare Einbettungen

$$\sigma_r^{(1)} : \overline{F_1^{(1)}} \to \bar{F}_2 \quad \text{und} \quad \sigma_g^{(1)} : \Gamma_1^{(1)} \to \Gamma_2$$

finden. Da $\Gamma_1^{(0)} = \{0\}$ rein in $\Gamma_1^{(1)}$ ist, läßt sich nach dem Einbettungslemma 4.24 die Identitätsabbildung $\sigma^{(0)} : (F_1^{(0)}, \sigma_1^{(0)}) \to (F_2^{(0)}, \sigma_2^{(0)})$ zu einem Isomorphismus

$$\sigma^{(1)} : (F_1^{(1)}, \sigma_1^{(1)}) \to (F_2^{(1)}, \sigma_2^{(1)}) \subset (F_2, \mathcal{O}_2)$$

so fortsetzen, daß $\sigma_r^{(1)}(\bar{a}) = \overline{\sigma^{(1)}(a)}$ und $\sigma_g^{(1)}(v_1(a)) = v_2(\sigma^{(1)}(a))$ gilt. Insbesondere sind damit die Bedingungen (3) und (4) für die Einbettung $\sigma^{(1)}$ sichergestellt.

Der Übergang von $n = 1$ zu $n = 2$ kennzeichnet schon den allgemeinen Übergang von n nach $n + 1$, wobei für gerades n der Isomorphismus $\sigma^{(n+1)}$ definiert wird, während für ungerades n

der Isomorphismus $(\sigma^{(n+1)})^{-1}$ definiert wird. In unserem konkreten Falle wird also $(\sigma^{(2)})^{-1}$ definiert werden.

Im Falle $n = 1$ haben wir $\sigma^{(1)}$ so definiert, daß (3) und (4) gelten, d.h. es gelten insbesondere

$$(\bar{F}_1, (\alpha)_{\alpha \in \overline{F_1^{(1)}}}) \equiv (\bar{F}_2, (\sigma_r^{(1)}(\alpha))_{\alpha \in \overline{F_1^{(1)}}})$$

und

$$(\Gamma_1, (\gamma)_{\gamma \in \Gamma_1^{(1)}}) \equiv (\Gamma_2, (\sigma_g^{(1)}(\gamma))_{\gamma \in \Gamma_1^{(1)}}) \ .$$

Mit Hilfe von Satz 2.7 wählen wir $(F_2^{(2)}, \mathcal{O}_2^{(2)})$ als abzählbare elementare Substruktur von $(F_2, \mathcal{O}_2)$, die $(F_2^{(1)}, \mathcal{O}_2^{(1)})$ umfaßt. Dann gilt insbesondere

$$(\bar{F}_1, (\alpha)_{\alpha \in \overline{F_1^{(1)}}}) \equiv (\bar{F}_2^{(2)}, (\sigma_r^{(1)}(\alpha))_{\alpha \in \overline{F_1^{(1)}}})$$

und

$$(\Gamma_1, (\gamma)_{\gamma \in \Gamma_1^{(1)}}) \equiv (\Gamma_2^{(2)}, (\sigma_g^{(1)}(\gamma))_{\gamma \in \Gamma_1^{(1)}}) \ .$$

Nach Korollar 2.20 lassen sich damit elementare Einbettungen

$$(\sigma_r^{(2)})^{-1} : \overline{F_2^{(2)}} \to \bar{F}_1 \quad \text{und} \quad (\sigma_g^{(2)})^{-1} : \Gamma_2^{(2)} \to \Gamma_1$$

finden, die $(\sigma_r^{(1)})^{-1}$ bzw. $(\sigma_g^{(1)})^{-1}$ fortsetzen. Da schließlich $\Gamma_2^{(1)} = \sigma_g^{(1)}(\Gamma_1^{(1)})$ als elementare Substruktur von Γ_2 und damit auch von $\Gamma_2^{(2)}$ rein in $\Gamma_2^{(2)}$ ist, können wir das Einbettungslemma 4.24 anwenden, um eine Fortsetzung

$$(\sigma^{(2)})^{-1} : (F_2^{(2)}, \mathcal{O}_2^{(2)}) \to (F_1^{(2)}, \mathcal{O}_1^{(2)}) \subset (F_1, \mathcal{O}_1)$$

von $(\sigma^{(1)})^{-1}$ zu erhalten, die $(\sigma_r^{(2)})^{-1}$ und $(\sigma_g^{(2)})^{-1}$ induziert.

$$q.e.d.$$

Abschließend wollen wir eine Anwendung von Satz 4.26 auf die sogenannte 'Artinsche Vermutung' geben. Diese Anwendung trug besonders zum Erfolg der Modelltheorie henselscher Körper bei.

Ein Körper F wird als C_i-<u>Körper</u> bezeichnet, wenn jedes homogene Polynom über F vom Grade d in mehr als d^i Variablen die Null nicht-trivial in F darstellt. Es ist bekannt, daß alle endlichen Körper $\mathbb{F}_q$ C_1-Körper und alle Körper $\mathbb{F}_q((t))$ formaler Laurentreihen über $\mathbb{F}_q$ C_2-Körper sind. <u>Artins Vermutung</u> war es nun, daß auch die p-adischen Zahlkörper $\mathbb{Q}_p$ C_2-Körper sind. Diese Vermutung wird durch die relative Ähnlichkeit von $\mathbb{F}_q((t))$ und $\mathbb{Q}_p$ nahegelegt. Beide Körper sind henselsch bewertet und in beiden Fällen ist $\mathbb{Z}$ die Wertegruppe und $\mathbb{F}_p$ der Restklassenkörper. Der wesentliche Unterschied der beiden Körper besteht in der Charakteristik - während die Charakteristik von $\mathbb{F}_p((t))$ prim (nämlich p) ist, hat $\mathbb{Q}_p$ die Charakteristik 0 . Dieser Unterschied wird aufgehoben, wenn man Ultraprodukte nimmt. Hierauf und auf Satz 4.26 basiert der nächste Satz.

SATZ 4.27 <u>Zu jedem Grad</u> d <u>gibt es eine Schranke</u> n_d , <u>so daß</u> <u>für</u> $p \geq n_d$ <u>in</u> $\mathbb{Q}_p$ <u>jedes homogene Polynom vom Grade</u> d <u>in mehr</u> <u>als</u> d^2 <u>Variablen die Null nicht-trivial darstellt.</u>

<u>Beweis</u>: Wir nehmen an, es gäbe keine solche Schranke. Dann gibt es eine unendliche Teilmenge B der Menge aller Primzahlen $\mathbb{P}$, so daß es zu jedem $p \in B$ in $\mathbb{Q}_p$ ein homogenes Polynom f_p vom

Grad d in mehr als d^2 Variablen gibt, das die Null nur trivial darstellt. Man überlegt sich leicht, daß man durch passende Substitutionen erreichen kann, daß alle Polynome f_p mit X_1^d beginnen. Setzt man nun für hinreichend viele Variablen X_i (mit $i \neq 1$) Null ein, so kann man weiterhin annehmen, daß f_p in den Variablen $X_1, \ldots, X_{d^2+1}$ ist. Bezeichnet dann

$$f(Y_1, \ldots, Y_m, \; X_1, \ldots, X_{d^2+1})$$

das allgemeine homogene Polynom in den Variablen $X_1, \ldots, X_{d^2+1}$, wobei $Y_1, \ldots, Y_m$ die Koeffizienten sind, so gilt in allen $\mathbb{Q}_p$ mit $p \in B$ die folgende elementare Aussage α der Körpersprache

$$\exists y_1, \ldots, y_m [\bigvee_{i=1}^{m} y_i \neq 0 \; \wedge \; \forall x_1, \ldots, x_n (f(y_1, \ldots, y_m, x_1, \ldots, x_n) \doteq 0 \rightarrow \bigwedge_{j=1}^{n} x_j \doteq 0)],$$

wobei $n = d^2 + 1$ gesetzt ist.

Es sei D_0 der Filter aller koendlichen Teilmengen von $\mathbb{P}$. Dann ist offenbar

$$D_0 \cup \{U \cap B \mid U \in D_0\}$$

ein durchschnittsabgeschlossenes System nicht-leerer Teilmengen von $\mathbb{P}$, kann also nach Lemma 2.22 zu einem Ultrafilter D auf $\mathbb{P}$ erweitert werden. Wegen $B \in D$ gilt dann nach Satz 2.23 die Aussage α auch in dem Ultraprodukt

$$F_1 = \prod_{p \in \mathbb{P}} \mathbb{Q}_p / D \;.$$

Da , wie wir oben erwähnten, alle Körper $\mathbb{F}_p((t))$ C_2-Körper sind, gilt $\neg\,\alpha$ in $\mathbb{F}_p((t))$ für alle $p \in \mathbb{P}$. Insbesondere gilt damit $\neg\,\alpha$ in dem Ultraprodukt

$$F_2 = \prod_{p\in\mathbb{P}} \mathbb{F}_p((t))\big/D \; .$$

Wie wir gleich sehen werden, sind jedoch F_1 und F_2 elementar äquivalent. Damit haben wir also die Annahme der Nichtexistenz einer Schranke n_d zum Widerspruch geführt.

Um $F_1 \equiv F_2$ einzusehen, bilden wir die Ultraprodukte der oben betrachteten Körper zusammen mit ihren kanonischen Bewertungsringen, d.h.

$$(F_1,\mathcal{O}_1) = \prod_{p\in\mathbb{P}} (\mathbb{Q}_p,\mathbb{Z}_p)\big/D$$

und

$$(F_2,\mathcal{O}_2) = \prod_{p\in\mathbb{P}} (\mathbb{F}_p((t)),\mathbb{F}_p[[t]])\big/D \; .$$

Die Wertegruppe dieser beiden bewerteten Körper ist in beiden Fällen das Ultraprodukt

$$\prod_{p\in\mathbb{P}} \mathbb{Z}\big/D = \mathbb{Z}^{\mathbb{P}}\big/D \; .$$

Der Restklassenkörper ist in beiden Fällen das Ultraprodukt

$$\prod_{p\in\mathbb{P}} \mathbb{F}_p\big/D \; .$$

Da die Charakteristikaussage

$$C_p : \quad \underbrace{1 +\ldots+ 1}_{p\text{-mal}} \doteq 0$$

nur in dem Faktor $\mathbb{F}_p$ gilt, ist nach Satz 2.23 die Charakteristik

dieser Restklassenkörper Null. Damit folgt aus Satz 4.26.
die elementare Äquivalenz von $(F_1,\mathcal{O}_1)$ und $(F_2,\mathcal{O}_2)$, also insbesondere die von F_1 und F_2 .

q.e.d.

Mit diesem Satz bewiesen 1965 J. Ax und S. Kochen, daß für festen
Grad d die Artinsche Vermutung in fast allen $\mathbb{Q}_p$ gilt. Für den
Fall von quadratischen Formen, d.h. d = 2 , war schon lange bekannt, daß diese sogar in allen $\mathbb{Q}_p$ gilt. Das entsprechende
Resultat für d = 3 wurde 1952 von D.J. Lewis bewiesen. Für
$d \geq 4$ erwies sich jedoch Satz 4.27 als das bestmögliche Ergebnis.
1966 zeigte nämlich Terjanian, daß die Form

$$f(X_1,X_2,X_3) + f(Y_1,Y_2,Y_3) + f(Z_1,Z_2,Z_3) +$$
$$4f(U_1,U_2,U_3) + 4f(V_1,V_2,V_3) + 4f(W_1,W_2,W_3)$$

mit

$$f(X_1,X_2,X_3) = X_1^4 + X_2^4 + X_3^4 - X_1^2 X_2^2 -$$
$$X_1^2 X_3^2 - X_2^2 X_3^2 - X_1^2 X_2 X_3 - X_1 X_2^2 X_3 - X_1 X_2 X_3^2$$

in $\mathbb{Q}_2$ keine nicht-triviale Darstellung der Null erlaubt. Damit
gilt für den Grad 4 die Artinsche Vermutung nicht in allen $\mathbb{Q}_p$.

Übungen zu Kapitel 4

1. Ein bewerteter Körper $(F,\mathcal{O})$ heißt p-<u>adisch abgeschlossen</u>

   (vgl. [P-R]; dort mit 'p-Rang 1' bezeichnet), falls gilt:

   (i) char $F = 0$ und $(F,\mathcal{O})$ ist henselsch,

   (ii) der Restklassenkörper $\bar{F}$ ist der Körper $\mathbb{F}_p$ mit p Elementen,

   (iii) die Wertegruppe Γ ist eine $\mathbb{Z}$-Gruppe und der Wert von p

         ist positiv minimal.

   Die p-adischen Zahlen $\mathbb{Q}_p$ mit der p-adischen Bewertung sind
   p-adisch abgeschlossen.

   Man zeige, daß die Klasse der p-adisch abgeschlossenen Körper
   in der Sprache der bewerteten Körper axiomatisierbar und
   modellvollständig ist.

   <u>Hinweise</u>: Man verwende die Sätze 4.3 und 4.15 und zeige, daß
   der Beweis von Satz 4.23 sich auf den Fall zweier p-adisch
   abgeschlossener Körper $(F,\mathcal{O}) \subset (F_1,\mathcal{O}_1)$ übertragen läßt. Dazu
   beachte man, daß Fall 1 nicht eintreten kann, und daß in Fall 2
   die Voraussetzung char $\bar{F} = 0$ nur benutzt wurde, um zu zeigen,
   daß jedes $b \in \mathcal{O}_1$ mit $v_1(b-1) > 0$ eine q-te Potenz in F_1
   ist. Dies gilt auch in einem p-adisch abgeschlossenen Körper
   für jede Primzahl $q \neq p$. Für $q = p$ verwende man die Tatsache, daß $b \in \mathcal{O}_1$ eine p-te Potenz ist, falls $v_1(b-1) > 2v_1(p)$
   ist.

2. Man zeige, daß der relativ algebraische Abschluß eines Teilkörpers F in einem p-adisch abgeschlossenen Körper $(F_1,\mathcal{O}_1)$
   mit der induzierten Bewertung selbst wieder p-adisch abgeschlossen ist. Hieraus folgere man mit Übung 4.1, daß die Theorie der
   p-adisch abgeschlossenen Körper vollständig und damit gleich
   der von $\mathbb{Q}_p$ ist.

3. Es gilt folgender Satz (vgl. [P-R],3.11): Sind $(F_1,\mathcal{O}_1)$ und

   $F_2,\mathcal{O}_2)$ p-adisch abgeschossene Körper mit dem gemeinsamen

   bewerteten Unterkörper $(F,\mathcal{O})$ und ist $a \in F$ in F_1 n-te

   Potenz genau dann, wenn es in F_2 n-te Potenz ist $(n \in \mathbb{N})$,

   so sind die relativ algebraischen Abschlüsse von F in F_1

   und F_2 mit der jeweils induzierten Bewertung isomorph

   über F .

   Mit Hilfe dieses Satzes und Übung 4.1 zeige man, daß die Theorie

   der p-adisch abgeschlossenen Körper in der Sprache der Körper

   mit Bewertungsteilbarkeit zusammen mit einstelligen Prädikats-

   zeichen P_n $(n \geq 2)$ und den zusätzlichen Axiomen

$$\forall x(P_n(x) \leftrightarrow \exists y \ x \doteq y^n)$$

   Quantorenelimination erlaubt.

Anhang: Bemerkungen zur Entscheidbarkeit

In diesem Anhang wollen wir beschreiben, wie man die insbesondere in der Einleitung mehrfach gebrauchten Begriffe "effektiv erzeugbar" und "entscheidbar" präzisieren kann, und wir wollen ausführen, warum ein vollständiges, effektiv erzeugbares Axiomensystem zu einer entscheidbaren Theorie führt. Anschließend wollen wir einen auf A. Tarski zurückgehenden Beweis des 1. Gödelschen Unvollständigkeitssatzes skizzieren.

Um die Begriffe "effektiv erzeugbar" und "entscheidbar" zu präzisieren, bedient man sich gewöhnlich des Begriffes "Algorithmus", der seinerseits wieder mit Hilfe von diskret arbeitenden Rechenmaschinen präzisiert werden kann. Als Idealisierung einer solchen diskret arbeitenden Maschine wird oft die 'Turing-Maschine' verwendet, die wir im folgenden kurz beschreiben werden. Es hat sich erwiesen, daß alle Idealisierungen von solchen Maschinen und mehr noch alle Präzisierungsversuche des Begriffes "Algorithmus" untereinander gleichwertig sind. Insofern stellt die Benutzung des Begriffes der Turing-Maschine keine Einschränkung dar. Der interessierte Leser sei an dieser Stelle auf die einschlägige Literatur, z.B. [B] verwiesen. Die von uns hier benutzte klassische Beschreibung von Turing-Maschinen findet man etwa in [He].

Wir betrachten eine Sprache L , deren Indexmengen I, J und K endlich sind und erzeugen die Variablen v_n ($n \in \mathbb{N}$) durch die Grundzeichen v und $'$, indem wir v_n mit der Zeichenreihe

$$v \underbrace{''''''}_{n\text{-mal}}$$

identifizieren. Damit ist das Alphabet A der Sprache L endlich;
etwa $A = \{a_1, \ldots, a_n\}$. Später werden wir noch das leere Zeichen
benötigen, das wir mit a_0 bezeichnen wollen. Es sei darauf
hingewiesen, daß alle in Paragraph 1.6 betrachteten Theorien
in Sprachen axiomatisiert sind, die in dem eben beschriebenen
Sinne ein endliches Alphabet besitzen.

Eine Teilmenge M der Aussagenmenge Aus(L) nennen wir <u>effektiv
erzeugbar</u>, wenn es eine Turing-Maschine gibt, die in irgend einer
Reihenfolge genau die Elemente von M produziert (ausdruckt). Wir
nennen M <u>entscheidbar</u>, wenn es eine Turing-Maschine gibt, die
bei Eingabe einer beliebigen L-Aussage α nach endlich vielen
Schritten das Zeichen $\doteq$ ausdruckt, falls α in M liegt, und
das Zeichen $\neg$, falls α nicht in M liegt. Dabei verstehen wir
unter einer <u>Turing-Maschine</u>, die über dem Alphabet $A = \{a_1, \ldots, a_n\}$
arbeitet, ein nach beiden Seiten endloses Band aus diskreten
Feldern

zusammen mit einem Arbeitskopf und einer Programmtafel. Die Felder
des Bandes sind entweder leer (d.h. das leere Zeichen a_0 befindet
sich darauf) oder mit genau einem Zeichen a aus A bedruckt.
Der Arbeitskopf steht in jedem Arbeitsschritt über genau einem
Feld, dem Arbeitsfeld, dieses Bandes und hat die folgenden, endlich vielen Arbeitsschrittmöglichkeiten:

$\quad$ a_ν : Beschriften des Arbeitsfeldes mit a_ν $(0 \leq \nu \leq n)$,

$\quad$ r : ein Feld nach rechts gehen,

$\quad$ l : ein Feld nach links gehen,

$\quad$ s : stoppen.

Die Programmtafel schließlich ist eine endliche Folge von Zeichen
der Gestalt

$$z \quad a \quad b \quad z'$$

wobei a ein Element von A , b eine der Arbeitsschrittmöglichkeiten des Kopfes und z , z' Elemente einer endlichen Menge
$Z = \{z_1, \ldots, z_m\}$ sind. Die Elemente von Z werden Zustände
genannt, sie können z.B. durch die Ziffern 1 bis m wiedergegeben
werden.

Die Arbeitsweise unserer Turing-Maschine ist durch ihre Programm-
tafel folgendermaßen eindeutig festgelegt: befindet sich die
Maschine im Zustand z und ist die Inschrift des Arbeitsfeldes a,
so reagiert der Arbeitskopf mit b und die Maschine geht in den
Zustand z' über. Die endliche, vierspaltige Matrix, aus der die
Programmtafel besteht, legt also durch die Zuordnung

$$(z,a) \longmapsto (b,z')$$

die Arbeitsweise der Maschine eindeutig fest. Wir können deshalb
die Maschine mit ihrer Programmtafel identifizieren.

Alle Axiomensysteme der in Paragraph 1.6 angegebenen Theorien sind
in dem eben präzisierten Sinne entscheidbar. Dies ist klar, denn
sie sind entweder endlich oder die Axiome sind von einer 'einheit-
lichen Gestalt', die es leicht erlaubt, eine Turing-Maschine anzugeben, die testet, ob eine vorgelegte Aussage ein Axiom ist oder
nicht. Damit sind diese Axiomensysteme insbesondere effektiv erzeugbar. Es gilt nämlich allgemein, daß eine entscheidbare Menge M
von Aussagen auch effektiv erzeugbar ist: Man konstruiere eine

Turing-Maschine, die der Reihe nach alle Aussagen produziert,
jedoch nur diejenigen Aussagen ausdruckt, die zu M gehören.
Dabei läßt sich die Zugehörigkeit zu M durch Koppelung an eine
wegen der vorausgesetzten Entscheidbarkeit von M existierende
andere Turing-Maschine testen.

Die Umkehrung der eben gemachten Feststellung gilt nicht:
Es gibt effektiv erzeugbare Mengen, die nicht entscheidbar sind
(vgl. [B] oder [He]).

Ist nun Σ ein effektiv erzeugbares Axiomensystem von L-Aussagen,
so ist Ded(Σ) ebenfalls effektiv erzeugbar. Dies ist einigermaßen
einsichtig, wenn man sich die Natur der von uns in Paragraph 1.3
eingeführten logischen Axiome und Regeln vor Augen hält. Man hat
eine Turing-Maschine zu konstruieren, die der Reihe nach alle
Ableitungen aus Σ bildet, wobei die Axiome von Σ durch eine
nach Annahme existierende andere Turing-Maschine geliefert werden.
Obwohl dies auf den ersten Blick nicht so schwierig erscheinen mag,
ist die Durchführung ziemlich mühevoll. Wir belassen es hier bei
der bloßen Feststellung dieser Tatsache.

Mit diesem Faktum läßt sich jedoch der folgende Satz leicht beweisen:

SATZ Es sei Σ ein effektiv erzeugbares, widerspruchsfreies
Axiomensystem von L-Aussagen. Ist Σ vollständig, so ist Ded(Σ)
eine entscheidbare Theorie.

Im Beweis betrachten wir eine Turing-Maschine T , die Ded(Σ)
effektiv erzeugt. Ist nun α eine vorgelegte, beliebige L-Aussage,

so wissen wir wegen der Vollständigkeit von Σ , daß entweder

α oder $\neg\alpha$ zu Ded(Σ) gehören. Wir brauchen also nur eine

Turing-Maschine T' zu konstruieren, die α mit den von T erzeug-

ten Aussagen der Reihe nach vergleicht. Nach endlich vielen

Schritten wird T entweder α oder $\neg\alpha$ ausdrucken. Im ersten

Falle lassen wir T' dann das Zeichen $\doteq$ und im zweiten Falle

das Zeichen $\neg$ drucken. Damit ist der Satz bewiesen.

Der eben bewiesene Satz liefert uns die Entscheidbarkeit von Ded(Σ)

für eine ganze Reihe von Axiomensystemen, deren Vollständigkeit

wir im Verlaufe dieses Buches bewiesen haben. Beachtet man noch,

daß wegen der Vollständigkeit von Σ

$$\text{Th}(\mathcal{A}) \;=\; \text{Ded}(\Sigma)$$

für jedes Modell $\mathcal{A}$ von Σ gilt, so haben wir damit u.a. die

Entscheidbarkeit der Theorien der folgenden Strukturen in der

dazugehörigen Sprache bewiesen:

(1) angeordnete additive Gruppe der ganzen rationalen Zahlen,

(2) angeordneter Körper der reellen Zahlen,

(3) Körper der komplexen Zahlen,

(4) Körper des algebraischen Abschlusses des Primkörpers $\mathbb{F}_p$

    von p Elementen,

(5) bewerteter Körper der p-adischen Zahlen.

    (Vgl. Übungen zu Kapitel 4)

Wir wollen nun dieses Buch mit einer Skizze eines Beweises für

die Unentscheibarkeit der Theorie von

$$\mathcal{M} \;=\; \langle \mathbb{N} ; \, +^{\mathbb{N}} , \, \cdot^{\mathbb{N}} ; \, 0^{\mathbb{N}} , \, 1^{\mathbb{N}} \rangle$$

abschließen. Dann kann nach dem letzten Satz für kein effektiv
erzeugbares System Σ von Aussagen der Sprache zu $\mathfrak{M}$

$$\mathrm{Ded}(\Sigma) = \mathrm{Th}(\mathfrak{M})$$

gelten. Insbesondere gilt also für das in Paragraph 1.6 angegebene
Peanosche Axiomensystem Σ

$$\mathrm{Ded}(\Sigma) \subsetneqq \mathrm{Th}(\mathfrak{M}) \quad ,$$

d.h. es gibt eine Aussage α , die zwar in $\mathfrak{M}$ wahr, jedoch nicht
aus Σ deduzierbar ist. Für dieses α ist dann weder α noch
$\neg\, \alpha$ aus Σ deduzierbar. Also ist das Peanosche Axiomensystem
unvollständig. Dies ist der wesentliche Inhalt von Gödels erstem
Unvollständigkeitssatz.

Der Nachweis der Unentscheidbarkeit von $\mathrm{Th}(\mathfrak{M})$ geht indirekt.
Man nimmt zuerst an, es gäbe eine Turing-Maschine T , die für
Aussagen α entscheidet, ob $\mathfrak{M} \models \alpha$ oder $\mathfrak{M} \not\models \alpha$ gilt. Diese
Turing-Maschine ist gegeben durch eine endliche Matrix – ihrer
Programmtafel. Als nächstes kodiert man nun diese Programmtafel
durch eine natürliche Zahl und simuliert das Verhalten von T
durch zahlentheoretische Funktionen. Dabei kann man etwa folgender-
maßen vorgehen:

Zuerst ordnet man den Elementen der disjunkten Vereinigung

$$A \,\dot{\cup}\, Z \,\dot{\cup}\, \{a_o, r, 1, s\}$$

umkehrbar eindeutig (endlich viele) natürlichen Zahlen – ihre
Kodenummern – zu. Danach ordnet man jeder endlichen Reihe von
'Zeichen' aus der Menge $A \,\dot{\cup}\, Z \,\dot{\cup}\, \{a_o, r, 1, s\}$ eine natürliche Zahl
– ihren Kode – so zu, daß die Zeichenreihe aus dieser Zahl ein-

deutig und effektiv rekonstruiert werden kann. Nehmen wir z.B. an,

den Zeichen $\neg$, v_o , $\doteq$, c_o seien der Reihe nach die Kodenummern

2,4,1,3 zugeordnet, so läßt sich die Formel

$$\neg\, v_o \doteq c_o \quad \text{durch} \quad 2^2 \cdot 3^4 \cdot 5^1 \cdot 7^3 \ (\,= 555660)$$

kodieren. Aus der Primzerlegung von 555660 läßt sich dann

durch Ablesen der Exponenten der Primzahlen (in aufsteigender

Folge) die Formel $\neg\, v_o \doteq c_o$ rekonstruieren. Den einer Zeichen-

reihe ζ so zugeordneten Kode bezeichnen wir mit $\ulcorner\zeta\urcorner$.

Damit haben wir insbesondere jeder Zeile der Programmtafel von T

eine natürliche Zahl zugeordnet. Durch Wiederholung dieses Prozesses

läßt sich dann auch der endlichen Folge von Zeilen der Programm-

tafel eine natürliche Zahl - der Kode von T - zuordnen, aus dem

man diese eindeutig rekonstruieren kann.

Schließlich zeigt man, daß der Ablauf einer Berechnung der Turing-

Maschine T durch eine arithmetische Funktion beschrieben werden

kann. Dabei nennt man eine Funktion $f(n) = m$ der natürlichen

Zahlen in sich 'arithmetisch', wenn eine Formel $\varphi(v_o,v_1)$ der

Sprache von $\mathfrak{M}$ existiert, so daß für $n,m \in \mathbb{N}$ gilt:

$$f(n) = m \quad \text{gdw} \quad \mathfrak{M} \models \varphi(n,m)$$

Wir nennen φ dann eine f definierende Formel. Ist nun $f(n)$

die Funktion, die dem Kode $\ulcorner\rho\urcorner$ der Aussage ρ die Zahl 1 (also

den Kode von $\doteq$) zuordnet, falls ρ in $\mathfrak{M}$ gilt und die Zahl 2

(also den Kode von $\neg$), falls ρ in $\mathfrak{M}$ nicht gilt, so gibt es

damit eine Formel φ der Sprache von $\mathfrak{M}$ mit der Eigenschaft

$$\mathfrak{M} \models \varphi(\,\ulcorner\rho\urcorner\,,1) \quad \text{gdw} \quad \mathfrak{M} \models \rho$$

Man hat die Möglichkeit, in $\mathfrak{M}$ über die Wahrheit von Aussagen
(in $\mathfrak{M}$) zu 'reden'. Dies eröffnet die Möglichkeit, die Antinomie
des Lügners zu simulieren. Um dies zu tun, ist jedoch noch eine
kleine Änderung notwendig.

Man sieht leicht ein, daß mit f auch die Funktion g arithme-
tisch ist, die für den Kode $\ulcorner \rho \urcorner$ einer Formel ρ in der ausge-
zeichneten Variable v_o folgendermaßen definiert ist:

$$g(\ulcorner \rho \urcorner) = \begin{cases} 1, & \text{falls } \mathfrak{M} \models \neg\, \rho\, (\ulcorner \rho \urcorner) \\ 2, & \text{falls } \mathfrak{M} \models \rho\, (\ulcorner \rho \urcorner) \end{cases}$$

Ist nun ψ eine Formel, die g definiert, so haben wir für alle
Formeln ρ in der Variablen v_o :

$$\mathfrak{M} \models \psi(\ulcorner \rho \urcorner, 1) \quad \text{gdw} \quad \mathfrak{M} \models \neg\rho\, (\ulcorner \rho \urcorner)$$

Wendet man diese Äquivalenz speziell auf die Formel

$$\rho_o(v_o) = \psi(v_o, 1)$$

an, so erhält man den Widerspruch

$$\mathfrak{M} \models \rho_o(\ulcorner \rho_o \urcorner) \quad \text{gdw} \quad \mathfrak{M} \models \neg\, \rho_o(\ulcorner \rho_o \urcorner) \ .$$

Dieser Widerspruch ergab sich schließlich aus der Annahme,
$Th(\mathfrak{M})$ sei entscheidbar. Also haben wir damit die Unentscheidbarkeit von $Th(\mathfrak{M})$, und als Folge daraus die Unvollständigkeit
der Peanoschen Axiome nachgewiesen.

Es sei abschließend erwähnt, daß man mit ähnlichen Methoden auch
die Unvollständigkeit der in Paragraph 1.6 angegebenen Axiome
für die Zermelo-Fraenkelsche Mengenlehre zeigen kann.

Literaturhinweise

[Ba]   Barwise, J. (Herausgeber): Handbook of mathematical
           logic. Studies in Logic 90, North Holland 1977

[B]   Börger, E.: Berechenbarkeit, Komplexität, Logik.
           Vieweg 1985

[Ch-K]   Chang, C.C. - Keisler,H.J.: Model theory. Studies in
           Logic 73, North Holland 1973

[E]   Endler, O.: Valuation theory. Universitext, Springer 1972

[F-P]   Friedrichsdorf, U. - Prestel,A.: Mengenlehre für den
           Mathematiker, Grundkurs Mathematik, Vieweg 1985

[He]   Hermes, H.: Aufzählbarkeit, Entscheidbarkeit, Berechen-
           barkeit. Grundlehren Math. 109, Springer 1961

[H-B]   Hilbert,D. - Bernay,P.: Grundlagen der Mathematik I.
           Grundlehren Math. 40, Springer (2. Auflage) 1968

[Po]   Poizat, B.: Cours de théorie des modèles. Villeurbanne
           1985.

[P]   Prestel, A.: Lectures on formally real fields.
           Lecture Notes in Math. 1093, Springer 1984

[P-R]   Prestel,A. - Roquette,P.: Lectures on formally p-adic
           fields. Lecture Notes in Math. 1050, Springer 1984

[Sh]   Shelah, S.: Classification theory and the number of
           non-isomorphic models. Studies in Logic 92,
           North Holland 1978

[S]   Shoenfield, J.R.: Mathematical logic. Addison-Wesley 1967

[St]   Steinitz, E.: Algebraische Theorie der Körper.
           W. de Gruyter, Berlin-Leipzig 1930

Symbolverzeichnis

$\neg\,,\wedge\,,\forall\,,\doteq$	9
$R_i\,,f_j\,,c_k\,,v_i\,,)\,,($	9
$\mu\,(j)$	10
Tm	10
$\lambda\,(i)$	11
Fml	11
$\vee\,,\rightarrow\,,\leftrightarrow\,,\exists\,,\neq$	11
$Fr\,(\psi)$	13
$\varphi\,(v/t)\,\ldots$	14
Aus	14
$\forall\,\varphi$	15
$Tm\,(L)\,,Fml\,(L)\,,Aus\,(L)$	15
Vbl	16
$\bigwedge_{i=1}^{n}\,\varphi_i\,,\,\bigvee_{j=1}^{m}\,\psi_j$	16
$\Sigma\,\vdash\,\varphi$	29
CT	46
$t_1\,\approx\,t_2$	47
$|\mathfrak{A}|$	53
$R_i^{\mathfrak{A}}\,,f_j^{\mathfrak{A}}\,,c_k^{\mathfrak{A}}$	53
$h\binom{x}{a}$	55
$t^{\mathfrak{A}}[h]$	55
$\mathfrak{A}\,\vDash\,\varphi[h]$	55
$\mathfrak{A}\,\vDash\,\varphi$	59
$\mathfrak{A}\,\vDash\,\Sigma$	60
$Th\,(M)$	71
$Ded\,(\Sigma)$	72
$Th\,(\mathfrak{A})$	72
$O_1\,,\ldots\,,O_5$	75
$G_1\,,\ldots\,,G_4\,,G_{5n}\,,G_{6n}$	76
$OG\,,DO$	77
D_n	78
$K_o\,,\ldots\,,K_8$	79
$OK_1\,,OK_2\,,RK_1\,,RK_{2n}$	79
$AK_n\,,C_p$	80
$P_1\,,\ldots\,,P_6\,,P_\varphi$	81
$ZF_1\,,ZF_2$	82
$ZF_3\,,ZF_4\,,ZF_5$	83
ZF_6	84
$ZF_7\,,ZF_8$	85
$\mathfrak{A}\,\equiv\,\mathfrak{A}'$	87
κ_L	88
$\mathfrak{A}\,\simeq\,\mathfrak{A}'$	94
$\mathfrak{A}\,\hookrightarrow\,\mathfrak{A}'$	95
$\alpha_{\leq n}$	100
$\mathfrak{B}\,\subset\,\mathfrak{A}$	103
$\mathfrak{B}\,\prec\,\mathfrak{A}$	104
$(\mathfrak{A}\,,\sigma)$	111
$(\mathfrak{A}\,,A')$	112
$\underline{a}$	112

$D(\mathcal{U})$	113
$\bigcup_{n \in \mathbb{N}} \mathcal{U}_n$	117
$\bigcup_{\nu < \alpha} \mathcal{U}_\nu$	118
κ^+	124
$\mathcal{U} \xrightarrow{\exists} \mathcal{U}'$	127
$^n\alpha$	135
$P(S)$	137
$\widetilde{D}$	139
$\prod_{s \in S} \mathcal{U}^{(s)}/D$	140
$\mathcal{L}^S/D$	144
$Mod_L, Mod_L(\Sigma), Mod_L(\sigma)$	153
$\mathcal{U} \xrightarrow{\Gamma} \mathcal{L}$	158
$\mathcal{U} \xrightarrow{\varphi} \mathcal{L}$	159
$\alpha_{\geq n}$	165
$\Sigma_{\forall\exists}$	179
$Th(\mathcal{U}, A)_\forall$	180
$E(\mathcal{M}), E(\Sigma)$	184
$P_<$	210
F^2	211
RK_3, RK_5, RK_7	218
v_p	221, 223
$|x-y|_p$	221
$\mathbb{Q}_p$	221
$\mathbb{Z}_p$	222
v_∞	224
$\sigma_v, \mathcal{M}_v$	225
$\bar{K}_v$	226
v_σ	227
V_1, V_2, V_3	233
$D_0, \ldots, D_5$	234
$a|b$	234
φ_r, φ_g	253
C_i	266

Namen- und Sachwortverzeichnis

abelsch 76

ableitbar 29

Ableitung 17

Allgemeingültigkeit 59

Alphabet 9

Amalgamierungseigenschaft 192

Äquivalenz
   von Bewertungen 227
   bzgl. eines Ultrafilters 139

Äquivalenzrelation 47

Artin, Emil 215, 216

Artins Vermutung 266

Aussage 14
   $\forall\exists$- Aussage 120
   existentielle 127

Aussageformen 18

Aussagenvariablen 18

Automorphismus 95

Ax, James 219, 269

axiomatisierbar 154

Axiome
   Auswahlaxiom 85
   Ersetzungsaxiom 85
   Extensionalitätsaxiom 82
   Fundierungsaxiom 85
   Gruppenaxiome 76
   identitätslogische 20
   Körperaxiome 79
   der linearen Ordnung 75
   Nullmengenaxiom 82
   Ordnungsaxiome 79
   Paarmengenaxiom 83
   der partiellen Ordnung 75
   Peanosche 81
   Potenzmengenaxiom 83
   quantorenlogische 20
   Unendlichkeitsaxiom 84
   vereinigungsmengenaxiom 84

Axiomensystem für eine Theorie 72

Ax-Kochen-Ershov, Satz von 254, 262

Belegung der Variablen 54

Beweis 17

beweisbar 29

Bewertung 18,219
   p-adische 221
   triviale 220

Bewertungsisomorphismus 236

Bewertungsring 225

Bewertungsteilbarkeit 235

bewertungstreu 237

Chevalleys Fortsetzungssatz 229

C_i - Körper 266

Deduktionstheorem 31

deduktiv abgeschlossen 50, 71

Diagramm einer Struktur 113

dicht 75, 199

Disjunktion 16

diskret angeordnet 78, 199

Divisibilität 76

divisible Hülle 202

effektiv erzeugbar 273

einbettbar 94,116

Einbettung 94
   elementare 106, 113

Einbettungslemma 261

Einbettungssatz 127

elementar 154

elementar äquivalent 87,95,161

endlich axiomatisierbar 157

endlich verzweigt 231

Endlichkeitssatz 68

entscheidbar 273

erfüllen, eines Typs 122

Ersetzen einer Konstanten 14

Ersetzen einer Variablen 14

Ershov, Yuri 219

Erweiterung
    elementare 111
    unmittelbare 229

Erweiterungsstruktur 103

existentiell abgeschlossen 130,184

Existenzsatz 125

Extrema 75

Filter 137

Folgenbelegung 141

Formel 10
    atomare 11
    einfache Existenzformel 187
    existentielle 173
    Menge aller Formeln 11
    quantorenfreie 98
    universelle 173

Fortsetzung einer Bewertung 228

freies Vorkommen 13

frei für 14

Fundamentalsatz der Algebra 80

Funktion 49

Funktionszeichen 9

gebundenes Vorkommen 13

Gegenbeispiel 32

Generalisierungsregel 21

Gödelscher
    Vollständigkeitssatz 60
    Unvollständigkeitssatz 277

Gradbewertung 224

Gruppe, abelsche
    angeordnete 77
    angeordnete, divisible 77

Gruppenaxiome 76

Gruppentheorie 70

Gültigkeit einer Formel 55

Hauptultrafilter 137

Hausdorff, Felix 135

Heine-Borel'scher Überdeckungs-
                        satz 155

henselsche Hülle 231

Hilbertscher Nullstellensatz 178

17.Hilbertsches Problem 215

Hilfszeichen 9

Indexmenge 9

Individuenbereich 53

induktiv 179

isomorph 94

Isomorphiesatz 132

Isomorphismus 94,95

kategorisch 164

Kette 117
    elementare 117,120

Kettenschluß 23

Kochen, Simon 219,269

Kompaktheitssatz 68,137,155

Konjunktion 16

Konstante 9

Konstantenerweiterung 111

konstruktibel 196

Kontinuumshypothese
    allgemeine 127
    spezielle 150

konvex 243

Körper
    algebraisch,abgeschlossener 80
    angeordneter 79
    bewerteter 229
    henselscher 229
    reell abgeschlossener 79

Körperaxiome 79

Korrektheit 65

Laurentreihen, formale 224

Lewis, Donald   269

Łos, Satz von 142

Löwenheim-Skolem,Satz von 107

Mächtigkeit
    einer Sprache 88
    einer Struktur 88

maximal widerspruchsfrei 44

Metasprache 8

Modell 60

Modellbegleiter 183

Modellklasse 153

modellvollständig 171

Modus Ponens 21

Monomorphismus 94,98

Morley, Satz von 165

Normalform
    disjunktive 16,86
    konjunktive 16,86
    pränexe 16,86

Obersprache 15

Objektsprache 8

offen 153

Ordnungsaxiome 79

Ordnungstyp 135

p-adisch abgeschlossen 210

p-adisch ganze Zahl 222

Polynombewertung 223

positiv semidefinit 215

Positivbereich 210

Primformel 11

Primmodell 172

Primsubstruktur 192

Quantor 13

Quantorenelimination 187,193

realisieren, eines Typs   22

reeller Abschluß eines Körpers 212

Regel, abgeleitete 21

rein 256

Relation 47

Relationszeichen 9

Restklassengrad 229

Restklassenkörper 226

Restriktion 111

Robinson's Test 173

saturiert 124,125,127,143

Schreier, Otto 216

semi-algebraisch 215

Separationslemma 156

spezielle Struktur 150

Sprache 3,15
    abzählbare 45
    aussagenlogische 17

Stellenzahl 10,11

Struktur 53

Substruktur 103
    elementare 104,105
    endlich erzeugte 116
    von einer Menge erzeugte 116

substrukturvollständig 192

Tarski, Prinzip von   215

Tautologie
    aussagenlogische 18
    Beispiel einer 19

Terjanian, Guy 269

Term 10
    konstanter 46
    Menge aller Terme 10

Termmodell 88

Theorie 71

Theorie der angeordneten Körper 215

        der algebraisch abgeschlossenen Körper 177, 194

        der algebraisch abgeschlossenen Körper einer festen
        Charakteristik 162

        der algebraisch abgeschlossenen Körper mit nicht-trivialer
        Bewertungsteilbarkeit 235

        der dichten, linearen Ordnungen ohne Extrema 162

        der divisiblen, angeordneten, abelschen Gruppen 200

        der divisiblen, torsionsfreien abelschen Gruppen 162

        der nicht-trivial bewerteten, algebraisch abgeschlossenen
        Körper 241

        der reell abgeschlossenen Körper 212

        der reell abgeschlossenen Körper mit nicht-trivialem,
        konvexem Bewertungsring 252

        der reell abgeschlossenen Körper mit nicht-trivialer,
        verträglicher Bewertungsteilbarkeit 245

        der $\mathbb{Z}$ - Gruppen 204

        einer Klasse von Strukturen 71

        einer Struktur 72

Torsionsfreiheit 76

Trägermenge 88

Turing-Maschine 273

Typ 122,123

Übertragungsprinzipien 166

Ultrafilter 137

Ultrapotenz 144

Ultraprodukt 140

Ungleichung, fundamentale 229

Unvollständigkeitssatz,
Gödelscher,(erster) 277

Variable 9
    Menge der Variablen 16

Vaught's Test 162

Vereinigungsstruktur 117

verträglich 243

Verzweigungsindex 229

vollständig 34,73,161

Vollständigkeitssatz,
Gödelscher, 60

Vorkommen
    freies 13
    gebundenes 13

Wert eines Termes 55

Wertegruppe 219

widerspruchsfrei 35,36,68

widerspruchsvoll 35

Wirkungsbereich 13

Zahlentheorie 70

Zeichen
    logische 9
    Funktionszeichen 9
    Hilfszeichen 9
    Relationszeichen 9

Zeile, eines Beweises 17

Zermelo-Fraenkel Mengenlehre 82

$\mathbb{Z}$ - Gruppe 78

Zwischenwertsatz 79, 211